高等职业教育精品示范教材（信息安全系列）

PHP 安全开发案例教程

主　编　唐乾林　李治国

副主编　黎现云　杜　霞

中国水利水电出版社
www.waterpub.com.cn
·北京·

内 容 提 要

本书是由教学和教材编写经验丰富的一线教师和业内资深高级程序员联合打造的介绍最新的 PHP7 以及最新的 MySQL8 新增语法与功能的教程，结合高职教学以能力为本位的教学特点和要求，从初学者的角度出发，以基础知识为"基石"，以核心技术和高级应用为"梁柱"，最终通过案例来检验成果。本书突出"基础""全面""深入"，强调"实训"效果。在介绍技术的同时，各章都提供有案例或综合案例，同时在各章的结尾通过小型项目来综合应用本章所讲解的知识，做到理论与实践相结合。

本书适合从事软件开发的初学者、高校计算机相关专业的学生和毕业生，也可作为刚刚转做 PHP 开发的程序员和软件工程师的参考手册。

本书配有电子教案和源代码，读者可以从中国水利水电出版社网站和万水书苑免费下载，网址为：http://www.waterpub.com.cn/softdown/ 和 http://www.wsbookshow.com。

图书在版编目（ＣＩＰ）数据

PHP安全开发案例教程 / 唐乾林，李治国主编. --
北京 ： 中国水利水电出版社，2017.7
高等职业教育精品示范教材. 信息安全系列
ISBN 978-7-5170-5525-9

Ⅰ．①P… Ⅱ．①唐… ②李… Ⅲ．①PHP语言—程序
设计—高等职业教育—教材 Ⅳ．①TP312.8

中国版本图书馆CIP数据核字(2017)第145738号

策划编辑：祝智敏　　责任编辑：李　炎　　加工编辑：谌艳艳　　封面设计：李　佳

书　　名	高等职业教育精品示范教材（信息安全系列） PHP 安全开发案例教程 PHP ANQUAN KAIFA ANLI JIAOCHENG	
作　　者	主　编　唐乾林　李治国 副主编　黎现云　杜　霞	
出版发行	中国水利水电出版社 （北京市海淀区玉渊潭南路 1 号 D 座　100038） 网址：www.waterpub.com.cn E-mail：mchannel@263.net（万水） 　　　　sales@waterpub.com.cn 电话：（010）68367658（营销中心）、82562819（万水）	
经　　售	全国各地新华书店和相关出版物销售网点	
排　　版	北京万水电子信息有限公司	
印　　刷	北京瑞斯通印务发展有限公司	
规　　格	184mm×260mm　16 开本　17.5 印张　429 千字	
版　　次	2017 年 7 月第 1 版　2017 年 7 月第 1 次印刷	
印　　数	0001—3000 册	
定　　价	39.00 元	

前　　言

PHP 是一种应用范围很广的语言，特别是在网络程序开发方面。PHP 可以在许多不同的服务器、操作系统、平台上执行，也可以和许多数据库系统结合。使用 PHP 不需要任何费用，官方组织 PHP Group 提供了完整的程序源代码，允许使用者自行修改、编译、扩充来使用。

本书从初学者的角度出发，以基础知识为"基石"，以核心技术和高级应用为"梁柱"，最终通过实训项目来检验成果。本书突出"基础""全面""深入"，强调"实训"效果。在介绍技术的同时，各章都提供有示例或稍大一些的案例，同时在各章的结尾通过小型项目来综合应用本章所讲解的知识，做到理论与实践相结合。

从理论中延伸，从实践中深入，详实并完善地描述了 PHP7 的开发特性与 MySQL8 数据库。本书第 1 章对 PHP7 作了简单介绍，对目前流行的在 Windows 下配置开发环境进行了详细的介绍，使初学者能够马上上手。第 2 章对网站相关的页面技术 HTML5.0、XHTML5.0、CSS3.0、JavaScript 以及 DIV+CSS、jQuery、JSON、AJAX 作了比较深入的介绍，使读者能够全面了解网站前台开发的奥秘。第 3 章介绍了 PHP 的语言基础。第 4 章对 PHP 流程控制作了详细解答。第 5 章介绍了 Web 表单、Cookie 管理、Session 管理、图形图像处理、字符串处理以及无所不能的正则表达式。第 6 章详细介绍了如何通过 PHP 去操作 MySQL8。第 7 章的新闻系统与第 8 章的电子商务系统是完整的实用案例，详细讲述从前期规划、系统设计到项目开发的全部实现过程。这是编者开发的原创作品，也是本书的精华所在，用到了目前最实用、最流行的技术，这些案例不仅会使读者的开发水平突飞猛进，而且可进行二次开发，做出符合自己业务需要的商业网站系统。第 9 章则介绍了 PHP 程序安全防范的有关知识。

本书配套的教学资源有课程标准、教学计划、电子教案、PPT 课件和书中程序源代码等，若有需要，可登录中国水利水电出版社网站进行下载或找编者索要。

全书由重庆电子工程职业学院的唐乾林、李治国任主编，黎现云、杜霞任副主编，张文华、肖磊参加编写。中国水利水电出版社的祝志敏编辑对本书的出版给予了大力支持。在此，谨向这些为本书出版付出辛勤劳动的同志深表感谢！

由于编者水平有限，时间仓促，不妥之处在所难免，衷心地希望广大读者批评指正，本书再版时将及时改进。编者的 E-mail：1670101348@qq.com。

编　者

2017 年 4 月

目　　录

1

PHP 概述

- 熟悉 PHP 语言的特点。
- 掌握 PHP 在 Windows 下的开发环境的配置。
- 了解常用的 PHP 编辑工具。
- 掌握 PHP 程序的编写过程。

1.1 PHP 简介

1.1.1 PHP 概述

PHP 是一种应用范围很广的语言，特别是在网络程序开发方面。一般来说，PHP 大多在服务器端执行，通过执行 PHP 的代码来产生网页供浏览器读取，此外也可以用来开发命令行脚本程序和使用者端的 GUI 应用程序。PHP 可以在许多不同种的服务器、操作系统、平台上执行，也可以和许多数据库系统结合。使用 PHP 不需要任何费用，官方组织 PHP Group 提供了完整的程序源代码，允许使用者修改、编译、扩充来使用。具有应用广泛、免费开源、基本服务器、跨平台等特点。

PHP 于 1994 年由被称为 "PHP 之父" 的 Rasmus Lerdorf 创建，刚开始 Rasmus Lerdorf 是为了维护个人履历以及统计网页流量。后来又用 C 语言重新编写，包括可以访问数据库。他将这些程序和一些表单直译器整合起来，称为 PHP/FI。

Rasmus Lerdorf 在 1995 年 6 月 8 日将 PHP/FI 公开，希望可以通过社群来加速程序开发与寻找错误。这个释出的版本命名为 PHP 2，已经有当今 PHP 的一些雏形，像 Perl 的变量命名方式、表单处理功能以及嵌入到 HTML 中执行的能力。程序语法上也类似 Perl，有较多的限制，不过 PHP2 更简单、更有弹性。以后越来越多的网站使用了 PHP，并且强烈要求增加一些特性，比如循环语句和数组变量等，在新的成员加入开发行列后，在 1995 年 PHP2.0 发布了。第二版定名为 PHP/FI（Form Interpreter）。PHP/FI 加入了对 MySQL 的支持，从此建立了

PHP 在动态网页开发上的地位。到了 1996 年底，有 15000 个网站使用 PHP/FI；到 1997 年年中，使用 PHP/FI 的网站已超过五万个。也是在 1997 年年中，开始了 PHP 第三版的开发计划，开发小组加入了 ZeevSuraski 及 AndiGutmans，第三版定名为 PHP3。2000 年，PHP4.0 又问世了，其中增加了许多新的特性。

从 PHP/FI 到现在最新的 PHP7，PHP 经过多次重新编写和改进，发展十分迅速，一跃成为当前最流行的服务器端 Web 程序开发语言，并且与 Linux、Apache 和 MySQL 共同组成一个强大的 Web 应用程序平台，简称 LAMP。随着开源思想的发展，开放源代码的 LAMP 已经与 Java 和.NET 形成三足鼎立之势，PHP 之所以应用广泛，受到大众欢迎，是因为它具有很多突出的优点，如下。

1. 开源免费

PHP 遵循 GNU 计划，开放源代码，所有的 PHP 源代码事实上都可以得到，和其他技术相比，PHP 本身就是免费的。

2. 跨平台性

由于 PHP 是运行在服务器端的脚本，PHP 的跨平台性很好，方便移植，在 UNIX、Linux、Android 和 Windows 平台上都可以运行。

3. 快捷性

程序开发快，运行快，技术本身学习快。因为 PHP 可以被嵌入于HTML语言，因此相对于其他语言。PHP编辑简单，实用性强，更适合初学者。

4. 效率高

PHP消耗相当少的系统资源，PHP 以支持脚本语言为主，同为类 C 语言。

5. 图像处理

用 PHP 动态创建图像，PHP 图像处理默认使用 GD2，也可以配置为使用 ImageMagick 进行图像处理。

6. 支持多种数据库

由于 PHP 支持开放数据库互连（ODBC），因此可以连接任何支持该标准的数据库。其中 PHP 与 MySQL 是最佳搭档，使用得最多。

7. 面向对象

PHP 提供了类和对象的特征，用 PHP 开发程序时，可以选择面向对象方式编程，完全可以用来开发大型商业程序。

1.1.2　PHP 的工作原理

静态网页的工作方式是：当用户在浏览器中输入一个静态网页并按回车键后，向服务器端提出了一个浏览网页的请求。服务器端接到请求后，就会寻找用户要浏览的静态网页文件，然后直接发给用户。

PHP 的所有应用程序都是通过 Web 服务器（如 IIS 或 Apache）和 PHP 引擎程序解释执行完成的，工作过程如图 1-1 所示。

（1）当用户在浏览器地址中输入要访问的 PHP 页面文件名并按回车键时，就会触发这个 PHP 请求，并将请求传送至支持 PHP 的 Web 服务器。

（2）Web 服务器接受这个请求，并根据其后缀进行判断。如果是 PHP 请求，Web 服务器

1
Chapter

就从硬盘或内存中取出用户要访问的 PHP 应用程序，并将其发送给 PHP 引擎程序。

（3）PHP 引擎程序将会对 Web 服务器传送过来的文件从头到尾进行扫描并根据命令从后台读取、处理数据，并动态地生成相应的 HTML 页面。

（4）PHP 引擎将生成的 HTML 页面返回给 Web 服务器。Web 服务器再将 HTML 页面返回给客户端浏览器。

图 1-1　PHP 的工作过程

1.2　配置开发环境

搭建 PHP 开发环境的方法有很多，本书介绍一种最实用的——在 Windows 的 IIS 上配置 PHP 的开发环境，这样的目的是在此服务器上也可以运行.NET 的程序，比较方便实用，在 Windows 下开发 PHP 程序并没有特别多的限制，所以在实际生产过程中，开发可放在 Windows 下进行，服务器部署在 Linux 下即可。

1.2.1　Windows 7 下安装 PHP

下面介绍在 Windows 7 旗舰版（32 位）下安装配置 IIS7.5+MySQL5.7+PHP7 的过程。

1. IIS7.5 的安装

Windows7 旗舰版自带有 IIS7.5，但默认情况下是没有安装的，需要手动安装。

（1）执行"开始→控制面板→程序和功能→打开或关闭 Windows 功能"命令，选中 "Internet 信息服务"，如图 1-2 所示。

图 1-2　选中"Internet 信息服务"

（2）然后单击"确定"按钮，按图 1-3 所示选取 IIS 服务必要的功能。

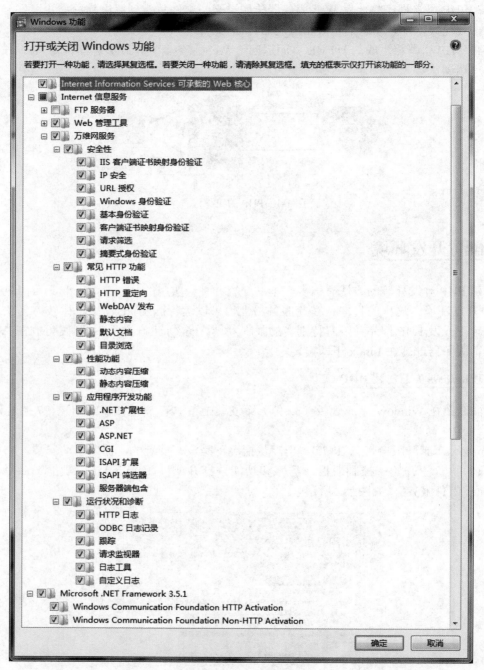

图 1-3 选取 IIS 服务必要的功能

（3）选取完成后，单击"确定"按钮后程序执行安装，完成后其窗口会自动关闭。打开浏览器，输入"http://localhost"后能看到如图 1-4 所示的页面就表示 IIS 安装成功了。

图 1-4　IIS 服务的测试页

2. MySQL5.7 的安装

MySQL5.7 可到其官网上下载，具体网址是：http://dev.mysql.com/downloads/installer/。

根据计算机系统下载适合自己系统的版本，这里下载 32 位的版本：mysql-installer-community-5.7.12.0.msi，大小为 320.2MB，下载时需要登录网站，若没有账户，用有效电子邮件注册一个即可。

（1）选中下载的文件"mysql-installer-community-5.7.12.0.msi"右击，选择"管理员取得所有权"命令，这样使得安装程序具有足够的运行权限，防止由于权限不够而出现错误。双击下载的文件"mysql-installer-community-5.7.12.0.msi"，若出现如图 1-5 的提示，说明缺少安装程序所必需的运行环境，则需要安装 Microsoft .NET Framework 4.0。如无提示，则可跳过 Microsoft .NET Framework 4.0 的安装。

图 1-5　缺少 Microsoft .NET Framework 4.0 的提示

（2）Microsoft .NET Framework 4 的安装。

下载地址：https://www.microsoft.com/zh-cn/download/details.aspx?id=17718

单击"下载"按钮，跳过推荐的下载程序，就能成功开始下载。

双击已下载的程序"dotNetFx40_Full_x86_x64.exe"开始安装，如图 1-6 所示，按提示进行操作即可完成安装。

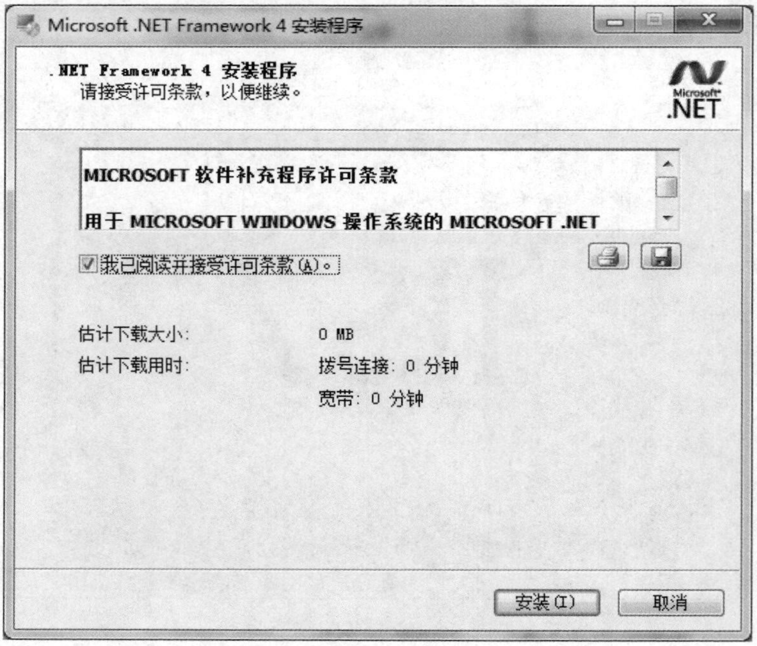

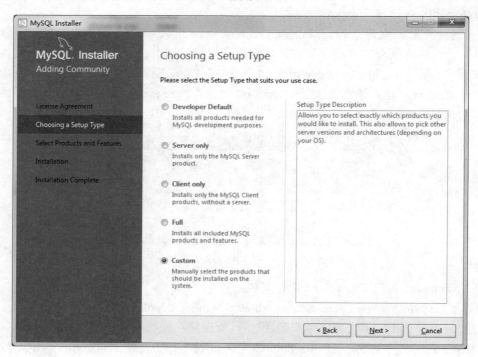

图 1-6　Microsoft .NET Framework 4 的安装

至此，MySQL5.7 的运行环境安装完成。

（3）双击文件"mysql-installer-community-5.7.12.0.msi"，开始安装 MySQL5.7。单击"Next"按钮后选择 Custom 表示定制安装，如图 1-7 所示。

图 1-7　选择 Custom 定制安装方式

（4）单击"Next"按钮后把左边的"MySQL Servers"展开，选中"MySQL Server 5.7.12 – X86"，安装所需的组件，单击向右的箭头如图 1-8 所示。

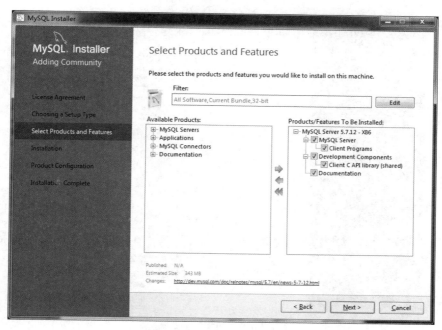

图 1-8　选中安装所需的组件

（5）选中图 1-8 所示右边的"MySQL Server 5.7.12 – X86"，在其下面则会出现一个链接"Advanced Options"，单击此链接，出现图 1-9 所示的对话框，可按图 1-9 所示去选择安装路径。

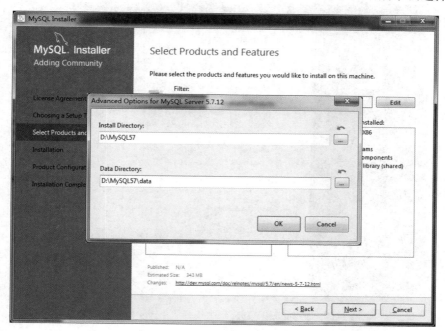

图 1-9　选择 MySQL 的安装路径

（6）单击提示框中"OK"按钮后再单击"Next"按钮，然后再单击"Execute"按钮开始安装，如图 1-10 所示。

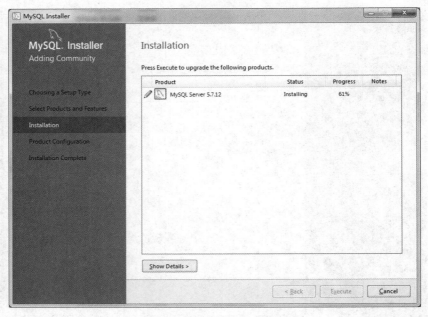

图 1-10　开始进行安装

（7）安装初步完成，单击"Next"按钮，然后再单击"Next"按钮，在"Config Type"中选择"Server Machine"选项，如图 1-11 所示。

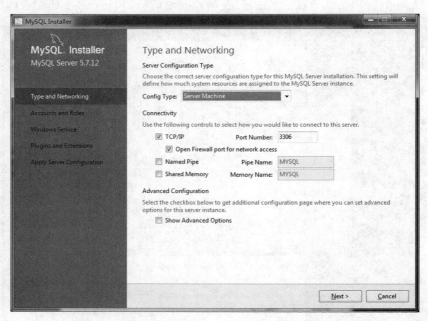

图 1-11　在"Config Type"中选择"Server Machine"

（8）单击"Next"按钮，设置数据库的超级用户密码（一定要牢记密码），如图 1-12 所示。

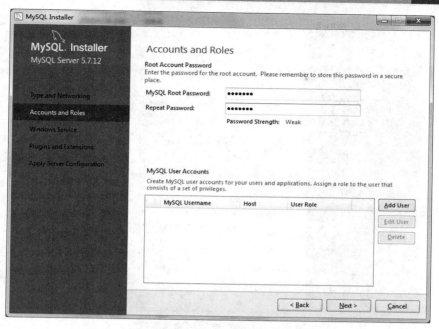

图 1-12　设置 MySQL 的登录密码

（9）单击"Next"按钮，进入"Windows Service"配置页面，安装为 Windows 服务，然后再单击"Next"按钮，取消选择"Enable X Protocol/MySQL as a Document Database"，如图 1-13 所示。

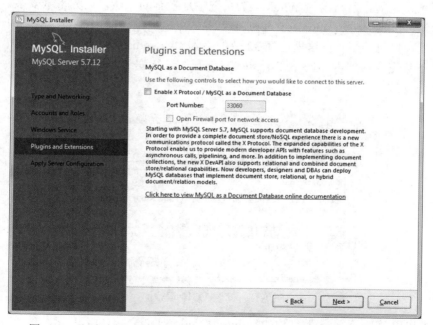

图 1-13　取消选择"Enable X Protocol/MySQL as a Document Database"

（10）单击"Next"按钮，然后再单击"Execute"按钮开始执行配置程序，单击"Log"选项卡查看执行配置程序的详细信息，如图 1-14 所示。

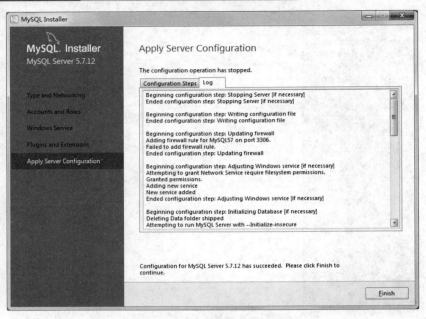

图 1-14　查看配置程序的详细信息

单击"Finish"按钮完成安装。至此，MySQL5.7 成功安装。

3．PHP7 的安装

（1）VC14 运行库（Visual C++ Redistributable for Visual Studio 2015）是 PHP7 能够正常运行的必要条件，但正常情况下 Windows7 系统中是没有的，所以要先下载安装。VC14 运行库的下载地址：https://www.microsoft.com/zh-CN/download/details.aspx?id=48145 单击"下载"按钮，选择适合自己的版本（这里选择 32 位的版本：vc_redist.x86.exe），再单击"Next"按钮开始下载，下载完成后双击"vc_redist.x86.exe"开始进行安装，如图 1-15 所示，按提示进行操作即可完成安装。

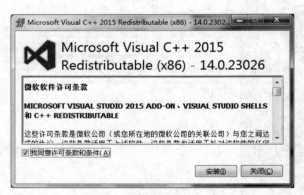

图 1-15　安装 VC14 运行库

（2）到 PHP 官网下载最新的 PHP7：http://windows.php.net/download，选择适合自己系统的版本下载，这里选择"VC14 x86 Non Thread Safe(php-7.0.8-nts-Win32-VC14-x86.zip)"。

把下载的压缩文件"php-7.0.8-nts-Win32-VC14-x86.zip"解压缩到某一个目录，如"D:\php708"。打开此目录，复制文件"php.ini-development"并重命名为"php.ini"。打开"php.ini"，

修改如下几处：

将"error_reporting = E_ALL"改为"error_reporting = E_ALL & ~E_NOTICE";

将"include_path = ".;c:\php\includes""前的分号去掉，并且改为"include_path = ".; D:\php708;D:\php708\dev;D:\php708\ext;D:\php708\extras;D:\php708\lib; D:\php708\sas12"";

将"extension_dir = "ext""前的分号去掉，并且改为"extension_dir = "D:\php708\ext"";

将下列文字前面的分号去掉：

```
extension=php_bz2.dll
extension=php_curl.dll
extension=php_fileinfo.dll
extension=php_gd2.dll
extension=php_gettext.dll
extension=php_intl.dll
extension=php_mbstring.dll
extension=php_exif.dll
extension=php_mysqli.dll
extension=php_openssl.dll
extension=php_pdo_mysql.dll
extension=php_pdo_odbc.dll
extension=php_sockets.dll
extension=php_xmlrpc.dll
extension=php_xsl.dll
```

（3）系统变量的增加与更改。

执行"开始→控制面板→系统→高级系统设置→高级→环境变量→系统变量"命令，增加系统变量 PHPRC="D:\php708"；修改系统变量 Path，在其变量值的最后面添加";D:\php708; D:\php708\dev; D:\php708\ext;D:\php708\extras;D:\php708\lib;"，然后一直单击"确定"按钮后退出，如图 1-16 所示。

图 1-16　修改系统变量

（4）安装微软公司的 PHP 管理程序"PHP Manager"。

下载地址：http://phpmanager.codeplex.com/releases/view/69115 选择适合自己的版本下载，这里选择"PHP Manager 1.2 for IIS 7 - x86"，单击其链接后即可下载，双击下载文件"PHPManagerForIIS-1.2.0-x86.msi"进行安装，如图 1-17 所示。按提示进行操作即可完成安装。完成后在 IIS 中就有一个 PHP Manager 程序。

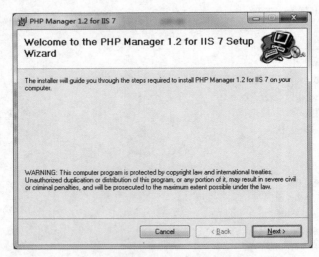

图 1-17　安装微软公司的 PHP 管理程序

（5）在 IIS 中 PHP 的配置。

1）执行"开始→控制面板→管理工具→Internet 信息服务(IIS)管理器"命令，单击"PHP Manager"，如图 1-18 所示。

图 1-18　PHP Manager

2）单击"Register new PHP version"，在弹出的对话框中选择"D:\php708\php-cgi.exe"，如图 1-19 所示。单击"确定"按钮后配置程序自动运行，完成 PHP Manager 配置。

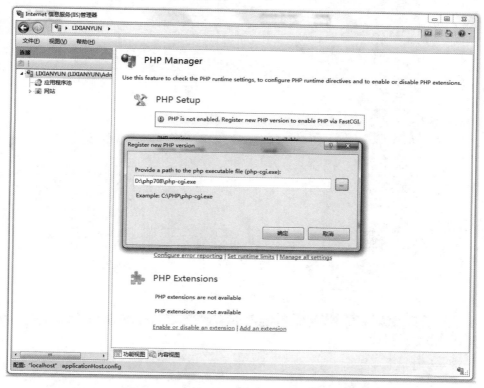

图 1-19   "Register new PHP version"对话框

3）进行测试。

在 IIS 的根目录下新建一个文件"index.php"，用记事本打开后输入如下的内容：

```
<?php
Phpinfo();
?>
```

保存后打开浏览器，在地址栏输入"http://localhost"可看到如图 1-20 所示测试页面，表示 PHP7 安装成功。

（6）下载安装 PHP 管理工具 phpMyAdmin。

phpMyAdmin 是一种以 PHP 为基础，以 Web-Base 方式架构在网站主机上的 MySQL 的数据库管理工具，让管理者可用 Web 接口管理 MySQL 数据库。此 Web 接口可以成为一个简易方式输入繁杂 SQL 语法的较佳途径，尤其在处理大量资料的汇入及汇出时更为方便。

1）下载地址：http://www.phpmyadmin.net，单击页面上的"Download 4.6.3"即可下载，下载完毕得到压缩包"phpMyAdmin-4.6.3-all-languages.zip"，解压缩到 IIS 的根目录下并将文件夹"phpMyAdmin-4.6.3-all-languages"重命名为"phpMyAdmin463"。打开此文件夹并将文件"config.sample.inc.php"复制并重命名为"config. inc.php"，然后用写字板打开文件：

将"$cfg['blowfish_secret']"值设置为任意一个字符串，如图 1-21 所示。

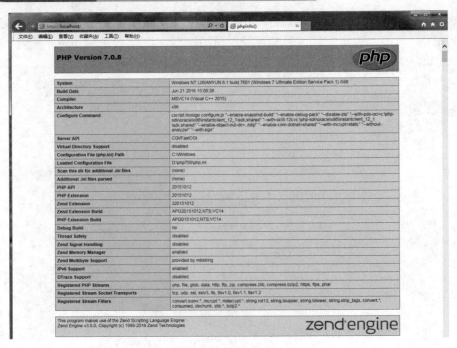

图 1-20　PHP7 测试页面

图 1-21　修改"$cfg['blowfish_secret']"的值

2）在浏览器地址栏输入"http://localhost/phpMyAdmin463"并按回车键，进入登录页面，在用户名处输入"root"，在密码处输入前面设置过的 MySQL 密码，如图 1-22 所示。

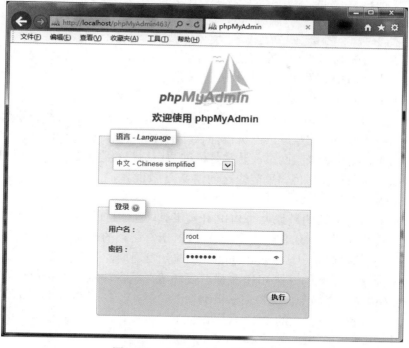

图 1-22　phpMyAdmin 的登录页面

3）单击"执行"按钮，即可进入数据库管理首页，如图 1-23 所示。

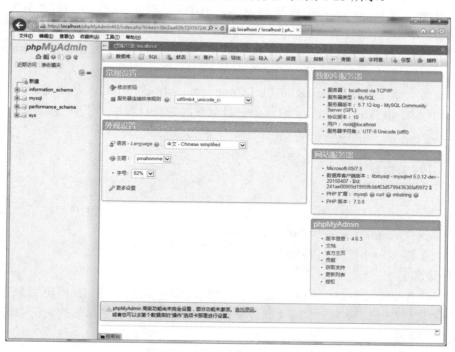

图 1-23　数据库管理首页

至此，IIS7.5+MySQL5.7+PHP7 全部的安装设置完成。

1.2.2 常用代码编辑工具

工欲善其事，必先利其器，一个好的编辑器或开发工具，能够极大提高程序开发效率，下面介绍几款常用的 PHP 开发工具，供大家选择使用。

1. Adobe Dreamweaver CS6

Adobe Dreamweaver CS6 是世界顶级软件厂商 Adobe 推出的一套拥有可视化编辑界面，用于制作并编辑网站和移动应用程序的网页设计软件。由于它支持代码、拆分、设计、实时视图等多种方式来创作、编写和修改网页（通常是标准通用标记语言下的一个应用 HTML），对于初级人员，可以无需编写任何代码就能快速创建 Web 页面。

2. Zend Studio

Zend Studio 是目前公认的最强大的 PHP 开发工具，是专业开发人员在使用 PHP 整个开发周期中唯一的集成开发环境（IDE），它包括了 PHP 所有必须的开发部件。通过一整套编辑、调试、分析、优化和数据库工具，Zend Studio 加速开发周期，并简化复杂的应用方案。

Zend Studio 是屡获大奖的专业 PHP 集成开发环境，具备功能强大的专业编辑工具和调试工具，支持 PHP 语法加亮显示，支持语法自动填充功能，支持书签功能，支持语法自动缩排和代码复制功能，内置一个强大的 PHP 代码调试工具，支持本地和远程两种调试模式，支持多种高级调试功能。

Zend Studio 可以在 Linux、Windows、Mac OS X 上运行。

3. PHPEdit

PHPEdit 是一款 Windows 下优秀的 PHP 脚本 IDE。该软件为快速、便捷的开发 PHP 脚本提供了多种工具，其功能包括：语法关键词高亮；代码提示、浏览；集成 PHP 调试工具；帮助生成器；自定义快捷方式；150 多个脚本命令；键盘模板；报告生成器；快速标记；插件等。

4. EditPlus

EditPlus 是一款由韩国 Sangil Kim（ES-Computing）出品的小巧但是功能强大的可处理文本、HTML 和程序语言的 Windows 编辑器，甚至可以通过设置用户工具将其作为 C、Java、PHP 等语言的一个简单的 IDE。

1.3 第一个 PHP 程序

PHP 服务器环境运行配置完成以后，接下来就开始编写第一个 PHP 程序了。本书所有程序均使用 Adobe Dreamweaver CS6 开发工具进行编写。

【例 1-1】编写一个简单的 PHP 程序，输出一条欢迎信息。

【实现步骤】

（1）启动 Adobe Dreamweaver CS6，选择"站点/新建站点"，把 D:\PHP 目录设置为站点目录。选择"文件/新建"菜单，打开"新建文档"对话框，在"空白页"列表框中选择"PHP"选项，如图 1-24 所示。

（2）单击"创建"按钮，在新建页面的"代码"视图中的<body></body>标签对中间开始编写 PHP 代码，如图 1-25 所示。

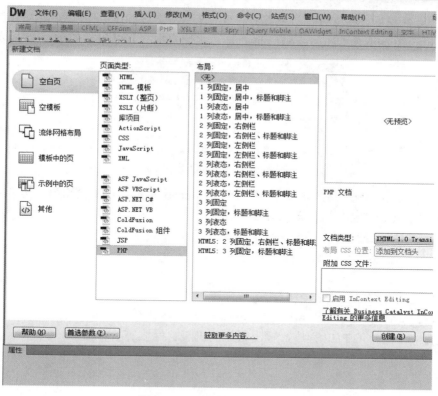

图 1-24　"新建文档"对话框

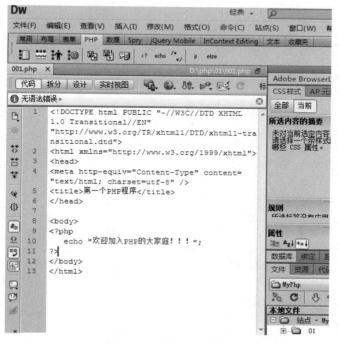

图 1-25　编写 PHP 代码

（3）检查代码后，将文件保存到路径"D:\PHP\CH01\exp01.php"下，然后在浏览器地址栏中输入：http://localhost/CH01/exp01.php，即可浏览页面运行结果，如图 1-26 所示。

图 1-26　程序运行结果

说明："<?php"和"?>"是 PHP 的标记符，echo 语句是用于输出的语句，可将紧跟其后的字符串、变量、常量的值显示在页面中。

1.4　实训

1．在自己的计算机上安装 PHP 的运行环境。
2．在自己的计算机上安装 Adobe Dreamweaver CS6。
3．编写一个简单的 PHP 程序，输出自己的班级、姓名等基本信息。

2

网站页面相关技术

 学习目标

- 掌握 HTML5 与 XHTML5 超文本标记语言的语法和常用标记。
- 掌握 CSS 的概念和基本用法。
- 掌握 JavaScript 客户端脚本语言的用法。
- 熟悉 DIV + CSS 的页面布局方法。
- 熟悉 JSON、AJAX 和 jQuery 的概念和基本用法。

2.1　HTML

2.1.1　基本概念

HTML（Hyper Text Markup Language）超文本标记语言，不是一种编程语言，而是一种标记语言，用一套标记标签（Markup Tag）来描述网页的一种语言。

网页文件本身是一种文本文件，通过在文本文件中添加标记符，可以告诉浏览器如何显示其中的内容，如文字如何处理，画面如何安排，图片如何显示等。浏览器按顺序阅读网页文件，然后根据标记符解释和显示其标记的内容，对书写出错的标记将不指出其错误，且不停止其解释执行过程，编制者只能通过显示效果来分析出错原因和出错部位。

一个网页对应多个 HTML 文件，HTML 文件以.htm 或.html 为扩展名。

HTML 从 1993 年诞生以来，不断地在发展与完善。从 HTML 2.0、HTML 3.2、HTML 4.0、HTML 4.01，直到最新的 HTML 5.0，其功能越来越强大，表现越来越完美。

【例 2-1】在页面上输出"Hello,World!"。

【实现步骤】

（1）启动 Adobe Dreamweaver CS6，创建符合 HTML5 标准的空白 HTML 页面，在

"<body>"后输入以下 HTML 代码：

```
<p>Hello,World!</p>
```

2）检查代码后，将文件保存到路径"D:\PHP\CH02\exp0201.html"下，在浏览器的地址栏中输入：http://localhost/CH02/exp0201.html，按回车键即可浏览页面运行结果，如图 2-1 所示。

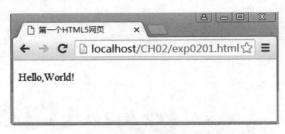

图 2-1　第一个 HTML5 网页运行结果

2.1.2　文档标签

HTML 的主要语法是元素和标签。元素是符合 DTD（文档类型定义）的文档组成部分，如 title（文档标题）、IMG（图像）、table（表格）等。元素名是不区分大小写的。HTML 用标签来规定元素的属性和它在文档中的位置。标签分单独出现的标签和成对出现的标签两种。大多数的标签是成对出现的，由首标签和尾标签组成。首标签的格式为<元素名>，尾标签的格式为</元素名>。成对标签用于规定元素所含的范围，如<title>和</title>标签用来界定标题元素的范围，也就是说<title>与</title>之间的部分是该 HTML 文档的标题。单独标签的格式为<元素名>，它的作用是在相应的位置插入元素。如
标签表示在该标签所在位置插入一个换行符。

1．<html>标签

<html>标签是文档标识符，它是成对出现的，首标签<html>和尾标签</html>分别位于文档的最前面和最后面，明确地表示文档是以超文本标识语言编写的。该标签不带有任何的属性。

2．<head>标签

把 HTML 文档分为文档头和文档主题两个部分。文档的主题部分就是在浏览器用户区中看到的内容。而文档头部分用来规定该文档的标题（出现在浏览器窗口的标题栏中）和文档的一些属性。HTML 文档的标签是可以嵌套的，即在一对标签中可以嵌套另一对子标签。用来规定母标签所含范围的属性和其中某一部分内容，嵌套在<head>标签中使用的子标签主要有<title>、<meta>、<link>和<style>。

（1）<title>标签是成对的。用来规定 HTML 文档的标题。

（2）<meta>标签可提供有关页面的元信息，其属性定义了与文档相关联的名称/值对，如其 charset 属性可定义文档的字符集：<meta charset="utf-8">。

（3）<link>标签用于定义两个连接文档之间的关系，只能存在于<head>部分，不过它可出现任意次数。

（4）<style>标签用于定义 HTML 文档的样式信息，规定 HTML 元素如何在浏览器中呈现。它有三种重要的属性：

1）type 属性，其值为"text/css"，定义内容类型。

2）media 属性，其值为 screen、tty、tv、projection、handheld、print、braille、aural、all 中的一个，表示样式信息的目标媒介。

3）scoped 属性，其值为 "scoped"，是 HTML 5 中的新属性，表示所规定的样式只能应用到 style 元素的父元素及其子元素。

3．<body>标签

<body>标签是成对标签。在<body></body>之间的内容将显示在浏览器窗口的用户区内，它是 HTML 文档的主体部分。在<body>标签中可以规定整个文档的一些基本属性，如表 2-1 所示。

表 2-1　<body>标签的基本属性

属性	描述
bgcolor	指定 html 文档的背景色
text	指定 html 文档中文字的颜色
link	指定 html 文档中待连接超链接对象的颜色
alink	指定 html 文档中连接中超链接对象的颜色
vlink	指定 html 文档中已连接超链接对象的颜色
background	指定 html 文档的背景文件

4．文档类型<!DOCTYPE>标签

<!DOCTYPE> 声明必须位于 HTML5 文档中的第一行，也就是位于<html>标签之前。该标签告知浏览器文档所使用的 HTML 规范。<!DOCTYPE>声明不属于 HTML 标签，它是一条指令，告诉浏览器编写页面所用的标记的版本。在所有 HTML 文档中规定 DOCTYPE 是非常重要的，这样浏览器就能了解预期的文档类型。

5．注释标签<!--...-->

注释标签<!--...-->用于在源代码中插入注释。注释不会显示在浏览器中。

2.1.3　布局标签与格式标签

1．布局标签

HTML 页面主要用以下标签来进行布局，如表 2-2 所示。

表 2-2　常用的布局标签

标签	描述
<div>	定义 HTML 文档中的分隔（division）或部分（section）
<span>	定义行内元素
<header>	定义网页或文章的头部区域
<footer>	定义网页或文章的尾部区域。可包含版权、备案等内容
<section>	通常标注为网页中的一个独立区域
<details>	定义周围主内容之外的内容块。如：注解
<summary>	定义 <details> 元素可见的标题
<nav>	标注页面导航链接。包含多个超链接的区域

2. 文章标签

常用的文章标签如表 2-3 所示。

表 2-3　常用的文章标签

标签	描述
<h1>~<h6>	定义标题。在 HTML5 中，<h1>~<h6>元素的"align"属性不被支持
<p>	定义段落。在 HTML5 中，其"align"属性不被支持
 	插入简单的换行符，它没有结束标签
<hr />	定义内容中的主题变化，并显示为一条水平线
<pre>	定义预格式化的文本
<address>	定义文档作者或拥有者的联系信息
<time>	定义日期或时间。其"datetime"属性用来定义元素的日期和时间

3. 短语元素标签

常用的短语元素标签如表 2-4 所示。

表 2-4　常用的短语元素标签

标签	描述
<em>	定义被强调的文本
<strong>	定义重要的文本
<dfn>	定义一个定义项目
<code>	定义计算机代码文本
<samp>	定义样本文本
<sup>	定义上标文本
<sub>	定义下标文本

4. 字体样式标签

在 HTML 页面中可以对文字的样式进行设置，常用的字体样式标签如表 2-5 所示。

表 2-5　常用的字体样式标签

标签	描述
<i>	定义文本的不同部分，并把这部分文本呈现为斜体文本
<b>	定义文本中比其余部分更重要的部分，并呈现为粗体
<big>	呈现大号字体效果
<small>	呈现小号字体效果
<mark>	定义在需要突出显示的部分使用有记号的文本

2.1.4　列表、图像及超链接标签

1. 列表标签

在 HTML 页面中，列表主要分为两种类型，一种是有序列表，另一种是无序列表。前者用数字或字母来标记项目的顺序，而后者则使用符号来记录项目的顺序。常用的列表标签如下：

（1）<ul>标签定义无序列表。可使用 CSS 来定义列表的类型。

（2）<ol>标签定义有序列表。有序列表可以是数字或字母顺序。可使用<li>标签来定义列表项，使用 CSS 来设置列表的样式。其"start"属性规定有序列表的起始值；"reversed"属性规定列表顺序为降序；"type"属性的值可为"1""A""a""I"或"i"，规定在列表中使用的标记类型。

（3）<li>标签定义列表项，有序列表和无序列表中都使用 <li> 标签。

【例 2-2】建立一个降序的有序列表。

【实现步骤】

（1）启动 Adobe Dreamweaver CS6，创建符合 HTML5 标准的空白 HTML 页面，在"<body>"后输入以下 HTML 代码：

```
<h3>今天供应的产品有如下几种：</h3>
<ol reversed="reversed" start="3" type="I">
    <li>咖啡</li>
    <li>牛奶</li>
    <li>茶</li>
</ol>
```

（2）检查代码后，将文件保存到路径"D:\PHP\CH02\exp0202.html"下，在浏览器的地址栏中输入：http://localhost/CH02/exp020l.html，按回车键即可浏览页面运行结果，如图 2-2 所示。

图 2-2　显示降序的有序列表

2. 图像标签

定义图像，注意加上"alt"属性。例如：

```
<img src="smile.gif" alt="微笑" />
```

3. 超链接标签

定义超链接，用于从一个页面链接到另一个页面，它最重要的属性是"href"属性，它指定链接的目标。

"target"属性的值可为"_blank""_parent""_self"或"_top"，表示在何处打开目标 URL，

它仅在"href"属性存在时使用。

在所有浏览器中，链接的默认外观是：未被访问的链接带有下划线而且是蓝色的，已被访问的链接带有下划线而且是紫色的，活动链接带有下划线而且是红色的。

2.1.5 表格标签

在 HTML 页面中，大多数页面都是使用表格进行排版的。使用表格可以把文字和图片等内容按照行和列排列起来，使得整个网页更加清晰和条理化，有利于信息的表达。表格通过表2-6 所示标签来实现。

表 2-6　常用的表格标签

标签	描述
\<table>	定义表格。在 HTML5 中，不支持\<table>标签的任何属性
\<thead>	定义表格的表头
\<caption>	定义表格标题。\<caption>标签必须紧随\<table>标签之后
\<th>	定义表格的表头单元格。元素内的文本通常会呈现为粗体 "colspan"属性规定此单元格可横跨的列数 "rowspan"属性规定此单元格可横跨的行数
\<tr>	定义表格中的行
\<td>	定义表格中的一个单元格

【例 2-3】完整的表格示例。

【实现步骤】

（1）启动 Adobe Dreamweaver CS6，创建符合 HTML5 标准的空白 HTML 页面，在"\<body>"后输入以下 HTML 代码：

```
<table>
  <thead>
    <tr>
      <td colspan="3">表头</td>
    </tr>
  </thead>
    <tr>
     <th>姓名</th>
<th>工作单位</th>
<th>住址</th>
    </tr>
    <tr>
      <td>唐乾林</td>
<td>重庆电子校</td>
<td>重庆市北碚区</td>
    </tr>
   <tr>
      <td>黎现云</td>
<td>重庆迎圭科技</td>
```

```
<td>重庆市南岸区</td>
    </tr>
   </table>
```

（2）检查代码后，将文件保存到路径"D:\PHP\CH02\exp0203.html"下，在浏览器的地址栏中输入：http://localhost/CH02/exp0203.html，按回车键即可浏览页面运行结果，如图 2-3 所示。

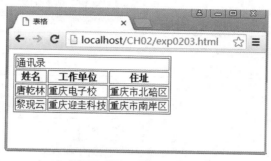

图 2-3　完整的表格示例

2.1.6　表单标签

表单是 HTML 页面中实现交互的重要的手段，利用表单可以收集客户端提交的有关信息。<form>标签用于创建供用户输入的 HTML 表单，<form>标签的属性如表 2-7 所示。

表 2-7　<form>标签的属性

属性	描述
name	表单的名称
method	表示表单的请求方式，有 POST 和 GET 两种，默认 GET
action	其值为 URL，用来定义表单处理程序
enctype	规定在发送表单数据之前如何对其进行编码

1. 输入标签<input>

输入标签<input>是表单中最常用的标签之一，该标签中有 Type 和 Name 两个属性，分别代表输入域的类型和名称。在 Type 属性中，包含的属性值如表 2-8 所示。

表 2-8　<input>标签的 Type 属性值

Type 属性	描述
button	定义可点击的按钮
checkbox	定义复选框
date	定义日期字段（带有 calendar 控件）
datetime	定义日期字段（带有 calendar 和 time 控件）
datetime-local	定义本地日期字段（带有 calendar 和 time 控件）
email	定义电子邮件

Type 属性	描述
file	定义文件
hidden	定义隐藏输入字段
image	定义图像作为提交按钮
month	定义日期字段（带有 calendar 和 time 控件）
number	定义带有 spinner 控件的数字字段
password	定义密码字段。字段中的字符会被遮蔽
radio	定义单选按钮
range	定义带有 slider 控件的数字字段
reset	定义重置按钮。重置按钮会将所有表单字段重置为初始值
submit	定义提交按钮。提交按钮向服务器发送数据
text	默认。定义单行输入框，在其中输入文本。默认是 20 个字符

"name"属性规定 input 元素的名称。

"value"属性，对于按钮，规定按钮上的文本；对于图像按钮，传递到脚本的字段的符号结果；对于复选框和单选按钮，定义 input 元素被点击时的结果；对于隐藏、密码和文本字段，规定元素的默认值。注意，它不能与 type="file" 一同使用。而对于 type="checkbox" 以及 type="radio"，它则是必需的。

2. <textarea>标签

定义一个文本区域（text-area），即多行文本框。用户可在此文本区域中添加文本。在一个文本区域中，可输入无限数量的文本。基本语法如下：

```
<TextArea name=name Rows=value Cols=value></TextArea>
```

多行文本框的常见属性如表 2-9 所示。

表 2-9　多行文本框的常见属性

属性	描述
cols	规定文本区内可见的列数
form	定义该 textarea 所属的一个或多个表单
inputmode	定义该 textarea 所期望的输入类型
name	为此文本区规定的一个名称
readonly	指示用户无法修改文本区内的内容
rows	规定文本区内可见的行数

3. 下拉列表标签<select>

下拉列表是一种节省网页空间的方式，下拉列表标签的基本语法如下：

```
<select name=name size=Value Multiple>
        <option value="value" Selected>选项
        <option value="value">选项
```

```
.......
</select>
```

下拉列表标签的属性如表 2-10 所示。

表 2-10　<select>标签的属性

属性	描述
disabled	规定禁用该下拉列表
form	规定下拉列表所属的一个或多个表单
multiple	规定可选择多个选项
name	规定下拉列表的名称
required	规定下拉列表是必填的
size	规定下拉列表中可见选项的数目

4．<label>标签

为<input>元素定义标签。<label>元素不会向用户呈现任何特殊的样式。不过，它为鼠标用户改善了可用性，因为如果用户单击<label>元素内的文本，则会切换到控件本身。<label>标签的"for"属性应该等于相关元素的"id"，以便将它们捆绑起来。

例如带有两个输入字段和相关标签的简单 HTML 表单如下：

```
<form>
<label for="male">男</label>
<input type="radio" name="sex" id="male" />
<br />
<label for="female">女</label>
<input type="radio" name="sex" id="female" />
</form>
```

5．<fieldset>标签

定义域，可将表单内的相关元素分组。<fieldset> 标签将表单内容的一部分打包，生成一组相关表单的字段。<fieldset> 标签没有必需的或唯一的属性。当一组表单元素放到 <fieldset> 标签内时，浏览器会以特殊方式来显示它们，它们可能有特殊的边界或 3D 效果，甚至可创建一个子表单来处理这些元素。

【例 2-4】用户调查表表单。

【实现步骤】

（1）启动 Adobe Dreamweaver CS6，创建符合 HTML5 标准的空白 HTML 页面，在"<body>"后输入以下 HTML 代码：

```
<h3>用户调查表</h3>
<form action="#" method="post">
<p>姓名：<input type="text" name="UserName"></p>
<p>电邮：<input type="email" name="userEmail"></p>
<p>生日：<input type="month" name="user_date" /></p>
<p>选择你喜欢的城市：<input type="checkbox" name="city" value="北京" checked>北京
                <input type="checkbox" name="city" value="重庆" checked>重庆
                <input type="checkbox" name="city" value="成都" checked>成都
```

```
                        <input type="checkbox" name="city" value="乌鲁木齐" checked>乌鲁木齐
        <p>上传你的照片：<input type="file" name="userphoto"></p>
        <p>你的简介:<textarea    cols="50" rows="3">你的简介</textarea>
        <p><input type="submit" /></p>
        </form>
```

（2）检查代码后，将文件保存到路径"D:\PHP\CH02\exp0204.html"下，在浏览器的地址栏中输入：http://localhost/CH02/exp0204.html，按回车键即可浏览页面运行结果，如图 2-4 所示。

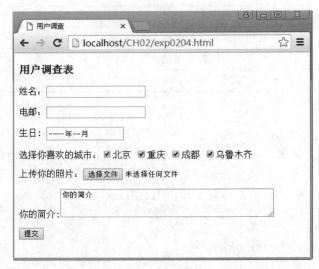

图 2-4　用户调查表

2.2　XHTML

XHTML（Extensible HyperText Markup Language）可扩展超文本标记语言，它基于可扩展标记语言（XML），是标准通用置标语言（SGML）的一个子集。

XHTML 是一种增强了的 HTML，XHTML 是更严谨、更纯净的 HTML 版本。它的可扩展性和灵活性将适应未来网络应用更多的需求。XML 虽然数据转换能力强大，完全可以替代 HTML，但面对成千上万已有的基于 HTML 语言设计的网站，直接采用 XML 还为时过早。因此，在 HTML4.0 的基础上，用 XML 的规则对其进行扩展，得到了 XHTML。所以，建立 XHTML 的目的就是实现 HTML 向 XML 的过渡。国际上在网站设计中推崇的 Web 标准就是基于 XHTML 的应用，即通常所说的"DIV+CSS"。

这里所说的 XHTML，默认指的是 XHTML5；而 HTML 指的是 HTML5。XHTML 与 HTML 相比有如下不同之处：

1．所有的标记都必须有一个相应的结束标记

以前在 HTML 中，可以打开许多标签，例如和<li>而不一定写对应的和</li>来关闭它们。但在 XHTML 中这是不合法的。XHTML 要求有严谨的结构，所有标签必须关闭。如果是单独不成对的标签，要在标签最后加一个"/"来关闭它。

2. 所有标签的元素和属性的名字都必须使用小写

与 HTML 不同，XHTML 对大小写是敏感的，<title>和<TITLE>是不同的标签。XHTML 要求所有的标签和属性的名字都必须使用小写。

3. 所有的 XML 标记都必须合理嵌套

同样因为 XHTML 要求有严谨的结构，因此所有的嵌套都必须按顺序，一层一层的嵌套必须严格对称。

4. 所有的属性必须用引号""括起来

在 HTML 中可以不需要给属性值加引号，但在 XHTML 中，它们必须加引号。

5. 把所有<和&特殊符号用编码表示

任何小于号（<），不是标签的一部分，都必须被编码为<；任何大于号（>），不是标签的一部分，都必须被编码为>，任何与号（&），不是实体的一部分，都必须被编码为&。

6. 给所有属性赋一个值

XHTML 规定所有属性都必须有一个值，没有值的就重复本身。

7. 图片必须有说明文字

每个图片标签都必须有 ALT 说明文字。

8. XHTML 文档必须有一个根元素

所有的 XHTML 元素必须被嵌套于<html>根元素中。其余所有的元素均可有子元素。子元素必须是成对的且被嵌套在其父元素之中。

以上这些规范有的看上去比较奇怪，但这一切都是为了使代码有一个统一、唯一的标准，便于以后的数据再利用。

2.3 CSS

2.3.1 定义

CSS（Cascading Style Sheet）层叠样式表，是一种用来表现 HTML 或 XML 等文件样式的计算机语言，是能够真正做到网页表现与内容分离的一种样式设计语言。相对于传统 HTML 的表现，CSS 能够对网页的布局、字体、颜色、背景和其他效果进行像素级的精确控制，并且拥有对网页对象和模型样式编辑的能力，能够进行初步交互设计，是目前基于文本展示最优秀的表现设计语言。CSS 能够根据不同使用者的理解能力，简化或者优化写法，有较强的易读性。

有三种方法可以在网页上使用样式表：

1. 外联式 Linking

外联式也叫外部样式，就是将网页链接到外部样式表。当样式需要被应用到很多页面的时候，外部样式表将是理想的选择。使用外部样式表，就可以通过更改一个文件来改变整个站点的外观。例如：

```
<link rel="stylesheet" type="text/css" href="mystyle.css" />
```

注意，外部样式表的文件扩展名一般为.css。

2. 嵌入式 Embedding

嵌入式也叫内页样式，就是在网页上创建嵌入的样式表。当单个文件需要特别样式时，就可以使用内部样式表。例如：

```
<style type="text/css">
body {background-color: red}
p {margin-left: 20px}
</style>
```

在嵌入式样式表中可以使用@import 导入一个外部样式表，例如：

```
<style type="text/css">
@import url(外部样式表位置);
…其他嵌入式的样式定义…
</style>
```

3. 内联式 Inline

内联式也叫行内样式，就是应用内嵌样式到各个网页元素。当特殊的样式需要应用到个别元素时，就可以使用内联样式。使用内联样式的方法是在相关的标签中使用样式属性。样式属性可以包含任何 CSS 属性。以下示例显示出如何改变段落的颜色和左外边距。

```
<p style="color: red; margin-left: 20px">
这是一个段落。
</p>
```

样式的优先级：内联式 ＞ 嵌入式 ＞ 外联式 ＞ 浏览器缺省设置。

2.3.2 语法

CSS 规则由选择器、样式属性和属性值组成，其格式如下：

```
选择器 1，选择器 2，选择器 3，… {
属性 1: 值 1;
属性 2: 值 2;
属性 3: 值 3
…
}
```

选择器通常是一个，也可以是多个；若是多个，则相互间用逗号分开。

选择器通常有以下几种：

（1）通配选择符"*"：代表所有对象，即页面上所有对象都会应用该样式，一般用于网页字体样式、字体大小、字体颜色、网页背景等公共属性的设置。

示例——选择所有元素，并设置它们的背景色：

```
*
{
background-color:yellow;
}
```

选择器也能选取另一个元素中的所有元素。

示例——选取<div>元素内部的所有元素：

```
div *
{
background-color:yellow;
}
```

（2）标签选择符：即用 HTML 中标签名称作为选择符，则页面中所有同类标签都会应用该样式。

示例——选择并设置所有\<p\>元素的样式：

```
p
{
background-color:yellow;
}
```

（3）id 选择符：为 HTML 标签添加 id 属性，CSS 样式中以 "#" 加上 id 名称作为选择符，则页面中 id 值相同的所有标签都会应用该样式。注意，id 是区分大小写的。

示例：

```
#sidebar {
font-style: italic;
text-align: right;
margin-top: 5px;
}
```

（4）class 选择符：为 HTML 标签添加 class 属性，CSS 样式中以 "." 加上 class 名称作为选择符，则页面中 class 值相同的所有标签都会应用该样式。注意，class 是区分大小写的。

示例：

```
.important {
color:red;
}
```

（5）伪类及伪对象选择符：主要用于超链接标签的样式设置，即在原有选择符的基础上添加样式。

【例 2-5】用 CSS 美化例 2-3 的表格。

【实现步骤】

（1）启动 Adobe Dreamweaver CS6，打开 "D:\PHP\CH02\exp0203.html"，在\</title\> 后输入以下代码：

```
<style type="text/css">
table,td,th{
border: 1px solid gray;
border-collapse: collapse;
text-align: center;
margin: 0px;
padding: 3px;
}
</style>
```

（2）检查代码后，将文件保存到路径 "D:\PHP\CH02\exp0205.html" 下，在浏览器的地址栏中输入：http://localhost/CH02/exp0205.html，按回车键即可浏览页面运行结果，如图 2-5 所示。

2.3.3　框模型

CSS 框模型（Box Model）规定了元素框处理元素内容、内边距、边框和外边距的方式。

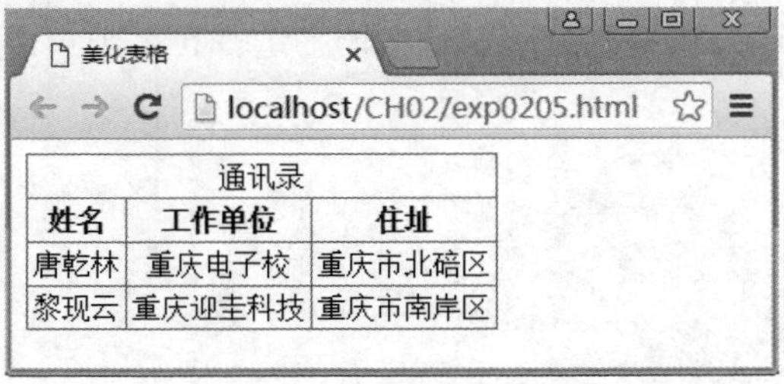

图 2-5　用 CSS 美化后的表格

元素框的最内部分是实际的内容,直接包围内容的是内边距。内边距呈现了元素的背景。内边距的边缘是边框。边框以外是外边距,外边距默认是透明的,因此不会遮挡其后的任何元素。

内边距、边框和外边距都是可选的,默认值是 0。但是,许多元素将由用户代理样式表设置外边距和内边距。可以通过将元素的 margin 和 padding 设置为 0 来覆盖这些浏览器样式。这可以分别进行,也可以使用通用选择器对所有元素进行设置,例如:

```
* {
  margin: 0;
  padding: 0;
}
```

在 CSS 中,width 和 height 指的是内容区域的宽度和高度。增加内边距、边框和外边距不会影响内容区域的尺寸,但是会增加元素框的总尺寸。

1. 内边距(padding)

内边距定义元素边框与元素内容之间的空白区域,它接受长度值或百分比值,但不允许使用负值。

2. 边框(border)

边框规定元素边框的样式(border-style)、宽度(border-width)和颜色(border-color),可以应用于任何元素。

边框的样式用于设置元素所有边框的样式,或者单独地为各边设置边框样式。只有当这个值不是 none 时边框才可能出现。

边框的宽度为元素的所有边框设置宽度,或者单独地为各边边框设置宽度。只有当边框样式不是 none 时才起作用。如果边框样式是 none,边框宽度实际上会重置为 0。不允许指定负长度值。

边框的颜色可设置一个元素的所有边框中可见部分的颜色,或者为 4 个边分别设置不同的颜色。

示例——设置 4 个边框的样式:

```
p
{
border:3px solid red;
}
```

3. 外边距(margin)

外边距会在元素外创建额外的"空白",它接受任何长度单位、百分数值甚至负值,并且还可以设置为"auto"。

示例——设置所有的外边距：

```
p {
margin: 10px 20pc 30px 40px;
}
```

外边距合并，当两个垂直外边距相遇时，它们将形成一个外边距。合并后的外边距的高度等于两个发生合并的外边距的高度中的较大者。

2.3.4　基本属性

1. 背景

background 用于设置所有的背景属性。可以设置如下属性，如表 2-11 所示。

表 2-11　background 的属性

属性	描述
background-color	背景颜色
background-position	背景图像的位置
background-size	背景图片的尺寸
background-repeat	如何重复背景图像
background-origin	背景图片的定位区域
background-clip	背景的绘制区域
background-attachment	背景图像是否固定或者随着页面的其余部分滚动
background-image	背景图像

2. 文本效果

在 CSS 中常见的文本效果属性如表 2-12 所示。

表 2-12　CSS 中常见的文本效果属性

属性	描述
color	设置文本颜色
line-height	设置行高，可能的值为"normal"（默认）、数字、固定值或百分比
letter-spacing	设置字符间距，允许使用负值
text-align	设置文本的对齐方式
text-decoration	向文本添加修饰
word-spacing	设置字间距
text-outline	规定文本的轮廓
text-shadow	设置文本阴影

3. 字体

在 CSS 中常见的字体属性如表 2-13 所示。

表 2-13　CSS 中常见的字体效果属性

属性	描述
font-family	规定字体的名称
src	定义字体文件的 URL
font-stretch	定义如何拉伸字体。默认是"normal"
font-style	定义字体的样式。默认是"normal"
font-weight	定义字体的粗细。默认是"normal"

4. 链接

能够设置链接样式的 CSS 属性有很多种，如 color、font-family、background 等。
链接的特殊性在于能够根据它们所处的状态来设置它们的样式。

链接的四种状态：

①a:link——普通的、未被访问的链接；

②a:visited——用户已访问的链接；

③a:hover——鼠标指针位于链接的上方；

④a:active——链接被点击的时刻。

示例——设置链接样式（注意顺序）：

```
a:link {color:#FF0000;}      /* 未被访问的链接 */
a:visited {color:#00FF00;}   /* 已被访问的链接 */
a:hover {color:#FF00FF;}     /* 鼠标指针移动到链接上 */
a:active {color:#0000FF;}    /* 正在被点击的链接 */
```

5. 列表

list-style 在一个声明中设置所有的列表属性。可以按顺序设置如下属性：

①list-style-type；

②list-style-position；

③list-style-image。

可以不设置其中的某个值，例如"list-style:circle inside;"也是允许的。未设置的属性会使用其默认值。

示例——把图像设置为列表中的列表项目标记：

```
ul {
list-style:square inside url('arrow.gif');
}
```

6. 表格

CSS 表格属性可以极大地改善表格的外观。

（1）表格边框。

如需在 CSS 中设置表格边框，可使用 border 属性。

示例——为 table、th 以及 td 设置蓝色边框：

```
table, th, td{
border: 1px solid blue;
}
```

注意，上例中的表格具有双线条边框。这是由于 table、th 以及 td 元素都有独立的边框。如果需要把表格显示为单线条边框，可使用 border-collapse 属性。

（2）折叠边框。

border-collapse 设置是否将表格边框折叠为单一边框：

```
table {
border-collapse:collapse;
}
table,th, td {
border: 1px solid black;
}
```

（3）表格宽度和高度。

通过 width 和 height 属性定义表格的宽度和高度。

（4）表格文本对齐。

text-align 和 vertical-align 用于设置表格中文本的对齐方式。

text-align 设置水平对齐方式，如左对齐、右对齐或者居中；

vertical-align 设置垂直对齐方式，如顶部对齐、底部对齐或居中对齐。

（5）表格内边距。

如需控制表格中内容与边框的距离，可为 td 和 th 元素设置 padding 属性。

2.3.5 定位

1．定位概述

position 规定元素的定位类型，可能的值为：

（1）absolute：生成绝对定位的元素，相对于 static 定位以外的第一个父元素进行定位。元素的位置通过"left""top""right"以及"bottom"属性进行规定。

（2）fixed：生成绝对定位的元素，相对于浏览器窗口进行定位。元素的位置通过"left""top""right"以及"bottom"属性进行规定。

（3）relative：生成相对定位的元素，相对于其正常位置进行定位。因此，"left:20"会向元素的左侧位置添加 20 像素。

（4）static：默认值，没有定位，元素出现在正常的流中（忽略 top、bottom、left、right 或者 z-index 声明）。

任何元素都可以定位，它会生成一个块级框，而不论该元素本身是什么类型。

CSS 有三种基本的定位机制：普通流、浮动和绝对定位。

除非专门指定，否则所有框都在普通流中定位。也就是说，普通流中元素的位置由元素在 HTML 中的位置决定。

块级框从上到下一个接一个地排列，框之间的垂直距离是由框的垂直外边距计算出来的。

行内框在一行中水平布置。可以使用水平内边距、边框和外边距调整它们的间距。但是，垂直内边距、边框和外边距不影响行内框的高度。由一行形成的水平框称为行框（Line Box），行框的高度总是足以容纳它包含的所有行内框。不过，设置行高可以增加这个框的高度。

2．相对定位

相对定位实际上被看作普通流定位模型的一部分，因为元素的位置相对于它在普通流中的位置。如果对一个元素进行相对定位，它将出现在它所在的位置上。然后，可以通过设置垂直或水平位置，让这个元素"相对于"它的起点进行移动。

如果将 top 设置为 20px，那么框将在原位置顶部下面 20 像素的地方。如果将 left 设置为 30 像素，那么会在元素左边创建 30 像素的空间，也就是将元素向右移动。

3. 绝对定位

绝对定位使元素的位置与文档流无关，因此不占据空间。设置为绝对定位的元素框从文档流完全删除，并相对于其包含块定位，包含块可能是文档中的另一个元素或者是初始包含块。元素原先在正常文档流中所占的空间会关闭，就好像该元素原来不存在一样。元素定位后生成一个块级框，而不论原来它在正常流中生成何种类型的框。

4. 浮动

float 实现元素的浮动，可能的值为：

（1）left：元素向左浮动。

（2）right：元素向右浮动。

（3）none：默认值，元素不浮动，并会显示在其在文本中出现的位置。

浮动元素会生成一个块级框，而不论它本身是何种元素。浮动的框可以向左或向右移动，直到它的外边缘碰到包含框或另一个浮动框的边框为止。由于浮动框不在文档的普通流中，所以文档的普通流中的块级框表现得就像浮动框不存在一样。

【例 2-6】制作一栏具有超链接的浮动的水平菜单。

【实现步骤】

（1）启动 Adobe Dreamweaver CS6，创建符合 HTML5 标准的空白 HTML 页面，在"</title>"后输入以下 HTML 代码：

```
<style type="text/css">
div {
margin:0px auto;
WIDTH: 34em;
}
ul {
float:left;
width:100%;
padding:0;
margin:0;
list-style-type:none;
text-align:center
}
a {
float:left;
width:7em;
text-decoration:none;
color:white;
background-color:purple;
padding:0.2em 0.6em;
border-right:1px solid white;
```

```
}
a:hover {
background-color:#ff3300
}
li {
display:inline;
text-align:center;
}
</style>
```

在<body>后输入以下代码：

```
<div>
<ul>
<li><a href="#">Link one</a></li>
<li><a href="#">Link two</a></li>
<li><a href="#">Link three</a></li>
<li><a href="#">Link four</a></li>
</ul>
</div>
```

（2）检查代码后，将文件保存到路径"D:\PHP\CH02\exp0206.html"下，在浏览器的地址栏中输入：http://localhost/CH02/exp0206.html，按回车键即可浏览页面运行结果，如图 2-6 所示。

图 2-6　浮动的水平菜单

2.3.6　2D 与 3D 转换

transform 向元素应用 2D 或 3D 转换，它允许对元素进行旋转、缩放、移动、倾斜、转动、拉长或拉伸。

transform-origin 允许改变被转换元素的位置。2D 转换元素能够改变元素 X 和 Y 轴。3D 转换元素还能改变其 Z 轴。

transform-style 规定如何在 3D 空间中呈现被嵌套的元素。

perspective 定义 3D 元素距视图的距离，以像素计。它允许改变和查看 3D 元素的视图。当为元素定义 perspective 属性时，其子元素会获得透视效果，而不是元素本身。perspective 只影响 3D 转换元素。

perspective-origin 定义 3D 元素所基于的 X 轴和 Y 轴。它允许改变 3D 元素的底部位置。当为元素定义 perspective-origin 属性时，其子元素会获得透视效果，而不是元素本身。该属性必须与 perspective 属性一同使用，而且只影响 3D 转换元素。

backface-visibility 定义当元素不面向屏幕时是否可见。如果在旋转元素时不希望看到其背面，该属性很有用。

示例 —— 元素围绕其 Y 轴以给定的度数进行旋转：

```
div {
transform: rotateY(130deg);
-ms-transform:rotateY(130deg);          /* IE 9 */
-webkit-transform: rotateY(130deg);     /* Safari 和 Chrome */
-moz-transform: rotateY(130deg);        /* Firefox */
-o-transform:rotateY(130deg);           /* Opera */
}
```

2.3.7 过渡与动画

1. 过渡

transition 可以在不使用 Flash 动画或 JavaScript 的情况下，当元素从一种样式变换为另一种样式时为元素添加效果。要实现这一点，必须规定两项内容，首先规定把效果添加到哪个 CSS 属性上，然后规定效果的时长。它用于设置四个过渡效果的转换属性如表 2-14 所示。

表 2-14 过渡效果的转换属性

属性	描述
transition-property	规定设置过渡效果的 CSS 属性的名称
transition-duration	规定完成过渡效果需要多少秒或毫秒
transition-timing-function	规定速度效果的速度曲线
transition-delay	定义过渡效果何时开始

注意：需设置"transition-duration"属性，否则时长为 0，就不会产生过渡效果。

【例 2-7】向宽度、高度和转换添加过渡效果。

【实现步骤】

（1）启动 Adobe Dreamweaver CS6，创建符合 HTML5 标准的空白 HTML 页面，在"</title>"后输入以下 HTML 代码：

```
<style type="text/css">
div {
width:100px;
height:100px;
background:yellow;
transition:all 2s;
-moz-transition:all 2s; /* Firefox 4 */
-webkit-transition:all 2s; /* Safari and Chrome */
-o-transition:all 2s;      /* Opera */
}
div:hover {
width:200px;
height:200px;
transform:rotate(180deg);
```

```
-moz-transform:rotate(180deg);        /* Firefox 4 */
-webkit-transform:rotate(180deg); /* Safari and Chrome */
-o-transform:rotate(180deg);          /* Opera */
}
</style>
```

在<body>后输入以下代码：

```
<div></div>
```

（2）检查代码后，将文件保存到路径"D:\PHP\CH02\exp0207.html"下，在浏览器的地址栏中输入：http://localhost/CH02/exp0207.html，按回车键即可浏览页面运行结果，如图2-7所示。

图 2-7　向宽度、高度和转换添加过渡效果

2. 动画

@keyframes 创建动画。创建动画的原理是：将一套 CSS 样式逐渐变化为另一套样式。在动画过程中，能够多次改变这套 CSS 样式。以百分比来规定改变发生的时间，或者通过关键词"from"和"to"，等价于 0%和100%。0%是动画的开始时间，100%是动画的结束时间。为了获得最佳的浏览器支持，应该始终定义 0%和 100%选择器。可使用动画属性来控制动画的外观，同时将动画与选择器绑定。

2.3.8　布局

1. 多列

通过 CSS3，能够创建多个列来对文本进行布局，常见的多列属性如表 2-15 所示。

表 2-15　多列属性

属性	描述
column-count	规定元素应该被划分的列数
column-fill	规定如何填充列，是否进行协调
column-rule	设置列的宽度、样式和颜色规则
column-gap	规定列之间的间隔
column-span	规定元素应横跨多少列
column-width	规定列的宽度

2. display

display 规定元素应该生成的框的类型，它可取的值很多，广泛使用属性如表 2-16 所示。

表 2-16　display 属性

属性	描述
none	隐藏对象
inline	指定对象为内联元素
block	指定对象为块元素
list-item	指定对象为列表项目
table	指定对象作为块元素级的表格
table-caption	指定对象作为表格标题
table-cell	指定对象作为表格单元格
table-row	指定对象作为表格行
table-column	指定对象作为表格列
flex	将对象作为弹性伸缩盒显示，CSS3 增加
inline-flex	将对象作为内联块级弹性伸缩盒显示，CSS3 增加

3．flex

flex 为 flex-grow、flex-shrink 和 flex-basis 的简写属性，设置或检索弹性盒模型对象的子元素如何分配空间。

如果缩写为"flex: 1"，则其计算值为"1 1 0%"。

如果缩写为"flex: auto"，则其计算值为"1 1 auto"。

如果为"flex: none "，则其计算值为"0 0 auto"。

如果为"flex: 0 auto"或者"flex: initial"，则其计算值为"0 1 auto"，即"flex"初始值。

如果元素不是弹性盒模型对象的子元素，则 flex 属性不起作用。

flex-flow 是 flex-direction 和 flex-wrap 属性的复合属性，设置或检索弹性盒模型对象的子元素排列方式。

flex-direction 通过定义 flex 容器的主轴方向来决定 felx 子项在 flex 容器中的位置。

order 设置或检索弹性盒模型对象的子元素出现的顺序。

2.3.9　轮廓及 DIV+CSS

1．轮廓

轮廓（outline）是绘制于元素周围的一条线，位于边框边缘的外围，可起到突出元素的作用。轮廓线不会占据空间，也不一定是矩形，设置所有的轮廓属性，可以按顺序设置表 2-17 所示的属性。

表 2-17　outline 属性

属性	描述
outline-color	规定边框的颜色
outline-style	规定边框的样式
outline-width	规定边框的宽度
outline-offset	对轮廓进行偏移，并在边框边缘进行绘制

2. DIV+CSS

DIV+CSS 是 Web 设计标准，它是一种网页的布局方法。与传统的通过表格（Table）布局定位的方式不同，它可以实现网页页面内容与表现相分离，并且页面代码精简，提高了百度蜘蛛的爬行效率，同时对收录质量有一定提高。

提高访问速度、增加用户体验性，使得加载速度得到很大的提高，那么用户点击页面的等待时间就越少，用户体验性的增加相应的使网站受到搜索引擎的喜欢，进而提高网站排名。

DIV+CSS 结构清晰，很容易被搜索引擎搜索到，天生就适合搜索引擎优化（Search Engine Optimization，SEO），降低网页大小，让网页体积变得更小。

DIV+CSS 的合理之处在于可以进行网页的统一设计管理，通过修改一个样式表，就可以统一全站的风格，如果为一个页面单独做一个样式表，或者一个 DIV 就做一个样式表，没有全局设计观念，那么这个 DIV+CSS 的设计方式就完全没有必要，甚至成了累赘。

使用 DIV+CSS 要考虑兼容性，TABLE 设计由来已久，得到浏览器的广泛支持，所以显示效果很好，不会出现错位情况，但是 DIV+CSS 却会在部分浏览器中发生页面错位的情况，因此在进行设计的时候也要考虑到不同浏览器的情况，进行更改和调试。

DIV+CSS，是在 HTML4 时得到广泛应用的。随着 HTML5 的出现，它就不是唯一的标准布局方法了。用 HTML5 中增加的新标签来布局网页，将显得更加简洁明了。

【例 2-8】用 HTML5 新标签布局网页。

【实现步骤】

（1）启动 Adobe Dreamweaver CS6，创建符合 HTML5 标准的空白 HTML 页面，在"<body>"后输入以下 HTML 代码：

```
<header>页头</header>
<nav>导航</nav>
<section>右侧</section>
<aside>左侧</aside>
<article>主要内容</article>
<footer>页脚</footer>
```

在</title>后输入以下 HTML 代码：

```
<style type="text/css">
header,nav,section,aside,article,footer {display:block; background:#CCC; margin:3px auto; text-align:center;}
header {height:100px; line-height:100px;}
nav {height:30px; line-height:30px;}
section {width:25%; float:right; height:450px; line-height:450px;margin:0px 0px 3px 0px;}
aside {width:25%; float:left; height:450px; line-height:450px;margin:0px 0px 3px 0px;}
article {width:49%; float:left; height:450px; line-height:450px;margin:0px 0px 0px 6px;}
footer {clear:both; height:100px; line-height:100px;}
</style>
```

（2）检查代码后，将文件保存到路径"D:\PHP\CH02\exp0208.html"下，在浏览器的地址栏输入：http://localhost/CH02/exp0208.html，按回车键即可浏览页面运行结果，如图 2-8 所示。

2 Chapter

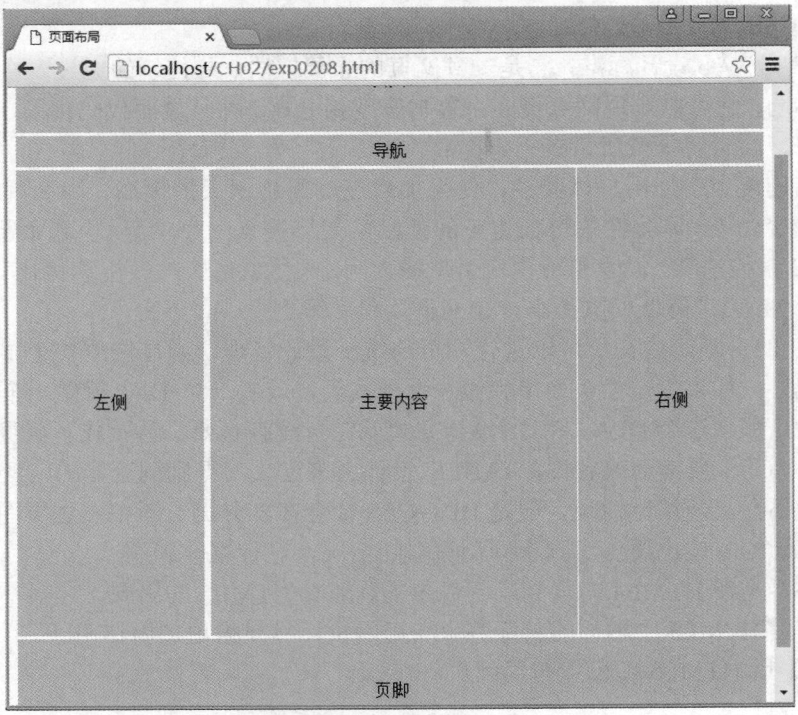

图 2-8　HTML5 新标签网页布局

2.4　JavaScript

2.4.1　简介

　　JavaScript 是一种动态类型、弱类型、基于原型的直译式脚本语言，其解释器被称为 JavaScript 引擎，为浏览器的一部分，广泛用于客户端的脚本语言，最早是在 HTML 网页上使用，用来给 HTML 网页增加动态功能，JavaScript 是所有现代浏览器以及 HTML5 中默认的脚本语言。

　　JavaScript 脚本语言具有以下特点：

　　（1）脚本语言。

　　JavaScript 是一种解释型的脚本语言，C、C++等语言先编译后执行，而 JavaScript 是在程序的运行过程中逐行进行解释。

　　（2）基于对象。

　　JavaScript 是一种基于对象的脚本语言，它不仅可以创建对象，也能使用现有的对象。

　　（3）简单。

　　JavaScript 语言中采用的是弱类型的变量类型，对使用的数据类型未做出严格的要求，是基于 Java 基本语句和控制的脚本语言，其设计简单紧凑。

　　（4）动态性。

　　JavaScript 是一种采用事件驱动的脚本语言，它不需要经过 Web 服务器就可以对用户的输入做出响应。在访问一个网页时，鼠标在网页中进行点击或上下移动、窗口移动等操作时 JavaScript 都可直接对这些事件给出相应的响应。

（5）跨平台性。

JavaScript 脚本语言不依赖于操作系统，仅需浏览器的支持。因此一个 JavaScript 脚本在编写后可以到任意机器上使用，前提是机器上的浏览器支持 JavaScript 脚本语言，目前 JavaScript 已被大多数的浏览器所支持。

如需在 HTML 页面中插入 JavaScript，需使用<script>标签，<script>和</script>会告诉 JavaScript 在何处开始和结束。

【例 2-9】用 JavaScript 在页面上输出一行信息。

【实现步骤】

（1）启动 Adobe Dreamweaver CS6，创建符合 HTML5 标准的空白 HTML 页面，在 "<body>" 后输入以下 HTML 代码：

```
<script>
alert("My First JavaScript");
</script>
```

（2）检查代码后，将文件保存到路径 "D:\PHP\CH02\exp0209.html" 下，在浏览器的地址栏中输入：http://localhost/CH02/exp0209.html，按回车键即可浏览页面运行结果，如图 2-9 所示。

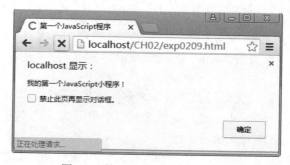

图 2-9 第一个 JavaScript 小程序

2.4.2 语法

1. 输出

JavaScript 可以通过不同的方式来输出数据：

（1）使用 alert()弹出警告框。

（2）使用 document.write()方法将内容写到 HTML 文档中。

（3）使用 innerHTML 写入到 HTML 元素。

（4）使用 console.log()写入到浏览器的控制台。

2. 语句

JavaScript 语句是向浏览器发出的命令。语句的作用是告诉浏览器该做什么。分号用于分隔 JavaScript 语句。JavaScript 语句通过代码块的形式进行组合。块由左花括号开始，右花括号结束。块的作用是使语句序列一起执行。JavaScript 函数是将语句组合在块中的典型例子。JavaScript 对大小写是敏感的。

3. 注释

可以添加注释来对 JavaScript 进行解释，或者提高代码的可读性，注释不会执行。

单行注释以"//"开头；多行注释以"/*"开始，以"*/"结尾。

4. 数据类型

JavaScript 的数据类型有字符串、数字、布尔、数组、对象、null、undefined，JavaScript 拥有动态数据类型，这意味着相同的变量可用作不同的类型。

字符串是存储字符的变量，可以是引号中的任意文本，引号可以使用单引号或双引号。

JavaScript 只有一种数字类型。数字可以带小数点，也可以不带，例如：

```
var x1=34.00;          //使用小数点来写
var x2=34;             //不使用小数点来写
```

布尔（逻辑）只能有两个值：true 或 false。

```
var x=true
var y=false
```

对象由花括号分隔。在括号内部，对象的属性以名称和值对的形式来定义。属性由逗号分隔：

```
var person={firstname:"Bill", lastname:"Gates", id:5566};
```

对象属性有两种寻址方式：

```
name=person.lastname;
name=person["lastname"];
```

undefined 这个值表示变量不含有值。

可以通过将变量的值设置为"null"来清空变量。

5. 变量

变量是存储信息的容器。变量可以使用短名称（比如 x 和 y），也可以使用描述性更好的名称（比如 age、sum 或 totalvolume）。变量必须以字母开头，也能以"$"和"_"符号开头（不推荐这么做），变量名称对大小写敏感。

在 JavaScript 中创建变量通常称为"声明"变量，可使用 var 关键词：

```
var x=2,y=3;
var name="Gates",
age=56,
job="CEO";
```

声明新变量时，可以使用关键词"new"来声明其类型：

```
var carname=new String;
var x=        new Number;
var y=        new Boolean;
var cars=     new Array;
var person= new Object;
```

JavaScript 变量均为对象，声明一个变量就创建了一个新的对象。

6. 运算符

（1）算术运算符。

算术运算符主要用于处理算术运算操作，分为一元运算符和二元运算符，使用方法与优先级和数学运算相同。

一元运算符包括：前置或后置自增 "++"、前置或后置自减 "--"、正号 "+" 和负号 "-"。

二元运算符包括：加 "+"、减 "-"、乘 "*"、除 "/" 和取余 "%"。

如果把数字与字符串相加，结果将成为字符串。

（2）赋值运算符。

赋值运算符 "=" 用于给变量赋值，其他运算符可以和赋值运算符联合使用，构成组合运算符。

（3）比较运算符。

比较运算符用于比较两个操作数的值，返回值为布尔类型。

比较运算符包括：小于 "<"、大于 ">"、小于等于 "<="、大于等于 ">="、相等 "=="、不等于 "!="、全等（值和类型）"===" 和 非全等（值和类型）"!=="。

（4）逻辑运算符。

逻辑运算符用于处理逻辑运算操作，返回值为布尔类型。

逻辑运算符包括逻辑与 "&&"、逻辑或 "||" 和逻辑非 "!"。

（5）条件运算符。

条件运算符提供简单的逻辑判断和赋值，语法格式如下：

表达式 1?表达式 2:表达式 3

如果表达式 1 的值为 true，则执行表达式 2，否则执行表达式 3。

7．条件语句

（1）if 语句。

只有当指定条件为 true 时，该语句才会执行代码。

语法：

```
if(条件)
    {
    只有当条件为 true 时执行的代码
    }
```

（2）if…else 语句。

当条件为 true 时执行代码，当条件为 false 时执行其他代码。

语法：

```
if(条件)
    {
    当条件为 true 时执行的代码
    }
else
    {
    当条件为 false 时执行的代码
    }
```

（3）if…else if…else 语句。

使用该语句来选择多个代码块之一来执行。

语法：

```
if(条件 1)
    {
```

```
    当条件 1 为 true 时执行的代码
    }
else if (条件 2)
    {
    当条件 2 为 true 时执行的代码
    }
else
    {
    当条件 1 和 条件 2 都为 false 时执行的代码
    }
```

（4）switch 语句。

使用该语句来选择多个代码块之一来执行。

语法：

```
switch(n)
{
case 1:
    执行代码块 1
    break;
case 2:
    执行代码块 2
    break;
default:
    n 与 case 1 和 case 2 不同时执行的代码
}
```

【例 2-10】对输入的成绩进行判断，看是否及格。

【实现步骤】

（1）启动 Adobe Dreamweaver CS6，创建符合 HTML5 标准的空白 HTML 页面，在 "<body>" 后输入以下 HTML 代码：

```
<Script>
    x=prompt("请输入成绩(0-100):");
    score=parseInt(x);
    if (score>=60){
        alert (score+"恭喜你及格了！"); }
    else {
        alert (score+"很遗憾你没有通过！"); }
</Script>
```

（2）检查代码后，将文件保存到路径 "D:\PHP\CH02\exp0210.html" 下，在浏览器的地址栏中输入：http://localhost/CH02/exp0210.html，按回车键即可浏览页面运行结果，如图 2-10 所示。

8．循环语句

（1）for 循环语句。

语法：

```
for (语句 1;语句 2;语句 3)
    {
```

　　　被执行的代码块
　　}

　　语句 1 在循环（代码块）开始前执行，语句 2 定义运行循环（代码块）的条件，语句 3 在循环（代码块）已被执行之后执行。

图 2-10　简单 if 语句

　　（2）for…in 循环语句。

　　for…in 语句循环遍历对象的属性：

```
var person={fname:"John",lname:"Doe",age:25};
for (x in person)
  {
  txt=txt + person[x];
  }
```

　　（3）while 循环语句。

　　while 循环会在指定条件为 true 时循环执行代码块。

　　语法：

```
while (条件)
  {
  需要执行的代码
  }
```

　　（4）do…while 循环语句。

　　do…while 循环是 while 循环的变体。在检查条件是否为 true 之前，该循环会执行一次代码块，如果条件为 true，就会重复这个循环。

　　语法：

```
do
  {
  需要执行的代码
  }
while (条件);
```

　　9. break 语句

　　break 语句用于跳出 switch 语句，也可用于跳出循环。break 语句跳出循环后，会继续执行该循环之后的代码（如果有的话）。

　　10. continue 语句

　　continue 语句退出当前循环，若控制表达式为 true 还允许继续进行下一次循环。

11. 错误处理

try 语句定义在执行时进行错误测试的代码块。

catch 语句定义当 try 代码块发生错误时，所执行的代码块。

JavaScript 语句中 try 和 catch 是成对出现的。

语法：

```
try
  {
  //在这里运行代码
  }
catch(err)
  {
  //在这里处理错误
  }
```

throw 语句允许我们创建自定义错误。如果把 throw 与 try 和 catch 一起使用，那么能够控制程序流，并生成自定义的错误消息。

语法：

```
throw 异常
```

异常可以是 JavaScript 字符串、数字、逻辑值或对象。

12. 对象

JavaScript 中的所有事物都是对象：字符串、数字、数组、日期等。在 JavaScript 中，对象是拥有属性和方法的数据。属性是与对象相关的值。方法是能够在对象上执行的动作。

访问对象属性的语法：

```
objectName.propertyName
```

访问对象方法的语法：

```
objectName.methodName()
```

13. 函数

函数是由事件驱动的或者当它被调用时执行的可重复使用的代码块。函数就是包裹在花括号中的代码块，前面使用了关键词 function。

语法：

```
function functionname(argument1,argument2,argument3,…)
  {
  这里是要执行的代码
  }
```

在 JavaScript 函数内部声明的变量（使用 var）是局部变量，所以只能在函数内部访问它。在 JavaScript 中，函数的 this 关键字的行为与其他语言相比有很多不同。在 JavaScript 的严格模式和非严格模式下也略有区别。在绝大多数情况下，函数的调用方式决定了 this 的值。this 不能在执行期间被赋值，在每次函数被调用时 this 的值也可能会不同。ES5 引入了 bind 方法来设置函数的 this 值，而不用考虑函数如何被调用的。

2.4.3 基本对象

1. Array 对象

Array 对象用于在单个的变量中存储多个值。

创建 Array 对象的语法：

```
new Array();
new Array(size);
new Array(element0, element1, ..., elementn);
```

参数 size 是期望的数组元素个数。返回的数组，length 字段将被设为 size 的值。

参数 element1，…，elementn 是参数列表。当使用这些参数来调用构造函数 Array() 时，新创建的数组的元素就会被初始化为这些值。它的 length 字段也会被设置为参数的个数。

如果调用构造函数 Array() 时没有使用参数，那么返回的数组为空，length 字段为 0。当调用构造函数时只传递给它一个数字参数，该构造函数将返回具有指定个数、元素为 undefined 的数组。

当其他参数调用 Array() 时，该构造函数将用参数指定的值初始化数组。当把构造函数作为函数调用，不使用 new 运算符时，它的行为与使用 new 运算符调用它时的行为完全一样。

2. Boolean 对象

Boolean 对象表示两个值：true 或 false。

创建 Boolean 对象的语法：

```
new Boolean(value);    //构造函数
Boolean(value);        //转换函数
```

参数 value 由布尔对象存放的值或者要转换成布尔值的值决定。

当作为一个构造函数（带有运算符 new）调用时，Boolean() 将把它的参数转换成一个布尔值，并且返回一个包含该值的 Boolean 对象。

当作为一个函数（不带有运算符 new）调用时，Boolean() 将把它的参数转换成一个原始的布尔值，并且返回这个值。

如果省略 value 参数，或者设置为 0、-0、null、""、false、undefined 或 NaN，则该对象设置为 false。否则设置为 true（即使 value 参数是字符串"false"）。

3. Date 对象

Date 对象用于处理日期和时间。

创建 Date 对象的语法：

```
var myDate=new Date();
```

Date 对象会自动把当前日期和时间保存为其初始值。

4. Math 对象

Math 对象用于执行数学任务。

使用 Math 的属性和方法的语法：

```
var pi_value=Math.PI;
var sqrt_value=Math.sqrt(15);
```

Math 对象并不像 Date 和 String 那样是对象的类，因此没有构造函数 Math()，像 Math.sin() 这样的函数只是函数，不是某个对象的方法。无须创建它，通过把 Math 作为对象使用就可以调用其所有属性和方法。

5. Number 对象

Number 对象是原始数值的包装对象。

创建 Number 对象的语法：

```
var myNum=new Number(value);
var myNum=Number(value);
```

参数 value 是要创建的 Number 对象的数值，或是要转换成数字的值。

当 Number()和运算符 new 一起作为构造函数使用时，它返回一个新创建的 Number 对象。如果不用 new 运算符，把 Number()作为一个函数来调用，它将把自己的参数转换成一个原始的数值，并且返回这个值（如果转换失败，则返回 NaN）。

6. String 对象

String 对象用于处理文本（字符串）。

创建 String 对象的语法：

```
new String(s);
String(s);
```

参数 s 是要存储在 String 对象中或转换成原始字符串的值。String()和运算符 new 一起作为构造函数使用时，它返回一个新创建的 String 对象，存放的是字符串 s 或 s 的字符串表示。当不用 new 运算符调用 String()时，它只把 s 转换成原始的字符串，并返回转换后的值。

7. Global 对象

Global 对象即全局对象，是预定义的对象，作为 JavaScript 的全局函数和全局属性的占位符。通过使用全局对象，可以访问其他所有预定义的对象、函数和属性。全局对象不是任何对象的属性，所以它没有名称。

在顶层 JavaScript 代码中，可以用关键字 this 引用全局对象。但通常不必用这种方式引用全局对象，因为全局对象是作用域链的头，这意味着所有非限定性的变量和函数名都会作为该对象的属性来查询。例如，当 JavaScript 代码引用 parseInt() 函数时，它引用的是全局对象的 parseInt 属性。全局对象是作用域链的头，还意味着在顶层 JavaScript 代码中声明的所有变量都将成为全局对象的属性，在客户端 JavaScript 中，全局对象就是 Window 对象，表示允许 JavaScript 代码的 Web 浏览器窗口，常用的全局函数如表 2-18 所示。

表 2-18　常用的全局函数

名称	作用
decodeURI()	解码某个编码的 URI
encodeURI()	把字符串编码为 URI
eval()	计算 JavaScript 字符串，并把它作为脚本代码来执行
isFinite()	检查某个值是否为有穷大的数
isNaN()	检查某个值是否是数字
Number()	把对象的值转换为数字
parseFloat()	解析一个字符串并返回一个浮点数
parseInt()	解析一个字符串并返回一个整数
String()	把对象的值转换为字符串

2.4.4　文档对象

文档对象模型（Document Object Model，简称 DOM），是 W3C 组织推荐的处理可扩展置标语言的标准编程接口。它是一种与平台和语言无关的应用程序接口（API），可以动态地访问程序和脚本，更新其内容、结构和 www 文档的风格（目前，HTML 文档是通过说明部分定义的）。文档可以进一步被处理，处理的结果可以加入到当前的页面。DOM 是一种基于树的 API 文档，在处理过程中它要求整个文档都表示在存储器中。

1. document 对象

每个载入浏览器的 HTML 文档都会成为 document 对象，document 对象可以从脚本中对 HTML 页面中的所有元素进行访问。

document 对象常用的属性如表 2-19 所示。

表 2-19　document 对象常用的属性

名称	作用
baseURI	返回文档的绝对基础 URI
body	返回文档的 body 元素
cookie	设置或返回与当前文档有关的所有 cookie
domain	返回当前文档的域名
lastModified	返回文档最后被修改的日期和时间
referrer	返回载入当前文档的文档的 URL
title	返回当前文档的标题
URL	返回当前文档的 URL

document 对象常用的方法如表 2-20 所示。

表 2-20　document 对象常用的方法

名称	作用
close()	关闭
open()	打开的输出流，并显示选定的数据
getElementById()	返回对拥有指定 id 的第一个对象的引用
getElementsByName()	返回带有指定名称的对象集合
getElementsByTagName()	返回带有指定标签名的对象集合
write()	向文档写 HTML 表达式 或 JavaScript 代码
writeln()	等同 write()，不同的是在每个表达式之后写一个换行符

2. 元素对象

元素对象代表着一个 HTML 元素，其子节点可以是元素节点、文本节点或注释节点，元素对象的属性与方法很多，常用的方法如表 2-21 所示。

表 2-21　常用的元素对象的方法

名称	作用
focus()	设置文档或元素获取焦点
getAttribute()	返回指定元素的属性值
getUserData()	返回一个元素中关联键值的对象
hasChildNodes()	返回一个元素是否具有任何子元素
id	设置或返回元素的 id
innerHTML	设置或返回元素的内容
nodeType	返回元素的节点类型
nodeValue	返回元素的节点值
style	设置或返回元素的样式属性
textContent	设置或返回一个节点和它的文本内容
title	设置或返回元素的 title 属性
toString()	将一个元素转换成字符串
item()	返回某个元素基于文档树的索引

3. 事件对象

事件对象代表事件的状态，例如事件在其中发生的元素、键盘按键的状态、鼠标的位置、鼠标按钮的状态等，事件通常与函数结合使用，函数不会在事件发生前被执行。

事件包括鼠标事件、键盘事件、对象事件、表单事件、剪贴板事件、打印事件、拖动事件、多媒体事件、动画事件、过渡事件以及其他事件，事件对象的属性如表 2-22 所示。

表 2-22　事件对象的属性

名称	作用
bubbles	返回布尔值，指示事件是否是起泡事件类型
cancelable	返回布尔值，指示事件是否有可取消的默认动作
currentTarget	返回其事件监听器触发该事件的元素
eventPhase	返回事件传播的当前阶段
target	返回触发此事件的元素（事件的目标节点）
timeStamp	返回事件生成的日期和时间
type	返回当前 Event 对象表示的事件的名称

另外，还有目标事件对象、事件监听对象、文档事件对象、鼠标事件对象、键盘事件对象，由于篇幅所限，在此不赘述。

2.4.5　浏览器对象

浏览器对象模型（Browser Object Model，简称 BOM），是用于描述对象与对象之间层次关系的模型，提供了独立于内容的、可以与浏览器窗口进行互动的对象结构。BOM 由多个对象组成，其中代表浏览器窗口的 Window 对象是 BOM 的顶层对象，其他对象都是该对象的子对象。

由于 BOM 没有相关标准，每个浏览器都有其对 BOM 的实现方式。BOM 有窗口对象、导航对象等一些实际上已经默认的标准，但对于这些对象和其他一些对象，每个浏览器都定义了自己的属性和方式。

1. Window 对象

Window 对象表示浏览器中打开的窗口。如果文档包含框架（frame 或 iframe 标签），浏览器会为 HTML 文档创建一个 Window 对象，并为每个框架创建一个额外的 Window 对象。

Window 对象常用的属性如表 2-23 所示。

表 2-23　Window 对象常用的属性

名称	作用
closed	返回窗口是否已被关闭
defaultStatus	设置或返回窗口状态栏中的默认文本
document	对 document 对象的只读引用
frames	返回窗口中所有命名的框架
history	对 history 对象的只读引用
length	设置或返回窗口中的框架数量
location	用于窗口或框架的 location 对象
name	设置或返回窗口的名称
parent	返回父窗口
screen	对 screen 对象的只读引用
self	返回对当前窗口的引用
status	设置窗口状态栏的文本
top	返回最顶层的父窗口

Window 对象的常用方法如表 2-24 所示。

表 2-24　Window 对象的常用方法

名称	作用
alert()	显示带有一段消息和一个确认按钮的警告框
close()	关闭浏览器窗口
back()	模拟用户点击浏览器上的"后退"按钮，将页面转到浏览器的上一页
confirm()	显示带有一段消息以及确认按钮和取消按钮的对话框
focus()	把键盘焦点给予一个窗口
moveBy()	可相对窗口的当前坐标把它移动指定的像素
moveTo()	把窗口的左上角移动到一个指定的坐标
open()	打开一个新的浏览器窗口或查找一个已命名的窗口
prompt()	显示可提示用户输入的对话框

续表

名称	作用
resizeTo()	把窗口调整到指定的宽度和高度
setTimeout()	在指定的毫秒数后调用函数或计算表达式

Window 对象表示一个浏览器窗口或一个框架。在客户端 JavaScript 中，Window 对象是全局对象，所有的表达式都在当前的环境中计算。也就是说，要引用当前窗口根本不需要特殊的语法，可以把那个窗口的属性作为全局变量来使用。例如，可以只写 document，而不必写 window.document。

同样，可以把当前窗口对象的方法当作函数来使用，如只写 alert()，而不必写 window.alert()。不过，window.open()方法除外，因为若简写，则有可能与 document.open()混淆。

【例 2-11】在网页中打开一个新的窗口。

【实现步骤】

（1）启动 Adobe Dreamweaver CS6，创建符合 HTML5 标准的空白 HTML 页面，在"<body>"后输入以下 HTML 代码：

```
<Script>
window.open ("exp0209.html", "newwindow", "height=100, width=400, top=0, left=0, toolbar=no, menubar=no, scrollbars=no, resizable=no,location=no, status=no")
</Script>
```

（2）检查代码后，将文件保存到路径"D:\PHP\CH02\exp0211.html"下，在浏览器的地址栏中输入：http://localhost/CH02/exp0211.html，按回车键即可浏览页面运行结果，如图 2-11 所示。

图 2-11　打开一个新的窗口

2. navigator 对象

navigator 对象包含有关浏览器的信息，navigator 对象常用属性如表 2-25 所示。

表 2-25　navigator 对象常用属性

名称	作用
appCodeName	返回浏览器的代码名
appName	返回浏览器的名称

续表

名称	作用
appVersion	返回浏览器的平台和版本信息
browserLanguage	返回当前浏览器的语言
cookieEnabled	返回指明浏览器中是否启用 cookie 的布尔值
platform	返回运行浏览器的操作系统平台
userLanguage	返回操作系统的自然语言设置

navigator 对象的常用方法如表 2-26 所示。

表 2-26　navigator 对象的常用方法

名称	作用
javaEnabled()	规定浏览器是否启用 Java
taintEnabled()	规定浏览器是否启用数据污点

3. screen 对象

screen 对象中存放着有关显示浏览器屏幕的信息。JavaScript 程序将利用这些信息来优化它们的输出，以达到用户的显示要求。例如，一个程序可以根据显示器的尺寸选择使用大图像还是小图像，它还可以根据显示器的颜色深度选择使用 16 位色还是 8 位色的图形。另外，JavaScript 程序还能根据有关屏幕尺寸的信息将新的浏览器窗口定位在屏幕中间。

screen 对象的常用属性如表 2-27 所示。

表 2-27　screen 对象的常用属性

名称	作用
availHeight	返回显示屏幕的高度（除 Windows 任务栏之外）
availWidth	返回显示屏幕的宽度（除 Windows 任务栏之外）
bufferDepth	设置或返回调色板的比特深度
deviceXDPI	返回显示屏幕的每英寸水平点数
deviceYDPI	返回显示屏幕的每英寸垂直点数
height	返回显示屏幕的高度
pixelDepth	返回显示屏幕的颜色分辨率（比特每像素）
updateInterval	设置或返回屏幕的刷新率
width	返回显示器屏幕的宽度

4. history 对象

history 对象包含用户在浏览器窗口中访问过的 URL，history 对象只有一个"length"属性，它返回浏览器历史列表中的 URL 数量，history 对象的常用方法如表 2-28 所示。

5. location 对象

location 对象包含有关当前 URL 的信息，location 对象的常用属性如表 2-29 所示。

表 2-28　history 对象的常用方法

名称	作用
back()	加载 history 列表中的前一个 URL
forward()	加载 history 列表中的下一个 URL
go()	加载 history 列表中的某个具体页面

表 2-29　location 对象的常用属性

名称	作用
hash	设置或返回从井号（#）开始的 URL（锚）
host	设置或返回主机名和当前 URL 的端口号
hostname	设置或返回当前 URL 的主机名
href	设置或返回完整的 URL
pathname	设置或返回当前 URL 的路径部分
port	设置或返回当前 URL 的端口号
protocol	设置或返回当前 URL 的协议
search	设置或返回从问号（?）开始的 URL（查询部分）

location 对象的方法如表 2-30 所示。

表 2-30　location 对象的方法

名称	作用
assign()	加载新的文档
reload()	重新加载当前文档
replace()	用新的文档替换当前文档

【例 2-12】在网页中显示简单的计时效果。

【实现步骤】

（1）启动 Adobe Dreamweaver CS6，创建符合 HTML5 标准的空白 HTML 页面，在"<head>"
后输入以下 HTML 代码：

```
<script type="text/javascript">
function startTime()
{
var today=new Date()
var h=today.getHours()
var m=today.getMinutes()
var s=today.getSeconds()
//若数字小于 10 则加 0
m=checkTime(m)
s=checkTime(s)
document.getElementById('txt').innerHTML=h+":"+m+":"+s
```

```
t=setTimeout('startTime()',500)
}

function checkTime(i)
{
if (i<10)
  {i="0" + i}
  return i
}
</script>
</head>
<body onload="startTime()">
<div id="txt"></div>
</body>
```

（2）检查代码后，将文件保存到路径"D:\PHP\CH02\exp0212.html"下，在浏览器的地址栏中输入：http://localhost/CH02/exp0212.html，按回车键即可浏览页面运行结果，如图2-12所示。

图2-12　简单的计时效果

2.4.6　JSON

JSON 指的是 JavaScript 对象表示法（JavaScript Object Notation），是轻量级的文本数据交换格式，独立于语言，具有自我描述性、更易理解。

JSON 语法是 JavaScript 对象表示法语法的子集：

（1）数据在名称/值对中，包括字段名称（在双引号中），后面写一个冒号，然后是值；

（2）数据由逗号分隔；

（3）花括号保存对象；

（4）方括号保存数组。

示例：

```
{ "firstName":"John" , "lastName":"Doe" }
```

JSON 文件的文件类型是".json"。

JSON 文件的 MIME 类型是"application/json"。

JSON 内置函数：

（1）JSON.parse()：将一个 JSON 字符串转换为 JavaScript 对象。

（2）JSON.stringify()：将 JavaScript 值转换为 JSON 字符串。

JSON 最常见的用法之一是从 Web 服务器上读取 JSON 数据（作为文件或作为 HttpRequest），将 JSON 数据转换为 JavaScript 对象，然后在网页中使用该数据。

示例：

```
<h2>为 JSON 字符串创建对象</h2>
<p id="demo"></p>
<script>
var text = '{"employees":[' +
    '{"firstName":"John","lastName":"Doe" },' +
    '{"firstName":"Anna","lastName":"Smith" },' +
    '{"firstName":"Peter","lastName":"Jones" }]}';
obj = JSON.parse(text);
document.getElementById("demo").innerHTML =
    obj.employees[1].firstName + " " + obj.employees[1].lastName;
</script>
```

2.4.7　AJAX

　　AJAX（Asynchronous JavaScript And XML，异步 JavaScript 和 XML）不是新的编程语言，而是一种使用现有标准的新方法。

　　AJAX 最大的优点是在不重新加载整个页面的情况下，可以与服务器交换数据并更新部分网页内容，AJAX 不需要任何浏览器插件，但需要用户允许 JavaScript 在浏览器上执行。

　　1.　AJAX 对象的创建

```
var ajaxobj;
function ajaxini(){
    try{
        ajaxobj=new ActiveXObject("Msxml2.XMLHTTP");
    }catch(e){
        try{
            ajaxobj=new ActiveXObject("Microsoft.XMLHTTP");
        }catch(oc){
            ajaxobj=null;
        }
    }
    if(!ajaxobj&&typeof XMLHttpRequest!="undefined"){
        ajaxobj=new XMLHttpRequest();
    }
}
ajaxini();
```

　　注意，IE7 开始支持 XMLHttpRequest，但使用 XMLHttpRequest 创建的 AJAX 对象无法请求本地所有资源，连请求自身也会报错，会出现拒绝访问错误。而使用 ActiveX 对象创建的 AJAX 对象没有任何限制，哪怕是访问其他盘的文件或者其他站点的内容。

　　2.　AJAX 向服务器发送请求的方法

　　（1）open()：规定请求的类型、URL 以及是否异步处理请求。

　　语法：

```
open(method,url,async);
```

　　method：请求的类型"GET"或"POST"。

url：文件在服务器上的位置。

async：true（异步）或 false（同步）。

（2）send()：将请求发送到服务器。

语法：

```
send(string);
```

string：发送的数据，仅用于 POST 请求。

（3）setRequestHeader()：向请求添加 HTTP 头。

语法：

```
setRequestHeader(header,value);
```

header：规定头的名称。

value：规定头的值。

3．AJAX 接收服务器返回的信息

（1）readyState 存有 XMLHttpRequest 的状态。从 0 到 4 发生变化。

①0：请求未初始化。

②1：服务器连接已建立。

③2：请求已接收。

④3：请求处理中。

⑤4：请求已完成，且响应已就绪。

（2）onreadystatechange 存储函数或函数名，每当 readyState 属性改变时，就会调用该函数。

（3）status 存在两种状态：

①200："OK"。

②404：未找到页面。

（4）获取响应信息的相关属性。

①responseText：获得字符串形式的响应数据。

②responseXML：获得 XML 形式的响应数据。

【例 2-13】使用 AJAX 获得上网 IP 及地址信息。

【实现步骤】

（1）启动 Adobe Dreamweaver CS6，创建符合 HTML5 标准的空白 HTML 页面，在"<body>"后输入以下 HTML 代码：

```
<div id="myDiv"><h2>使用 AJAX 获得上网 IP 及地址信息</h2></div>
<button type="button" onclick="loadajaxinfo()">点击获得</button>
```

在</title>后输入以下 HTML 代码：

```
<style>
div{font-size:25px; font-weight:bold; line-height: 30px;}
</style><script>
var ajaxobj;
function ajaxini(){
  try{
    ajaxobj=new ActiveXObject("Msxml2.XMLHTTP");
  }catch(e){
```

```
    try{
        ajaxobj=new ActiveXObject("Microsoft.XMLHTTP");
    }catch(oc){
        ajaxobj=null;
    }
}
if(!ajaxobj&&typeof XMLHttpRequest!="undefined"){
    ajaxobj=new XMLHttpRequest();
}
}
function loadajaxinfo()
{
  ajaxini();
  ajaxobj.onreadystatechange=function()
    {
        if (ajaxobj.readyState==4 && ajaxobj.status==200)
          {
             document.getElementById("myDiv").innerHTML=ajaxobj.responseText;
          }
    }
  ajaxobj.open("GET","exp0206.php",true);
  ajaxobj.send();
}
</script>
```

（2）检查代码后，将文件保存到路径"D:\PHP\CH02\exp0213.html"下，在浏览器的地址栏中输入：http://localhost/CH02/exp0213.html，按回车键即可浏览页面运行结果，结果会因运行时间与地点的不同而不同，如图 2-13 所示。

图 2-13　使用 AJAX 获得上网 IP 及地址信息（单击按钮后）

文件"exp0213.php"的内容：

```php
<?php
header("Content-Type: text/html; charset=utf-8");
$tmp=file_get_contents ("http://ip.chinaz.com/getip.aspx");
$tmp=preg_replace("/('|{|}|,)/i","",$tmp);
$tmp=preg_replace("/(ip)/i","上网 IP",$tmp);
$tmp=preg_replace("/(address)/i","<br />所在位置",$tmp);
echo($tmp);
?>
```

2.4.8 jQuery

jQuery 是一个快速、简洁的 JavaScript 框架，是继 Prototype 之后又一个优秀的 JavaScript 代码库。jQuery 设计的宗旨是"Write Less，Do More"，即倡导"写更少的代码，做更多的事情"。它封装 JavaScript 常用的功能代码，提供一种简便的 JavaScript 设计模式，优化 HTML 文档操作、事件处理、动画设计和 AJAX 交互。

要想获取 jQuery，可以从 jQuery 官网下载：http://jquery.com/download/。

在网页中添加 jQuery：

（1）引入本地下载的 jQuery。

```
<script src="js/jquery-1.12.4.min.js"></script>
```

（2）通过 CDN 引入 jQuery。

```
<script src="https://code.jquery.com/jquery-1.12.4.min.js">
```

通过 jQuery 可以选取（查询，query）HTML 元素，并对它们执行操作（actions）。

基础语法：

```
$(selector).action();
```

美元符号定义 jQuery，选择符（selector）查询和查找 HTML 元素，jQuery 的 action()执行对元素的操作。

示例：

```
$(this).hide();//隐藏当前元素
$("p").hide();//隐藏所有<p>元素
$("p.test").hide();//隐藏所有 class="test"的<p> 元素
$("#test").hide();//隐藏所有 id="test"的元素
```

文档就绪事件：

```
$(document).ready(function(){
    //开始写 jQuery 代码…
});
```

简洁写法（与以上写法效果相同）：

```
$(function(){
    //开始写 jQuery 代码…
});
```

jQuery 选择器基于元素的 id、类、类型、属性、属性值等查找（或选择）HTML 元素。 它基于已经存在的 CSS 选择器，除此之外，它还有一些自定义的选择器。jQuery 中所有选择器都以美元符号开头：$()。

示例：

```
$("*");//选取所有元素
$(this);//选取当前 HTML 元素
$("p.intro");//选取 class 为 intro 的<p>元素
$("p:first");//选取第一个<p>元素
$("ul li:first");//选取第一个<ul>元素的第一个<li>元素
$("ul li:first-child");//选取每个<ul>元素的第一个<li>元素
$("[href]");//选取带有 href 属性的元素
$("a[target='_blank']");//选取所有 target 属性值等于"_blank"的<a>元素
```

Chapter 2

```
$("a[target!='_blank']");//选取所有 target 属性值不等于"_blank"的<a>元素
$(":button");//选取所有"type="button""的<input>元素和<button>元素
$("tr:even");//选取偶数位置的<tr>元素
$("tr:odd");//选取奇数位置的<tr>元素
```

在 jQuery 中，大多数 DOM 事件都有一个等效的 jQuery 方法，如在页面中指定一个单击事件：

```
$("p").click();
```

下一步是定义什么时间触发事件，可以通过一个事件函数实现：

```
$("p").click(function(){
    // 动作触发后执行的代码!!
});
```

元素内容操作方法：

（1）text()：设置或返回所选元素的文本内容。

（2）html()：设置或返回所选元素的内容（包括 HTML 标记）。

（3）val()：设置或返回表单字段的值。

示例：

```
$("#btn1").click(function(){
    $("#test1").text("Hello world!");
});
```

元素属性操作方法 attr()：

示例：

```
$("button").click(function(){
    $("#runoob").attr("href", function(i,origValue){
        return origValue + "/jquery";
    });
});
```

jQuery AJAX 方法：

$.ajax()：执行异步 AJAX 请求。

$.ajaxPrefilter()：在每个请求发送之前且被 $.ajax() 处理之前，处理自定义 AJAX 选项或修改已存在选项。

$.ajaxSetup()：为将来的 AJAX 请求设置默认值。

$.ajaxTransport()：创建处理 AJAX 数据实际传送的对象。

$.get()：使用 AJAX 的 HTTP GET 请求从服务器加载数据。

$.getJSON()：使用 HTTP GET 请求从服务器加载 JSON 编码的数据。

$.getScript()：使用 AJAX 的 HTTP GET 请求从服务器加载并执行 JavaScript。

$.param()：创建数组或对象的序列化表示形式（可用于 AJAX 请求的 URL 查询字符串）。

$.post()：使用 AJAX 的 HTTP POST 请求从服务器加载数据。

ajaxComplete()：规定 AJAX 请求完成时运行的函数。

ajaxError()：规定 AJAX 请求失败时运行的函数。

ajaxSend()：规定 AJAX 请求发送之前运行的函数。

ajaxStart()：规定第一个 AJAX 请求开始时运行的函数。

ajaxStop()：规定所有的 AJAX 请求完成时运行的函数。

ajaxSuccess()：规定 AJAX 请求成功完成时运行的函数。

load()：从服务器加载数据，并把返回的数据放置到指定的元素中。

serialize()：编码表单元素集为字符串以便提交。

【例 2-14】使用 jQuery AJAX 获得上网 IP 及地址信息。

【实现步骤】

（1）启动 Adobe Dreamweaver CS6，创建符合 HTML5 标准的空白 HTML 页面，在"<body>"后输入以下 HTML 代码：

```
<div id="myDiv">使用 jQuery AJAX 获得上网 IP 及地址信息</div>
<button type="button" onclick="getajaxinfo()">点击获得</button>
```

在</title>后输入以下 HTML 代码：

```
<style>
div{font-size:25px; font-weight:bold; line-height: 30px;}
</style>
<script src="js/jquery-1.12.4.min.js"></script>
<script>
function getajaxinfo()
{
$.get("exp0206.php", function(data){$('#myDiv').html(data);});
}
</script>
```

（2）检查代码后，将文件保存到路径"D:\PHP\CH02\exp0214.html"下，在浏览器的地址栏中输入：http://localhost/CH02/exp0214.html，按回车键即可浏览页面运行结果，单击按钮，可以看到 jQuery AJAX 运行的结果，如图 2-14 所示。

图 2-14　使用 jQuery AJAX 获得上网 IP 及地址信息

2.5　实训

1．纯 CSS3 实现气泡效果。

2．纯 CSS 实现淡入淡出效果。

3．纯 CSS 实现移动与旋转的圆。

4．JavaScript 与 CSS 实现机械时钟效果。

5．用 JavaScript 实现分时问候。

6．用 Flex 实现图 2-4 所示的页面布局。

3

PHP 语言基础

学习目标

- 掌握 PHP 的标记风格、注释、关键字及标识符规则。
- 掌握 PHP 中的数据类型、运算符及表达式的运用。
- 掌握 PHP 中常量与变量的定义与使用。
- 掌握 PHP 中函数与数组的定义与使用。

3.1　PHP 语法基础

3.1.1　PHP 标记符与注释

1. PHP 标记符

所谓标记符，就是为了便于与其他内容区分所使用的一种特殊符号，PHP 代码可以嵌入到 HTML、JavaScript 等代码中使用，因此就需要使用 PHP 标记符将 PHP 代码与 HTML 内容进行区分，当服务器读取该段代码时，就会调用 PHP 编译程序进行编译处理。PHP 支持两种标记风格，分别是标准 PHP 标记风格和简短标记风格，在 PHP7 中移除了 ASP 和 Script PHP 标签。

（1）标准 PHP 标记风格。

```
<?php
echo "Welcome to Chongqing!";
?>
```

这是标准 PHP 标记风格，也是最为普通的嵌入方式。使用该标记风格可以增加程序在跨平台使用时的通用度，因此建议使用该嵌入方式为默认的编写 PHP 代码的标记符。

（2）简短标记风格。

```
<?
echo "Welcome to Chongqing!";
?>
```

这是<?php…?>标记风格的简写，必须在 php.ini 文件中将 short_open_tag 选项设置为 on，为了保证程序的兼容性，不建议使用这种标记。

2．PHP 的注释

注释可以理解为代码中的解释和说明，是程序中不可缺少的重要元素。使用注释不仅能够提高程序的可读性，而且还有利于程序的后期维护工作。注释不会影响程序的执行，因为在执行时，注释部分的内容不会被解释器执行。在 PHP 程序中添加注释的方法有三种，可以混合使用，具体方法如下：

（1）"//"：C++语言风格的单行注释。

（2）"/* … */"：C 语言风格的多行注释。

（3）"#"：UNIX 的 Shell 语言风格的单行注释。

【例 3-1】 分别使用标准标记风格和简短标记风格编写 PHP 程序。

【实现步骤】

（1）启动 Adobe Dreamweaver CS6，创建符合 HTML5 标准的空白 PHP 页面，在"<body>"后输入以下 PHP 代码：

```
<?php
    echo "这是 XML 标记风格.<br/>";      //这是 C++语言风格的单行注释
?>
<?
    echo "这是简短标记风格.<br/>";/* 这是 C 语言风格的多行注释
注释到这里就结束了……*/
?>
```

（2）检查代码后，将文件保存到路径"D:\PHP\CH03\exp0301.php"下，然后在浏览器的地址栏中输入：http://localhost/CH03/exp0301.php，按回车键即可浏览页面运行结果，如图 3-1 所示。

图 3-1　PHP 常用标记风格

3.1.2　标识符与关键字

1．标识符

在系统的开发过程中，需要在程序中定义一些符号来标记一些名称，如变量名、函数名、类名、方法名等，这些符号被称为标识符。在 PHP 中，定义标识符要遵循一定的规则，具体如下。

（1）标识符只能由字母、数字和下划线组成。

（2）标识符可以由一个或多个字符组成，且必须以字母或下划线开头。

（3）当标识符由字母组成时，区分大小写。

（4）当标识符由多个单词组成时，应使用下划线进行分隔，如 user_name。

2. 关键字

在系统开发过程中，还会经常用到关键字。关键字就是编程语言里事先定义好并赋予了特殊含义的单词，也称为保留字。如 echo 用于输出数据，function 用于定义函数。表 3-1 列举了 PHP 中所有的关键字。

表 3-1　PHP 中的关键字

and	or	xor	__FILE__	exception
__LINE__	array()	as	break	case
class	const	continue	declare	default
die()	do	echo	else	elseif
empty()	enddeclare	endfor	endforeach	endif
endswitch	endwhile	eval()	exit()	extends
for	foreach	function	global	if
include	include_once	isset()	list()	new
print	require	require_once	return	static
switch	unset()	use	var	while
__FUNCTION__	__CLASS__	__METHOD__	final	php_user_filter
interface	implements	extends	public	private
protected	abstract	clone	try	catch
throw	this			

在使用表 3-1 所列举的关键字时，需要注意以下两点：

（1）关键字不能作为常量、函数名或类名使用。

（2）关键字虽然可作为变量名使用，但是容易导致混淆，不建议使用。

3.2　PHP 的数据类型

数据是计算机程序的核心，计算机程序运行时需要操作各种数据，这些数据在程序运行时临时存储在计算机内存中。定义变量时，系统在计算机内存中开辟了一块空间用于存放这些数据，空间名就是变量，空间大小则取决于所定义的数据类型。因此就应当根据程序的不同需要来使用各种类型的数据，以避免浪费内存空间。PHP 支持的数据类型分为三类，分别是标量数据类型、复合数据类型和特殊数据类型，如表 3-2 所示。

1. 标量数据类型

标量数据类型是数据结构中最基本的单元，只能存储一种数据，PHP 支持 4 种标量数据类型。

表 3-2　PHP 数据类型

分类	数据类型	说明
标量数据类型	Integer（整型）	取值范围为整数：正整数、负整数和 0
	Float（浮点型）	用来存储数字，和整型不同的是它有小数位
	String（字符串型）	连续的字符序列，可以是计算机所能表示的一切字符的集合
	Boolean（布尔型）	取值真（true）和假（false）
复合数据类型	Array（数组）	数组是一组数据的集合
	Object（对象）	
特殊数据类型	Resource（资源）	资源是由专门的函数来建立和使用的
	Null（空值）	Null 或 NULL（不区分大小写）

（1）整型（integer）。整型数据类型的取值只能是整数，包括正整数、负整数和 0。整型数据可以用十进制、八进制和十六进制表示。八进制整数前必须加 0，十六进制整数前必须加 0x。字长与操作系统有关，在 32 位操作系统中的有效范围是-2147483648～+2147483647。

示例：

```
$a=666; //十进制
$b= -666; //负整数
$c=0666; //八进制
$d=Ox666; //十六进制
```

（2）浮点型（float/ double）。浮点数据类型可以存储整数和小数。字长与操作系统有关，在 32 位的操作系统中的有效范围是 1.7E-308～1.7E+308。浮点型数据有两种书写格式，分别是标准格式和科学计数法格式。

示例：

```
5.1286 0.88 -18.9 //标准格式
8.31E2 32.64E-2 //科学计数法格式
```

（3）布尔型（boolean）。布尔型也称逻辑型数据。取值范围为真值（true）或假值（false）。

示例：

```
$a = true;
$b = false;
```

（4）字符串型（string）。字符串是由一系列的字符组成，其中每个字符等同于一个字节。字符串的实现方式是一个由字节组成的数组再加上一个整数指明缓冲区长度，字符串主要有两种方式表达：

单引号：定义一个字符串的最简单的方法是用单引号把它包围起来，要表达一个单引号自身，需在它的前面加个反斜线（\）来转义。要表达一个反斜线自身，则用两个反斜线（\\）。其他任何方式的反斜线都会被当成反斜线本身。

双引号：如果字符串是包围在双引号（"）中，PHP 将对如下的转义字符进行解析，用来表示被程序语法结构占用了的特殊字符，常见的转义字符如表 3-3 所示。

示例：

```
$a='重庆欢迎你'
$a ="重庆欢迎你"
```

两者的不同之处是：双引号中所包含的变量会自动被替换成实际变量值，而在单引号中包含的变量名称或者任何其他的文本都会不经修改地按普通字符串输出。

表 3-3　常见的转义字符

转义字符	描述	转义字符	描述
\n	换行	\r	回车
\t	水平制表符	\v	垂直制表符
\e	Escape	\f	换页
\\	反斜线	\$	美元标记
\"	双引号	\[0-7]{1,3}	以八进制表达字符
\x[0-9A-Fa-f]{1,2}	以十六进制表达字符		

【例 3-2】分别输出整型、浮点型和布尔型数据。

【实现步骤】

（1）启动 Adobe Dreamweaver CS6，创建符合 HTML5 标准的空白 PHP 页面，在 "<body>" 后输入以下 PHP 代码：

```php
<?php
$a1 =123;          //十进制
$a2=0123;          //八进制
$a3=Ox123;         //十六进制
echo "整数 123 不同进制的输出结果如下:";
echo "<br/>十进制的结果是： ". $a1;
echo "<br/>八进制的结果是： ". $a2;
echo "<br/>十六进制的结果是： ". $a3;
$b1=-18.9;
$b2 =32.64E-5;
echo "<br/><br/>下面是浮点数的输出";
echo "<br/>-18.9： 的输出： ". $b1;
echo "<br/>32.64E-5 的输出： ". $b2;
$c1=TRUE;
$c2 =FALSE;
echo "<br/><br/>下面是布尔型的输出";
echo "<br/>TRUE 的输出： ". $c1;
echo "<br/>FALSE 的输出： ". $c2;
?>
```

（2）检查代码后，将文件保存到路径 "D:\PHP\CH03\exp0302.php" 下，然后在浏览器的地址栏中输入：http://localhost/CH03/exp0302.php，按回车键即可浏览页面运行结果，如图 3-2 所示。

2. 复合数据类型

（1）数组（array）。

数组是一组数据的集合，由一组有序变量组成，形成一个可操作的整体。每个变量称为数组元素，每个元素由键（索引）和值构成，每个元素都有一个唯一的键名，称为索引。

元素的索引只能由数据或字符串组成。元素的值可以是各种数据类型，定义数组的语法格式如下：

```
$array1[key]="value";             //方法 1
$array1= array (key1 = > valuel , key2 = > value2 , ...) ; //方法 2
```

key 是数组元素的索引，它可以是整型数据，也可以是字符串。

value 是数组元素的值，可以是任何数据类型，但同一数组中各元素值的数据类型必须相同。

有关数组的知识将在本章后面部分进行详细讲解。

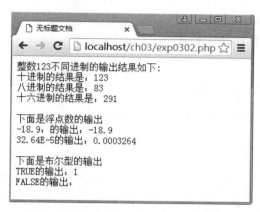

图 3-2　输出整型、浮点型、布尔型数据

（2）对象（object）。

同样一件事，既可以用面向过程编程，也可以用面向对象编程。例如，"例 1-1" 可以用面向对象编程来实现：

```php
<?php
class    helloWorld{
function    myPrint(){
   echo "欢迎加入 PHP 大家庭！！！ ";
   }
}
$myHelloWorld=new helloWorld();
$myHelloWorld->myPrint();
?>
```

当然，面向对象也是现在的热点，如 Smarty、FPDF 都是出色的面向对象应用程序。

Smarty 用来构建带有复杂表单并基于模板的站点。由于 Smarty 封装成一个类，并且它的方法都有很详尽的文档，使得使用模板的过程变得令人难以置信地易于扩展。同时，通过强制性显式传递使用的变量给 Smarty 模板的方法，Smarty 也为 PHP 的环境变量提供了一个保护层。这种方法有助于在 Smarty 模板设计师和程序员间建立安全、可靠的工作关系。

FPDF 是一种非常优秀的工具。如果被改来改去的 pdflib 的 API 所困惑，或者不愿为商业化的解决方案而交钱，或者由于共享主机的限制，无法使用扩展模块——请考虑使用这个免费的，纯 PHP 构建的 PDF 生成工具。

FPDF 有很好的文档，包括许多很好的例子来阐述如何在 PDF 中布局文本和图片。在 PHP 中实例化 FPDF 类并进行 PDF 操作并不会花费太多额外的时间，因为 PDF 本身就可能需要花费几分钟来下载。事实上，动态生成并传送一个 PDF 所花的时间不比使用一个慢速的网络连接来传送静态 PDF 文件所花的时间多，这都是相对而言的。并且，由于 FPDF 是基于类的，它可以被扩展。事实上，有些类方法虽然存在但还没有完全实现，仅作为一个框架，它可以在子类中建立自己的内容（如自定义的头尾元素）来提供向导。

Smarty 和 FPDF 都提供了带有良好文档的 API 来扩展主类。这说明了在类的内部组织方法和数据的必要性——有时同样的功能可以用函数和全局变量来完成，但这样不易于扩展。并且，使用对象对跟踪和保持 PDF 或 HTML 文档的风格非常有帮助，可以将同样的数据用不同的格式来发布。Smarty 和 FPDF 都是使用对象来建立灵活实用类库的极好例子。

面向对象和面向过程都有其优势的一面。

3. 特殊数据类型

（1）资源（resource）。

资源是一种特殊的数据类型，用于表示一个 PHP 的外部资源，由特定的函数来建立和使用。任何资源在不需要使用时应及时释放。如果程序员忘记了释放资源，PHP 垃圾回收机制将自动回收资源。

（2）空值（null）。

空值表示没有为该变量设置任何值。由于 null 不区分大小写，所以 null 和 NULL 是等效的。下列三种情况都表示空值。

1）尚未赋值。

2）被赋值为 null。

3）被 unset() 函数销毁的变量。

4. 数据类型检测函数

PHP 中为变量或常量提供了很多检测数据类型的函数，有了这些函数用户就可以对不同类型的数据进行检测。数据类型检测函数如表 3-4 所示。

表 3-4 数据类型检测函数

函数名	功能说明	示例
is_bool()	检测变量或常量是否为布尔类型	bool is_bool($a);
is_string()	检测变量或常量是否为字符串类型	bool is_string($a);
is_float/is_double()	检测变量或常量是否为浮点类型	bool is_float($a); bool is_double($a);
is_integer/is_int()	检测变量或常量是否为整型	bool is_integer($a); bool is_int($a);
is_numeric()	检测变量或常量是否为数字或数字字符串	bool is_numeric($a);
is_null()	检测变量或常量是否为空值	bool is_null($a);
is_array()	检测变量是否为数组类型	bool is_array($a);
is_object()	检测变量是否为对象类型	bool is_object($a);

【例 3-3】检测数据类型函数的使用。

【实现步骤】

（1）启动 Adobe Dreamweaver CS6，创建符合 HTML5 标准的空白 PHP 页面，在 "<body>" 后输入以下 PHP 代码：

```php
<?php
$a=12345;
$b = false;
$c = "PHP 程序设计";
$d;
echo "变量 a 是否为整型："  . is_int($a) . "<br/>";
echo "变量 a 是否为布尔型："  . is_bool($a) . "<br/>";
echo "变量 b 是否为布尔型："  . is_bool($b) . "<br/>";
echo "变量 c 是否为字符串型："  . is_string($c) . "<br/>";
echo "变量 d 是否为整型："  . is_int($d) . "<br/>";
?>
```

（2）检查代码后，将文件保存到路径 "D:\PHP\CH03\Exp0303.php" 下，然后在浏览器的地址栏中输入：http://localhost/CH03/exp0303.php，按回车键即可浏览页面运行结果，如图 3-3 所示。

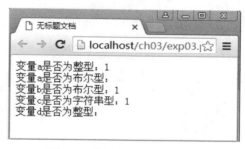

图 3-3　检测变量的数据类型

5. 数据类型的转换

PHP 变量属于松散的数据类型，在定义 PHP 变量时不需要指定数据类型，数据类型是由赋给变量或常量的值自动确定的。当不同数据类型的变量或常量之间进行运算时，需要先将变量或常量转换成相同的数据类型，再进行运算。PHP 数据类型转换分为自动类型转换和强制类型转换。

自动类型转换是指 PHP 预处理器根据运算需要，自动将变量转换成合适的数据类型再进行运算。例如，浮点数在与整数进行算术运算时，PHP 预处理器会先将整数转换成浮点数，然后再进行算术运算。

强制类型转换是指程序员通过编程手段强制将某变量或常量的数据类型转换成指定的数据类型。PHP 提供了三种强制类型转换的方法。

（1）在变量前面加上一个小括号，然后把目标数据类型写在小括号中。

（2）使用通用类型转换函数 settype() 。

（3）使用类型转换函数 intval()、strval()、floatval()。

第一种数据类型转换函数具体说明如表 3-5 所示。

表 3-5　第一种数据类型转换函数

函数名	功能说明	示例
(bool)	强制转换成布尔型	$b=(bool) $a;
(string)	强制转换成字符串类型	$b=(string) $a;
(int)	强制转换成整型	$b=(int) $a;
(float)	强制转换成浮点型	$b=(float) $a;
(array)	强制转换成数组	$b=(array) $a;
(object)	强制转换成对象	$b=(object) $a;

第二种数据类型转换函数 settype( )的语法格式如下:
bool settype (变量名,"数据类型");
示例，settype ($c , "int");
变量名：要转换数据类型的变量;
数据类型：要转换的目标数据类型，取值范围为 int、float、string、array、bool、null 等；
bool：函数执行成功则返回 true，否则返回 false。
第三种数据类型转换函数具体说明如表 3-6 所示。

表 3-6　第三种数据类型转换函数

函数名	功能说明	示例
intval()	强制转换成整型	$b=intval($a);
floatval()	强制转换成浮点型	$b=floatval($a);
Strval()	强制转换成字符串类型	$b=strval($a);

类型转换需注意以下几方面:

（1）转换为布尔型：空值 null、整数 0、浮点数 0.0、字符串"0"、未赋值的变量或数组都会被转换成 false，其他的为 true。

（2）转换为整型：布尔型的 false 转为 0，true 转为 1；浮点数的小数部分会被舍去；以数字开头的字符串截取到非数字位，否则为 0。

（3）字符串转换为数值型：当字符串转换为整型或浮点型时，如果字符是以数字开头的，就会先把数字部分转换为整型，再舍去后面的字符串；如果数字中含有小数点，则会取到小数点前一位。

3.3　PHP 常量

常量是指在程序运行过程中始终保持不变的数据。常量的值被定义后，在程序的整个执行期间，这个值都有效，不需要也不可以再次对该常量进行赋值。PHP 提供两种常量，分别是系统预定义常量和自定义常量。

3.3.1　声明和使用常量

程序员在开发过程中不仅可以使用 PHP 预定义常量，也可以自己定义和使用常量。

（1）使用 define ()函数定义常量，语法格式如下：

```
define("常量名称", "常量值", 大小写是否敏感) ;
```

"大小写是否敏感"为可选参数，指定是否大小写敏感，设定为 true 表示不敏感，默认大小写敏感，即默认为 false。

（2）使用 defined()函数判断常量是否已经被定义，语法格式如下：

```
bool defined (常量名称) ;
```

说明：如果成功则返回 true，失败则返回 false。

3.3.2 预定义常量

PHP 中提供了大量预定义常量，用于获取 PHP 中相关系统参数信息，但不能任意更改这些常量的值。有些常量是由扩展库所定义的，只有加载了相关扩展库才能使用。常用 PHP 预定义常量如表 3-7 所示。

表 3-7 常用 PHP 预定义常量

常量名称	功能
FILE	返回当前文件所在的完整路径和文件名
LINE	返回代码当前所在行数
PHP_VERSION	返回当前 PHP 程序的版本
PHP_OS	返回 PHP 解释器所在操作系统名称
TRUE	真值 true
FALSE	假值 false
NULL	空值 null
E_ERROR	指到最近的错误处
E_WARNING	指到最近的警告处
E_PARSE	指到解释语法有潜在问题处
E_NOTICE	提示发生不寻常，但不一定是错误处

注意：常量"_FILE_"和"_LINE_"中字母前后分别都是两个下划线符号"_"。

【例 3-4】使用系统预定义常量输出 PHP 相关系统参数信息。

【实现步骤】

（1）启动 Adobe Dreamweaver CS6，创建符合 HTML5 标准的空白 PHP 页面，在"<body>"后输入以下 PHP 代码：

```
<?php
echo "当前操作系统为：". PHP_OS;
echo "<br/>当前 PHP 版本为：". PHP_VERSION;
echo "<br/>当前文件路径为：". _FILE_ ;
echo "<br/>当前行数为：". _LINE_ ;
echo "<br/>当前行数为：". _LINE_ ;
?>
```

（2）检查代码后，将文件保存到路径"D:\PHP\CH03\Exp0304.php"下，然后在浏览器的地址栏中输入：http://localhost/CH03/exp0304.php，按回车键即可浏览页面运行结果，如图 3-4 所示。

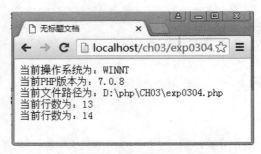

图 3-4　使用预定义常量获取 PHP 信息

3.4　PHP 变量

3.4.1　变量声明及使用

变量用于存储临时数据信息，变量通过变量名实现内存数据的存取操作。定义变量时，系统会自动为该变量分配一个存储空间来存放变量的值。

PHP 中的变量用一个美元符号后面跟变量名来表示，变量名是区分大小写的。变量的命名规则与标识符相同，由于 PHP 是弱类型语言，所以变量不需要先声明就可以直接进行赋值使用。

声明变量的语法格式如下：

```
$变量名=变量值
```

变量赋值就是为变量赋予具体的数据值。变量赋值有三种方式，分别是直接赋值、传值赋值和引用赋值。

1. 直接赋值

直接赋值就是使用赋值运算符 "=" 直接将数据值赋给某变量。

示例：

```
$a=123;              //整型
$b=123.56           //浮点型
$c="how are you";   //字符串型
$d=true;            //布尔型
```

2. 传值赋值

传值赋值就是使用赋值运算符 "=" 将一个变量的值赋给另一个变量。值得注意的是，此时修改一个变量的值不会影响到另一个变量。

示例：

```
$a=123;
$b=$a;              //传值赋值
$a=200;
```

变量传值赋值的工作原理如下：

（1）首先定义一个变量 a 并赋值 123，此时内存为 a 分配一个空间，存储值为 123。

（2）接着定义一个变量 b，然后将变量 a 的值 123 赋给变量 b，此时内存为 b 分配一个空间，存储值 123。

（3）修改变量 a 的值为 200，此时内存找到 a 的空间，将它的值修改为 200；而变量 b 的值并不会随之改变。

3. 引用赋值

引用允许用两个变量来指向同一个内容，引用赋值也称传地址赋值，使用引用赋值，简单地将一个&符号加到将要赋值的变量前来实现将一个变量的地址传递给另一个变量，即两个变量共同指向同一个内存地址，使用的是同一个值。

【例 3-5】实现引用赋值：先定义一个变量 a 并赋值 123，接着定义一个变量 b，然后将变量 a 的地址传递给变量 b，此时变量 a 与变量 b 指向的是同一个地址，修改变量 a 的值就是修改变量 b 的值。

【实现步骤】

（1）启动 Adobe Dreamweaver CS6，创建符合 HTML5 标准的空白 PHP 页面，在"<body>"后输入以下 PHP 代码：

```php
<?php
$a=123;
$b=&$a;          //引用赋值,将变量 a 的地址传递给变量 b
echo "变量 a 的值是： " .$a;
echo "<br/>变量 b 的值是： " .$b;
$a = 200;
echo "<br/>修改变量 a 之后<br/>";
echo "变量 a 的值是： " .$a;
echo "<br/>变量 b 的值是： " .$b;
?>
```

（2）检查代码后，将文件保存到路径"D:\PHP\CH03\Exp0305.php"下，然后在浏览器的地址栏中输入：http://localhost/CH03/exp0305.php，按回车键即可浏览页面运行结果，如图 3-5 所示。

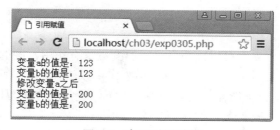

图 3-5　实现引用赋值

变量引用赋值的工作原理如下：

（1）首先定义一个变量 a 并赋值 123，此时内存为 a 分配一个空间，存储值为 123。

（2）接着定义一个变量 b，然后将变量 a 的地址赋给变量 b，此时内存将变量 b 指向变量 a 的地址，即变量 a 与变量 b 指向的是同一个地址。

（3）修改变量 a 或变量 b 的值为 200，此时内存中修改同一地址的值。

（4）有一事项必须指出，那就是只有有名字的变量才可以引用赋值。

3.4.2 可变变量

可变变量是一种特殊的变量，这种变量的名称由另一个变量的值来确定，也就是用一个变量的"值"作为另一个变量的"名"。声明可变变量的方法是在变量名称前面加两个"$"符号，语法格式如下：

$$可变变量名称=可变变量的值

【例 3-6】实现可变变量的应用。

【实现步骤】

（1）启动 Adobe Dreamweaver CS6，创建符合 HTML5 标准的空白 PHP 页面，在"<body>"后输入以下 PHP 代码：

```php
<?php
$a="tql";
$$a="lxy";
echo '变量$a 的值是：'.$a;
echo '<br/>变量$$a 的值是：'.$$a;
echo '<br/>变量$tql 的值是：'.$tql;
?>
```

（2）检查代码后，将文件保存到路径"D:\PHP\CH03\Exp0306.php"下，然后在浏览器的地址栏中输入：http://localhost/CH03/exp0306.php，按回车键即可浏览页面运行结果，如图 3-6 所示。

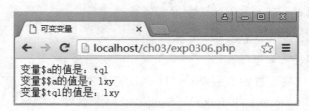

图 3-6　PHP 可变变量的应用

3.4.3 变量作用域

在 PHP 程序的任何位置都可以声明变量，但变量是有作用范围的，声明变量的位置会大大影响访问变量的范围，这个可以访问的范围称为作用域。变量的作用域就是指变量在哪些地方可以被使用，在哪些地方不能被使用。一般情况下，变量的作用范围是包含变量的 PHP 程序块。

PHP 中的变量按其作用域的不同主要分为 4 种，分别为局部变量、函数参数、全局变量和静态变量。

1. 局部变量

在函数内部声明的变量就是局部变量，它保存在内存的栈中，所以速度很快。其作用域是所在函数，即从定义变量的语句开始到函数末尾。在函数之外无效，而且在函数调用结束后被系统自动回收。

2. 函数参数

函数参数可以按值传递，也可以按引用传递。任何接受参数的函数都必须在函数首部中声明这些参数。

3. 全局变量

全局变量是指在所有函数之外定义的变量，其作用域是整个 PHP 文件，即从定义变量的语句开始到文件末尾，但在函数内无效。如果要在函数内部访问全局变量，要使用 global 关键词声明，其语法格式如下：

```
global $变量名;
```

4. 静态变量

无论是全局变量还是局部变量，在调用结束后，该变量值将会失效。但有时仍然需要该变量，此时就需要将该变量声明为静态变量，静态变量在函数退出时不会丢失值，并且再次调用此函数时还能保留这个值。声明静态变量只需在变量前加 static 关键字即可，语法格式如下：

```
static $变量名=变量值;
```

3.4.4　变量的生存周期

变量不仅有其特定的作用范围，还有其存活的周期——生命周期。变量的生命周期指的是变量可被使用的一个时间段，在这个时间段内变量是有效的，一旦超出这个时间段变量就会失效，就不能够再访问到该变量的值了。

PHP 对变量的生命周期有如下规定：

局部变量的生命周期为其所在函数被调用的整个过程。当局部变量所在的函数结束时，局部变量的生命周期也随之结束。

全局变量的生命周期为其所在的".php"脚本文件被调用的整个过程。当全局变量所在的脚本文件结束调用时，则全局变量的生命周期结束。

3.5　PHP 运算符

运算符是一些用于将数据按一定规则进行运算的特定符号的集合。运算符所操作的数据被称为操作数，运算符和操作数连接并可运算出结果的式子被称为表达式。PHP 的运算符分为七类，包括算术运算符、字符串运算符、赋值运算符、位运算符、逻辑运算符、比较运算符和三元运算符，如表 3-8 所示。

表 3-8　PHP 运算符

运算符名称	运算符	运算符名称	运算符
算术运算符	+、-、*、/、%、++、--	逻辑运算符	&&(and)、||(or)、xor、!(not)
字符串运算符	.	比较运算符	<、>、<=、>=、==、===、!=
赋值运算符	=、+=、-=、*=、/=、%=、.=	三元运算符	?:
位运算符	&、|、^、<<、>>、~	错误控制运算符	@

1. 算术运算符

算术运算符用于处理算术运算操作，PHP 中常用的算术运算符如表 3-9 所示。

表 3-9　常用算术运算符

运算符	功能说明	示例
+	加法运算	$a+$b
-	减法运算 也可以作为一元操作符使用，表示负数	$a+$b -$b
*	乘法运算	$a*$b
/	除法运算	$a/$b
%	求余运算	$a%$b

【例 3-7】实现算术运算符的应用，从页面取两个数进行加法运算。

【实现步骤】

（1）启动 Adobe Dreamweaver CS6，创建符合 HTML5 标准的空白 PHP 页面，在 "<body>" 后输入以下 PHP 代码：

```php
<?php
<form action="exp0307.php" method="post">
请输入第一个数：<input type="text" name="txt_num1" /><br/><br/>
请输入第二个数：<input type="text" name="txt_num2" /><br/><br/>
<input type="submit" name="btn_save" value="加法运算" />
</form>
<?php
    if(!empty($_POST['btn_save']))    //判断提交按钮是否提交了数据
        {
            if(!empty($_POST['txt_num1']))         //判断是否输入了数据
                {
                    $a=$_POST['txt_num1'];        //定义变量 a 并赋值
                    $b=$_POST['txt_num2'];        //定义变量 b 并赋值
                    echo "<br/>两个数相加结果为："。($a+$b);

                }
        }
?>
```

（2）检查代码后，将文件保存到路径 "D:\PHP\CH03\Exp0307.php" 下，然后在浏览器的地址栏中输入：http://localhost/CH03/exp0307.php，按回车键即可浏览页面运行结果，如图 3-7 所示。

2. 字符串运算符

PHP 中的字符串运算符只有一个，就是英文句号 "."，用于将两个字符串连接起来，结合成一个新的字符串，语法格式如下：

```php
$c = $a. $b;
```

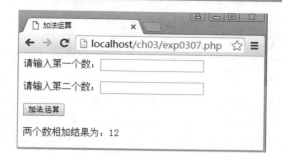

图 3-7

3. 赋值运算符

赋值运算符主要用于处理表达式的赋值操作，先将右边表达式进行运算，再将结果值赋给左边的变量。赋值运算符分为简单赋值运算符和复合赋值运算符，简单赋值运算符为"="，复合赋值运算符包括+=、-=、*=、/=、%=、<<=、>>=等，详细说明如表 3-10 所示。

表 3-10　赋值运算符

名称	运算符	功能说明	示例	完整形式
简单赋值	=	将右边的值赋给左边	$a=12;	$a=12;
加法赋值	+=	将右边的值加到左边	$a+=12;	$a=$a+12;
减法赋值	-=	将右边的值减到左边	$a-=12;	$a=$a-12;
乘法赋值	*=	将右边的值乘以左边	$a*=$b;	$a=$a*$b;
除法赋值	/=	将左边的值除以右边	$a/=$b;	$a=$a/$b;
取余赋值	%=	将左边的值对右边取余数	$a%=$b;	$a=$a%$b;
连接字符	.=	将右边的字符加到左边	$a.=$b;	$a=$a. $b;

4. 递增递减运算符

自增运算符"++"和自减运算符"--"属于特殊的算术运算符，它们用于对数值型数据进行操作。不过自增和自减运算符的运算对象是单操作数，使用"++"或"--"运算符时，根据书写位置不同，又分为前置自增（减）运算符和后置自增（减）运算符。如表 3-11 所示。

表 3-11　自增（减）运算符

示例	名称	功能说明
++$a	前加	$a 的值加 1，然后返回$a
$a++	后加	返回$a，然后$a 的值加 1
--$a	前减	$a 的值减 1，然后返回$a
$a--	后减	返回$a，然后$a 的值减 1

5. 位运算符

PHP 中的位运算符主要用于整数的运算，运算时先将整数转换为相应的二进制数，然后再对二进制数进行运算，PHP 中的位运算符如表 3-12 所示。

表 3-12　位运算符

运算符	功能说明	示例	示例说明
&	与运算，按位与	$a&$b	0&0=0，0&1=0，1&0=0，1&1=1
|	或运算，按位或	$a\|$b	0|0=0，0|1=1，1|0=0，1|1=1
^	异或运算，按位异或	$a^$b	0^0=0，0^1=1，1^0=1，1^1=0
-	非运算，按位取反	-$a	~0=1，~1=0
>>	向右移位	$a>>$b	
<<	向左移位	$a<<$b	

6. 逻辑运算符

逻辑运算符用于处理逻辑运算操作，对布尔型数据或表达式进行操作，并返回布尔型结果。PHP 的逻辑运算符如表 3-13 所示。

表 3-13　逻辑运算符

运算符		示例	说明
逻辑与	&&	$m && $n	当$m 和$n 都为 true 时，返回 true，否则返回 false
	and	$m and $n	
逻辑或	||	$m || $n	当$m 和$n 有一个及以上为 true 时，返回 true，否则返回 false
	or	$m or $n	
逻辑异或	xor	$m xor $n	当$m 与$n 中只有一个值为 true，返回 true，否则返回 false
逻辑非	!	!$m	当$m 为 true 时，返回 false；当$m 为 false 时，返回 true

7. 比较运算符

比较运算符用于对两个数据或表达式的值进行比较，比较结果是一个布尔类型值。PHP 中的比较运算符如表 3-14 所示。

表 3-14　比较运算符

运算符	名称	示例	说明
<	小于	$a < $b	如果$a 的值小于$b 的值，返回 true，否则返回 false
>	大于	$a > $b	如果$a 的值大于$b 的值，返回 true，否则返回 false
<=	小于等于	$a <= $b	如果$a 的值小于或等于$b 的值，返回 true，否则返回 false
>=	大于等于	$a >= $b	如果$a 的值大于或等于$b 的值，返回 true，否则返回 false
==	相等	$a == $b	如果$a 的值等于$b 的值，返回 true，否则返回 false
!=	不相等	$ a!= $b	如果$a 的值不等于$b 的值，返回 true，否则返回 false
===	全相等	$a === $b	当$a 和$b 值相等且数据类型相同，返回 true，否则返回 false
!==	不全等	$a !== $b	当$a 和$b 值不相等或数据类型不相同，返回 true，否则返回 false

8. 条件运算符

条件运算符也称为三元运算符，提供简单的逻辑判断，语法格式如下：

表达式 1?表达式 2:表达式 3;

说明：如果表达式 1 的值为 true，则执行表达式 2，否则执行表达式 3。

示例：

```
$c=($a>$b)?$a:$b;
```

说明：判断 a 是否大于是 b，如果为 true，将 a 的值赋给 c，否则将 b 的值赋给 c。

9. 错误控制运算符

PHP 支持一个错误控制运算符：@。当将其放置在一个 PHP 表达式之前，该表达式可能产生的任何错误信息都可被忽略。

@运算符只对表达式有效。一个简单的规则就是：如果能从某处得到值，就能在它前面加上@运算符。例如，可以把它放在变量、函数和 include 调用、常量等的前面。不能把它放在函数或类的定义之前，也不能用于条件结构示例 if 和 foreach 等。

10. 执行运算符

PHP 支持一个执行运算符：一对反引号"``"，注意这不是单引号。PHP 将把运算符内的字符作为外壳命令来执行，其作用与 shell_exec()函数相同。反引号运算符在激活了安全模式或者关闭了 shell_exec()时是无效的。

示例：

```
$output = `ipconfig`;
echo "<pre>$output</pre>";
```

11. 运算符优先级

结合性，从左至右运算，赋值运算先右后左。

表 3-15 从高到低列出了运算符的优先级。同一行中的运算符具有相同优先级，此时它们的结合方向决定求值顺序，必要时可以用括号来强制改变优先级，从而增加可读性。

表 3-15　运算符的优先级

结合方向	运算符	说明
非结合	new	new
左	[	array()
非结合	++ --	递增/递减运算符
非结合	~ - (int) (float) (string) (array) (object) (bool) @	类型
非结合	instanceof	类型
右结合	!	逻辑操作符
左	* / %	算术运算符
左	+ - .	算术运算符和字符串运算符
左	<<>>	位运算符
非结合	<<= >>= <>	比较运算符
非结合	== != === !==	比较运算符
左	&	位运算符和引用
左	^	位运算符
左	|	位运算符

结合方向	运算符	说明
左	&&	逻辑运算符
左	||	逻辑运算符
左	? :	三元运算符
右	= += -= *= /= .= %= &= |= ^= <<= >>=	赋值运算符
左	and	逻辑运算符
左	xor	逻辑运算符
左	or	逻辑运算符
左	,	多处用到

3.6 PHP 的表达式

表达式就是由操作数、操作符以及括号等组成的合法序列，是将相同数据类型或不同数据类型的数据（如变量、常量、函数等），用运算符号按一定的规则连接起来的、有意义的语句。示例：

```
$a=123;
```

根据表达式中运算符类型的不同，可以将表达式分为：算术表达式、字符串表达式、赋值表达式、位运算表达式、逻辑表达式、比较表达式等。

PHP 程序由语句构成，每条语句以英文分号";"结束。每条语句一般单独占用一行。

3.7 PHP 函数

在系统开发过程中，经常要重复某些操作或处理，如果每次都要重复编写代码，不仅工作量加大，还会使程序代码冗余、可读性差，项目后期的维护及运行效果也受到影响，因此引入函数概念。所谓函数，就是将一些重复使用到的功能写在一个独立的程序块中，以便在需要时单独调用。

3.7.1 自定义函数

1. 函数的定义

PHP 函数分为系统内建函数和用户自定义函数两种。PHP 的强大功能来自它的函数：它拥有超过 1000 个内建的函数。除了内建的 PHP 函数，用户还可以创建自定义函数。

自定义函数的语法格式如下：

```
function 函数名($str1,$str2) {
函数体;
return 返回值;
}
```

参数说明：

function：声明自定义函数的关键字，大小写不敏感；

$str 1,$str2,…：函数的形式参数列表。

PHP 中的函数命名应遵循以下规则：

（1）不能与内部函数名或 PHP 关键字重名。

（2）函数名不区分大小写，但建议按照大小写规范进行命名和调用。

（3）函数名只能以字母开头，不能由下划线和数字开头，不能使用点号和中文字符。

（4）函数名应该能够反映函数所执行的任务。

2．函数的调用

页面加载时函数不会立即执行，函数只有在被调用时才会执行。函数的调用可以在函数定义之前或之后，调用函数的语法格式如下：

```
函数名(实际参数列表);
```

【例 3-8】用自定义函数的方法求两个数的和。

【实现步骤】

（1）启动 Adobe Dreamweaver CS6，创建符合 HTML5 标准的空白 PHP 页面，在 "<body>" 后输入以下 PHP 代码：

```php
<?php
function add($a,$b)      //定义函数
   {
      return $a + $b;         //计算并返回结果
   }
 $c =   add(123,200);    //调用函数
 echo $c;
?>
```

（2）检查代码后，将文件保存到路径 "D:\PHP\CH03\Exp0308.php" 下，然后在浏览器的地址栏中输入：http://localhost/CH03/exp0308.php，按回车键即可浏览页面运行结果，如图 3-8 所示。

图 3-8　用自定义函数的方法求两个数的和

3.7.2　函数的参数

函数的使用经常需要用到参数，参数可以将数据传递给函数。在调用函数时需要输入与函数的形式参数个数和类型相同的实际参数，实现数据从实际参数到形式参数的传递。参数传递方式有值传递、引用传递和默认参数三种。

1．值传递

值传递是指将实际参数的值复制到对应的形式参数中，然后使用形式参数在被调用函数内部进行运行，运算的结果不会影响到实际参数，即函数调用结束后，实际参数的值不会发

生改变。

【例 3-9】实现函数参数的值传递调用，注意比较函数调用是否对实际参数造成影响。

【实现步骤】

（1）启动 Adobe Dreamweaver CS6，创建符合 HTML5 标准的空白 PHP 页面，在"<body>"后输入以下 PHP 代码：

```php
<?php
  function fun1($a)     //定义函数
  {
    $a=$a*$a;
    echo "<br/>自定义函数内形参 a 的值：".$a;        //输出函数内形参的值
  }
  $a =10;
  echo "<br/>调用函数前，函数外变量 a 的值：".$a;    //函数调用前
  fun1($a);                                       //调用函数，此处传递的是值
  echo "<br/>调用函数后，函数外实参 a 的值：".$a;    //函数调用后，实参值不变
?>
```

（2）检查代码后，将文件保存到路径"D:\PHP\CH03\Exp0309.php"下，然后在浏览器的地址栏中输入：http://localhost/CH03/exp0309.php，按回车键即可浏览页面运行结果，如图 3-9 所示。

图 3-9　函数参数值传递调用

2．引用传递

引用传递也称为按地址传递，就是将实际参数的内存地址传递到形式参数中。此时被调用函数内形式参数的值若发生改变，则实际参数也发生相应改变，定义函数时，在形式参数前面加上&符号，引用传递的语法格式如下：

```php
function 函数名(&$strl , &$str2 ,…)
  {……}                          //定义函数
函数名( $a1, $a2 ,…) ; //调用函数
```

【例 3-10】实现函数参数的引用传递调用，注意比较函数调用是否对实际参数造成影响。

【实现步骤】

（1）启动 Adobe Dreamweaver CS6，创建符合 HTML5 标准的空白 PHP 页面，在"<body>"后输入以下 PHP 代码：

```php
<?php
  function fun1($a)     //定义函数
  {
    $a=$a*$a;
    echo "<br/>自定义函数内形参 a 的值：".$a;        //输出函数内形参的值
```

```
      }
      $a =10;
      echo "<br/>调用函数前，函数外变量 a 的值：".$a;      //函数调用前
      fun1(&$a);                                          //调用函数，此处传递的是地址
      echo "<br/>调用函数后，函数外实参 a 的值：".$a;      //函数调用后，实参的值发生改变
      ?>
```

（2）检查代码后，将文件保存到路径“D:\PHP\CH03\Exp0310.php”下，然后在浏览器的地址栏中输入：http://localhost/CH03/exp0310.php，按回车键即可浏览页面运行结果，如图 3-10 所示。

图 3-10　函数参数引用传递调用

3．默认参数

默认参数也称可选参数，在定义函数时可以指定某个参数为可选参数，将可选参数放在参数列表末尾，并且指定其默认值，默认值可以在函数调用时进行更改。

示例：

```
function add($a,$b=100)
{……}          //函数定义
add(200,123);    //调用函数时，为可选参数赋值
add(200);        //调用函数时，没有给可选参数赋值
```

3.7.3　函数返回值

函数将返回值传递给调用者的方式是使用关键字 return。当执行到一个 return 语句时，返回，后面的语句不再执行，将会终止程序的执行。

示例：

```
function GetSum($a,$b)      //定义函数，不需要声明返回值及类型
    {
            return $a + $b;
    }
$c=GetSum(123,200);      //调用函数，获取返回值
echo $c;
```

3.7.4　内置函数

PHP 内置函数是由 PHP 开发者编写并嵌入到 PHP 中的，用户在编写程序时可以直接使用。PHP 内置函数又可以分为标准函数库和扩展函数库，标准函数库中的函数存放在 PHP 内核中，可以在程序中直接使用，扩展函数库中的函数被封装在相应的 DLL 文件中，使用时需要在 PHP 配置文件中将相应的 DLL 文件包含进来。

Chapter 3

1. 变量函数库

PHP 变量函数库提供了一系列用于变量处理的函数,常用的 PHP 变量函数如表 3-16 所示。

表 3-16　常用的变量函数

函数	说明	函数	说明
empty()	检测变量是否为空	isset()	检测变量是否被赋值
gettype()	获取变量的类型	unset()	销毁变量
is_int()	检测变量是否为整数		

2. 字符串函数库

PHP 提供了大量的字符串处理函数,可以帮助用户完成许多复杂的字符串处理工作,在实际的开发中有着非常重要的作用。常用的 PHP 字符串函数如表 3-17 所示。

表 3-17　常用的字符串函数

名称	作用
chunk_split()	将字符串分割成小块
chr()	返回指定的字符
echo()	输出一个或多个字符串
explode()	使用一个字符串分割另一个字符串
lcfirst()	使一个字符串的第一个字符小写
ltrim()	删除字符串开头的空白字符（或者其他字符）
money_format()	将数字格式化成货币字符串
parse_str()	将字符串解析成多个变量
printf()	输出格式化字符串
rtrim()	删除字符串末端的空白字符（或者其他字符）
str_repeat()	重复一个字符串
str_replace()	子字符串替换
strlen()	获取字符串长度
strrev()	反转字符串
strtolower()	将字符串转化为小写
strtoupper()	将字符串转化为大写
substr()	返回字符串的子串
md5()	用 md5 算法对字符串进行加密
ltrim()	删除字符串左侧的连续空白
trim()	删除字符串右侧的连续空白

3. 日期时间函数

PHP 提供了实用的日期时间处理函数,可以帮助用户完成对日期和时间的各种处理工作。常用的 PHP 日期时间函数如表 3-18 所示。

表 3-18　常用的日期时间函数

函数	说明
checkdate()	验证日期的有效性
date()	格式化一个本地时间或日期
getdate()	取得日期/时间信息
gettimeofday()	取得当前时间
localtime()	取得本地时间
time()	返回当前的 UNIX 时间戳

4．PHP 数学函数库

PHP 提供了实用的数学处理函数，可以帮助用户完成对数学运算的各种操作。常用的 PHP 数学函数如表 3-19 所示。

表 3-19　常用的数学函数

函数	说明	函数	说明
rand()	产生一个随机数	abs()	返回绝对值
max()	比较最大值	ceil	进一法取整
min()	比较最小值	floor()	舍去法取整

5．PHP 文件目录函数库

PHP 提供了大量的文件及目录处理函数，可以帮助用户完成对文件和目录的各种处理操作，常用的 PHP 文件目录函数如表 3-20 所示。

表 3-20　常用的 PHP 文件目录函数

函数	说明
copy()	复制文件到其他目录
file_exists()	判断指定的目录或文件是否存在
basename()	返回路径中的文件名部分
file_put_contents()	将字符串写入到指定的文件中
file()	把整个文件读入数组中，数组各元素值对应文件的各行
fopen()	打开本地或远程的某文件，返回该文件的标志指针
fread()	从文件指针所指文件中读取指定长度的数据
fcolse()	关闭一个已打开的文件指针
is_dir()	如果参数为目录路径且该目录存在，则返回 true，否则返回 false
mkdir()	新建一个目录
move_uploaded_file()	应用合法方法上传文件
readfile()	读取一个文件，将读取的内容写入到输出缓冲
rmdir()	删除指定目录，成功返回 true，否则返回 false

续表

函数	说明
unlink()	删除指定文件，成功返回 true，否则返回 false
disk_free_space()	返回指定目录的可用空间
filetype()	获取文件类型
filesize()	获取文件大小

【例 3-11】使用 rand()函数生成一个随机验证码。

【实现步骤】

（1）启动 Adobe Dreamweaver CS6，创建符合 HTML5 标准的空白 PHP 页面，在 "<body>" 后输入以下 PHP 代码：

```php
<?php
$num="";                    //定义变量，用于存放随机数验证码
 for($i=0; $i<5; $i++)      //循环读取随机数，将循环 5 次，生成五位随机数
 {
    $j = rand(0,9);         //每次生成一个从 0～9 的随机数字
    $num =$num . $j;        //将生成的随机数字拼接到变量$num 中
 }
 echo "本次生成的随机数是："." $num;
?>
```

（2）检查代码后，将文件保存到路径 "D:\PHP\CH03\Exp0311.php" 下，然后在浏览器的地址栏中输入：http://localhost/CH03/exp0311.php，按回车键即可浏览页面运行结果，如图 3-11 所示。

图 3-11　用 rand()函数生成 5 位的随机数

3.8　PHP 数组

数组是一组相同类型数据连续存储的集合，这一组数据在内存中的空间是相邻的，每个空间存储了一个数组元素。数组中的数据称为数组元素，每个元素包含一个 "键" 和一个 "值"，通过 "键=>值" 形式表示，其中，"键" 是数组元素的识别名称，也被数组称为数组下标，"值" 是数组元素的内容。"键" 和 "值" 之间使用 "=>" 连接，数组各个元素之间使用逗号 "," 分隔，最后一个元素后面的逗号可以省略。

数组根据下标的数据类型可分为索引数组和关联数组。索引数组是下标为整型的数组，默认下标从 0 开始，也可以自己指定；关联数组是下标为字符串的数组。数组中只有一个下标不是数字，该数组就是关联数组。

3.8.1　数组的使用

1．定义数组

在使用数组前，首先需要定义数组。PHP 中通常使用如下两种方法定义数组。

（1）使用赋值方式定义数组。

使用赋值方式定义数组就是创建一个数组变量，然后使用赋值运算符直接给变量赋值，其语法格式如下：

$数组名[下标 1]=元素值 1;

$数组名[下标 2]=元素值 2;

数组下标（键名）可以是数字也可以是字符串，每个下标都对应着数组元素在数组中的位置，元素值可以是任何值。

示例：

$arr[]='PHP';	//存储结果为：$arr[0]='PHP'
$arr[]='HTML';	//存储结果为：$arr[1]='HTML'
$arr[3]= 'CSS';	//存储结果为：$arr[3]='CSS'
$arr['a']= 'JAVA';	//存储结果为：$arr['a']='JAVA'
$arr[]='ASP';	//存储结果为：$arr[4]='ASP'

索引数组的下标默认从 0 开始依次递增；但当其前面有用户自己指定的索引时，会自动将前面最大的整数下标加 1，作为该元素的下标。

（2）使用 array()函数定义数组。

使用 array()函数定义数组就是将数组的元素作为参数，"键"和"值"之间用"=>"连接，各元素之间用逗号","隔开，其语法格式如下：

$数组名=array("下标 1"=>"元素值 1","下标 1"=>"元素值 1",…);

示例：

$info=array('id'=>001,'name'='唐于皓','age'=12, "class'='6 年级 6 班');

$season=arrar('春天','夏天','秋天','冬天',);

在定义数组时，需要注意以下几点：

- 数组元素的下标只有整型和字符串两种类型，如果有其他类型，则进行类型转换。
- 在 PHP 中，合法的整数值下标会自动转换为整型下标。
- 若数组存在相同的下标，后面的元素值会覆盖前面的元素值。

2．数组的赋值

对数字索引数组的赋值较简单，根据索引号对数组元素进行赋值和取值。索引号由数字组成，从 0 开始。但关联数组的索引关键字是"键名"，只能根据"键名"对数组元素进行赋值和取值。

3．遍历数组

遍历数组是指依顺序访问数组中的每个元素，可以使用 foreach 语句和 for 语句遍历数组元素。

（1）foreach 语句遍历数组。

语法如下：

```
foreach ($array as $key=>$value){    //方法 1 访问数组元素的键和值
echo "$key-->$value";
```

```
    }
    foreach($array as $value){     //方法 2 访问数组元素值
    echo $value;
    }
```

$array 为数组名称，$key 为数组键名，$value 为键名对应的值。foreach 语句可以遍历数字索引数组和关联数组。

（2）for 语句遍历数组。

for 语句只能用于数字索引数组的遍历。先使用 count()函数计算数组元素个数以便作为 for 循环执行的条件，完成数组的遍历，语法格式如下：

```
    for($i=0;$i<count($array);$i++){
        echo $array[$i]."<br>";
    }
```

$array 为数组名称，函数 count($array)用于计算数组元素个数。由于关联数组的关键字不是数字，因此无法使用 for 循环语句进行遍历。

【例 3-12】分别创建数字索引数组和关联数组并输出内容进行对比。

【实现步骤】

（1）启动 Adobe Dreamweaver CS6，创建符合 HTML5 标准的空白 PHP 页面，在 "<body>" 后输入以下 PHP 代码：

```
    <?php
        echo "创建数字索引数组:<br/>";
        $arr = array("春天", "夏天", "秋天", "冬天");
        $arr[0]="昨天";        //对第一个数组元素赋值
        echo $arr[1];          //对第二个数组元素取值并打印
        echo "<br/>";
        print_r($arr);         //打印整个数组
        echo "<br/>";
        for($i=0;$i<count($arr);$i++)      //用 for 语句输出整个数组
        {
            echo $arr[$i]."|";
        }
        echo "<br/>";

        echo "创建关联数组:<br/>";
        $brr = array ("a"=>"Spring", "b"=>"Summer", "c"=>"Autumn","d"=>"Winter");
        $brr["b"]="Yesterday";     //对键名为 "b" 的数组元素赋值
        $brr[1]="Today";           //对键名为 "1" 的数组元素赋值
        print_r($brr);
    ?>
```

（2）检查代码后，将文件保存到路径 "D:\PHP\CH03\Exp0312.php" 下，然后在浏览器的地址栏中输入：http://localhost/CH03/exp0312.php，按回车键即可浏览页面运行结果，如图 3-12 所示。

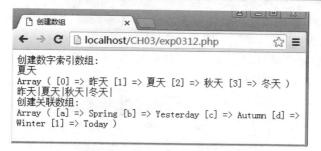

图 3-12　创建数组并输出内容进行对比

3.8.2　数组函数

为了便于数组的操作也为了提高程序员的编写效率，PHP 提供了许多内置的数组函数，常用的数组函数如表 3-21 所示。

表 3-21　常用的数组函数

函数	说明
array_splice()	删除数组中的指定元素
array_sum()	计算数组的所有键值的和
array_unique()	去除数组中的相同元素
array_search()	搜索键或值并返回键值所对应的键名
array_push()	向数组添加元素
array_pop()	获取数组最后一个元素并将该元素删除
count()	计算元素的个数
foreach()	数组的遍历
in_array()	检测一个值是否在数组中（返回 true 或 false）
implode()	将数组元素转换成字符串
sort()	按键值排序，从小到大
rsort()	按键值排序，从大到小

【例 3-13】向数组中添加元素，并输出添加后的数组。

【实现步骤】

（1）启动 Adobe Dreamweaver CS6，创建符合 HTML5 标准的空白 PHP 页面，在"<body>"后输入以下 PHP 代码：

```php
<?php
    $arr = array("张三","李四");     //创建数组
    echo "原数组内容是：";
    print_r($arr);
    echo "<br/>";
    array_push($arr,"王五","唐于皓");  //向数组中添加两个元素
    echo "新数组内容是：";
    print_r($arr);        //输出添加元素后的数组
```

?>

（2）检查代码后，将文件保存到路径"D:\PHP\CH03\Exp0313.php"下，然后在浏览器的地址栏中输入：http://localhost/CH03/exp0313.php，按回车键即可浏览页面运行结果，如图 3-13 所示。

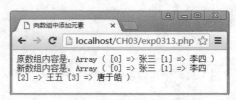

图 3-13　向数组中添加元素并输出新数组

3.8.3　全局数组

全局数组是 PHP 中特殊定义的数组变量，又称为 PHP 预定义数组，是由 PHP 引擎内置的，不需要开发者重新定义，在 PHP 脚本运行时，PHP 会自动将一些数据放在全局数组中。之所以称为全局数组是因为这些数组在脚本中的任何地方、任何作用域内都可以访问，如函数、类、文件等。PHP 中的全局数组包括以下几个，如表 3-22 所示。

表 3-22　常用的全局数组

全局数组	说明
$_GET[]	获得以 GET 方法提交的变量数组
$_POST[]	获得以 POST 方法提交的变量数组
$_COOKIE[]	获取和设置当前网站的 Cookie 标识
$_SESSION[]	取得当前用户访问的唯一标识
$_ENV[]	当前 PHP 环境变量数组
$_SERVER[]	当前 PHP 服务器变量数组
$_FILES[]	上传文件时提交到当前脚本的参数值，以数组形式体现
$_REQUEST[]	包含当前脚本提交的全部请求
$GLOBALS[]	包含正在执行脚本所有超级全局变量的引用内容

1. $_SERVER[]全局数组

$_SERVER[]全局数组可以获取服务器端和浏览器端的有关信息，常用的$_SERVER[]全局数组如表 3-23 所示。

表 3-23　常用的$_SERVER[ ]全局数组

具体参数	说明
$_SERVER["SERVER_ADDR"]	当前程序所在的服务器地址
$_SERVER["SERVER_NAME"]	当前程序所在的服务器名称
$_SERVER["SERVER_PORT"]	服务器所使用的端口号
$_SERVER["SCRIPT_NAME"]	包含当前脚本的路径

续表

具体参数	说明
$_SERVER["SCRIPT_URL"]	返回当前页面的 URL
$_SERVER["REQUEST_METHOD"]	访问页面时的请求方法（如 GET，POST）
$_SERVER["REMOTE_ADDR"]	正在浏览当前页面的客户端 IP 地址
$_SERVER["REMOTE_HOST"]	正在浏览当前页面的客户端主机名
$_SERVER["REMOTE_PORT"]	用户连接到服务器时所使用的端口
$_SERVER["FILENAME"]	当前程序所在的绝对路径名称

示例：

```php
<?php
    echo $_SERVER['PHP_SELF'];
    echo "<br>";
    echo $_SERVER['SERVER_NAME'];
    echo "<br>";
    echo $_SERVER['HTTP_HOST'];
    echo "<br>";
    echo $_SERVER['HTTP_REFERER'];
    echo "<br>";
    echo $_SERVER['HTTP_USER_AGENT'];
    echo "<br>";
    echo $_SERVER['SCRIPT_NAME'];
?>
```

2. $_POST[]全局数组和$_GET 全局数组

$_POST[]全局数组广泛用于收集提交 method="post" 的 HTML 表单后的表单数据。$_POST 也常用于传递变量。$_GET 也可用于收集提交 HTML 表单（method="get"）之后的表单数据。$_GET 也可以收集 URL 中发送的数据。

示例：

```php
<form method="post" action="#">
Name: <input type="text" name="fname">
<input type="submit">
</form>
<?php
$name = $_POST['fname'];
echo $name;
?>
```

3. $_FILES[]全局数组

$_FILES[]数组用于获取上传文件的相关信息，包括文件名、文件类型和文件大小等。如果上传单个文件，则该数组为二维数组；如果上传多个文件，则该数组为三维数组。$_FILES[]数组的具体参数取值如表 3-24 所示。

表 3-24　$_FILES[ ]数组的具体参数取值

具体参数	说明
$_FILES["file"]["name"]	上传文件的名称
$_FILES["file"]["type"]	上传文件的类型
$_FILES["userfile"]["size"]	上传文件的大小
$_FILES["file"]["tmp_name"]	文件上传到服务器后，在服务器中的临时文件名
$_FILES["file"]["error"]	文件上传过程中发生错误的错误代码，0 为成功

　　文件上传的基本原理是："客户端文件"→"服务器端临时文件夹"→"服务器上传文件夹"。上传过程需要通过多次验证，包括文件类型和文件大小等。

3.9　实训

　　1．写一个程序输出当前系统时间。
　　2．写一个程序实现对输入的字符串用 md5 的方式进行加密。
　　3．写一个程序实现网站敏感词汇的过滤。
　　4．写一个程序实现对中文字符串的截取。
　　5．编写一个随机抽奖程序。

4

PHP 流程控制

- 了解算法概念和常用描述方法。
- 掌握结构化程序设计方法的思想和特点。
- 掌握条件和循环控制语句。
- 了解包含语句的使用方法。

4.1 流程控制简介

4.1.1 算法

算法是解决问题方法的精确描述，但是并不是所有的问题都有算法，有些问题经研究可行，则相应有算法；而有些问题不能说明可行，则表示没有相应算法，但这并不是说问题没有结果。例如，猜想问题，有结果，然后目前还没有算法。上述所谓"可行"，就是算法的研究。

一个算法应该具有以下五个重要的特征：

（1）有穷性：算法的有穷性是指算法必须能在执行有限个步骤之后终止。

（2）确切性：算法的每一步骤必须有确切的定义。

（3）输入项：一个算法有 0 个或多个输入，以刻画运算对象的初始情况，所谓 0 个输入是指算法本身定出了初始条件。

（4）输出项：一个算法有一个或多个输出，以反映对输入数据加工后的结果。没有输出的算法是毫无意义的。

（5）可行性：算法中执行的任何计算步骤都是可以被分解为基本的可执行的操作步，即每个计算步都可以在有限时间内完成（也称之为有效性）。

4.1.2 算法的描述方法

为了让算法清晰易懂，需要选择一种好的描述方法。算法的描述方法有很多，有自然语言、伪代码、传统流程图、N-S 结构化流程图等。

1. 自然语言

用自然语言表示算法，通俗易懂。特别适用于对顺序程序结构算法的描述。即使是不熟悉计算机语言的人也很容易理解程序。但是，自然语言在语法和语义上往往具有多义性，并且比较繁琐，对程序流向等描述不明了、不直观。当然这种表示法只适合于较简单的问题。

在使用时，要特别注意算法逻辑的正确性。例如，下列乘坐飞机的各步骤中就存在逻辑错误。

（1）买飞机票；

（2）换登机牌；

（3）到达指定机场；

（4）检票；

（5）安全检查；

（6）候机；

（7）登机。

2. 伪代码

伪代码是介于自然语言和计算机语言之间的文字和符号，它与一些高级编程语言（如 Visual Basic 和 Visual C++）类似，但是不需要真正编写程序时所要遵循的严格规则。伪代码用一种从顶到底，易于阅读的方式表示算法。在程序开发期间，伪代码经常用于"规划"一个程序，然后再转换成某种语言程序。

例如用伪代码描述商家给客户打折问题，规定一种商品一次消费金额超过 200 元的客户可以获得折扣（10%）。伪代码如下：

```
sum = qyt * price
if (sum > 200)
    discount = sum * 0.1
    rsum = sum – discount
else
    rsum = sum
```

3. 传统流程图

传统流程图使用不同的几何图形来表示不同性质的操作，使用流程线来表示算法的执行方向，比起前两种描述方式，它具有直观形象、逻辑清楚、易于理解等特点，但它占用篇幅较大，流程随意转向，较大的流程图不易读懂。

4. N-S 结构化流程图

N-S 图也被称为盒图或 CHAPIN 图。1973 年，美国学者 I.Nassi 和 B.Shneiderman 提出了一种在流程图中完全去掉流程线，将全部算法写在一个矩形阵内，在框内还可以包含其他框的流程图形式。即由一些基本的框组成一个大的框，这种流程图又称为 N-S 结构流程图（以两个人的名字的头一个字母组成）。N-S 图包括顺序、选择和循环三种基本结构。

4.1.3　结构化程序设计

结构化程序设计（Structured Programming）是进行以模块功能和处理过程设计为主的详细设计的基本原则。结构化程序设计是过程式程序设计的一个子集，它对写入的程序使用逻辑结构，使得理解和修改更有效、更容易。结构化程序设计方法有如下几个特点：

1. 自顶向下

程序设计时，应先考虑总体，后考虑细节；先考虑全局目标，后考虑局部目标。不要一开始就过多追求众多的细节，要先从最上层总目标开始设计，逐步使问题具体化。

2. 逐步细化

对复杂问题，应设计一些子目标作为过渡，逐步细化。

3. 模块化

一个复杂问题，肯定是由若干简单的问题构成。模块化是把程序要解决的总目标分解为子目标，再进一步分解为具体的小目标，把每一个小目标称为一个模块。

4. 结构化编码

结构化编码采用自顶向下、逐步细化的方法，先全局，后局部；先整体，后细节；先抽象，后具体，逐步求精，编制出来的程序具有清晰的逻辑层次结构，容易阅读、理解、修改和维护，可以提高软件质量，提高软件开发的成功率和生产性。结构化编码过程中，要遵循以下几个主要的原则：

（1）尽可能使用语言提供的基本控制结构：顺序结构、选择结构和重复结构。

（2）选用的控制结构只允许有一个入口和一个出口。

（3）利用程序内部函数，把程序组织成容易识别的内部函数模块，每个模块只有一个入口和一个出口，一般不超过 200 行。

（4）复杂结构应该用基本控制结构组合或嵌套来实现。

PHP 程序的默认执行顺序是从第一条 PHP 语句到最后一条 PHP 语句逐条按顺序执行。流程控制语句用于改变程序的执行次序。PHP 流程控制结构分为三种，分别是顺序控制结构、条件控制结构和循环控制结构。在实际项目开发过程中，可以灵活运用各种控制结构或者将三种控制结构结合使用。

1）顺序控制结构。

顺序控制结构是最基本的程序结构，程序由若干条语句组成，执行顺序从上到下逐句执行。

2）条件控制结构。

条件控制结构用于实现分支程序设计，就是对给定条件进行判断，条件为真时执行一个程序分支，条件为假时执行另一个程序分支。PHP 提供的条件控制语句包括 if 条件控制语句和 switch 多分支语句。

3）循环控制结构。

循环控制结构是指在给定条件成立的情况下重复执行一个程序块。PHP 提供的循环控制语句包括 while 语句、do…while 语句、for 语句和 foreach 语句。

4.2　条件控制语句

条件控制结构用于实现分支程序设计，就是对给定条件进行判断，条件为真时执行一个程序分支，条件为假时执行另一个程序分支。PHP 提供的条件控制语句包括 if 条件控制语句和 switch 多分支语句。

4.2.1 if 条件语句

if 条件控制语句通过判断条件表达式的不同取值执行相应程序块，它有三种编写方式，语法格式分别如下。

1. 基本形式：if 形式

if(条件表达式) {程序块}

其含义是：如果条件表达式的值为真，则执行其后的语句块，否则不执行该语句块。

2. 第二种形式：if-else 形式

if(条件表达式)
{程序块 1}
    Else
{程序块 2}

其含义是：如果表达式的值为真，则执行语句块 1，否则执行语句块 2。

3. 第三种形式：if-else-if 形式

```
if(条件表达式 1)              {语句块 1}
else if(条件表达式 2)            { 语句块 2}
    else if(条件表达式 3)           {语句块 3}
    …
    else if(条件表达式 m)              {语句块 m}
  else
        {语句块 n}
```

其含义是：依次判断表达式的值，当出现某个值为真时，则执行其对应的语句块。然后跳到整个 if 语句之外继续执行程序。如果所有的表达式均为假，则执行语句块 n。然后继续执行后续程序。

【例 4-1】写一个程序判断用户的性别，然后输出对应的欢迎信息。

【实现步骤】

（1）启动 Adobe Dreamweaver CS6，创建符合 HTML5 标准的空白 PHP 页面，在"<body>"后输入以下 PHP 代码：

```
<form action="exp0401.php" method="post">
请输入你的姓名： <input type="text" name="txt_username" /><br/>
请选择你的性别： <input type="radio" name="rdo_sex" checked value="男" />男
<input type="radio" name="rdo_sex"   value="女" />女
<input type="submit" name="btn_save" value="进入" />
</form>
<?php
    if(!empty($_POST['btn_save']))     //判断提交按钮是否提交了数据
      {
          if(!empty($_POST['txt_username']))    //判断是否输入了数据
            {
                if($_POST['rdo_sex']=="男" )
                    echo "欢迎".$_POST['txt_username']."先生！ ";
                else
                    echo "欢迎".$_POST['txt_username']."女士！ ";
```

```
                }
            }
    ?>
```

（2）检查代码后，将文件保存到路径"D:\PHP\CH04\Exp0401.php"下，然后在浏览器的地址栏中输入：http://localhost/CH04/exp0401.php，按回车键即可浏览页面运行结果，如图 4-1 所示。

图 4-1   判断性别显示欢迎信息

程序说明：

（1）empty()是判断变量是否为空的函数。

（2）$_POST 变量用于收集来自 method="post"的表单中的值，带有 POST 方法的表单发送的信息，任何人都是不可见的（不会显示在浏览器的地址栏）。

4.2.2   switch 多分支语句

PHP 语言还提供了另一种用于多分支选择的 switch 语句，语法格式如下：

```
switch(条件表达式){
case 值 1:
    程序块 1;
    break;
case 值 2:
    程序块 2;
    break;
…
default:
    程序块 n;
    break;
}
```

其含义是：switch 多分支语句的功能是将条件表达式的值与 case 子句的值逐一进行比较，如有匹配，则执行该 case 子句对应的程序块，不等于任何 case 值就执行 default 分支。直到遇到 break 跳转语句时才跳出 switch 语句，如果没有 break 语句，switch 将执行这个 case 语句以下所有 case 语句中的代码，直到遇到 break 语句。

【例 4-2】在页面上将输入成绩的分数转换为成绩等级。

【实现步骤】

（1）启动 Adobe Dreamweaver CS6，创建符合 HTML5 标准的空白 PHP 页面，在"<body>"后输入以下 PHP 代码：

```
<form action="exp0402.php" method="post">
请输入你的成绩：<input type="text" size="8" name="txt_score" />
```

```
<input type="submit" name="btn_save" value="转换成等级" />
</form>
<?php
    $a=$_POST['txt_score'];      //从表单取值赋给变量 a
    if(!empty($_POST['btn_save']))
 {
        if(!empty($a)){
switch($a)
 {
    case $a==100:
        echo "满分";
      break;
    case $a>=90:
      echo "优秀";
      break;
    case $a>=80:
      echo "良好";
      break;
    case $a>=60:
      echo "及格";
      break;
    default :
      echo "不及格";
      break;
 }
 }
 }
?>
```

（2）检查代码后，将文件保存到路径"D:\PHP\CH04\Exp0402.php"下，然后在浏览器的地址栏中输入：http://localhost/CH04/exp0402.php，按回车键即可浏览页面运行结果，如图 4-2 所示。

图 4-2   将成绩转换为等级

在条件控制语句中，if 语句和 switch 语句实现的功能相同，两种语句可以相互替换。一般情况下，判断条件较少时使用 if 语句，多条件判断时，则使用 switch 语句。

4.3   循环控制语句

在许多实际问题中有很多具有规律性的重复操作，因此在程序中就需要重复执行某些语句。一组被重复执行的语句称之为循环体，能否继续重复，决定于循环的终止条件。循环结构是在一定条件下反复执行某段程序的流程结构，被反复执行的程序被称为循环体。循环语句是由循环体及循环的终止条件两部分组成的。

PHP 提供的循环控制语句包括 while 语句、do…while 语句、for 语句和 foreach 语句。

4.3.1　while 循环语句

while 循环语句属于前测试型循环语句，即先判断后执行。执行顺序是先判断表达式，当条件为真时反复执行循环程序块；当条件为假时，跳出循环，继续执行循环后面的语句。

while 循环语句语法格式如下：

```
while (条件表达式) {        //先判断条件，当条件满足时执行语句块，否则不执行
程序块;                   //反复执行，直到条件表达式为假
}
```

【例 4-3】使用 while 语句求 1～100 的和。

【实现步骤】

（1）启动 Adobe Dreamweaver CS6，创建符合 HTML5 标准的空白 PHP 页面，在"<body>"后输入以下 PHP 代码：

```php
<?php
    $a=1;
    $sum=0;
while ($a<=100)
{
  $sum=$sum+$a;
  $a++;
}
    echo "<br/>Sum=$sum";
?>
```

（2）检查代码后，将文件保存到路径"D:\PHP\CH04\Exp0403.php"下，然后在浏览器的地址栏中输入：http://localhost/CH04/exp0403.php，按回车键即可浏览页面运行结果，如图 4-3 所示。

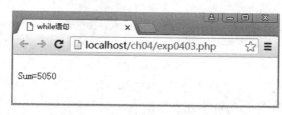

图 4-3　while 语句求 1～100 的和

4.3.2　do…while 循环语句

do…while 循环语句属于后测试型循环语句，即先执行后判断。执行顺序是执行一次循环程序块，再判断表达式，当条件为真时反复执行循环程序块；当条件为假时，跳出循环，继续执行循环后面的语句。

do…while 循环语句语法格式如下：

```
do {
程序块;
} while (条件表达式)
```

注意：while 语句和 do…while 语句对于条件表达式一开始时就为真的情况，两种结构是没有区别的。如果条件表达式一开始就为假，则 while 语句不执行任何语句就跳出循环，do…while 语句则执行一次循环之后才跳出循环。

【例 4-4】使用 do…while 语句求 1～100 的和。

【实现步骤】

（1）启动 Adobe Dreamweaver CS6，创建符合 HTML5 标准的空白 PHP 页面，在"<body>"后输入以下 PHP 代码：

```php
<?php
    $a=1;
    $sum=0;
do{
    $sum=$sum+$a;
    $a++;
}while ($a<=100);
    echo "<br/>Sum=$sum";
?>
```

（2）检查代码后，将文件保存到路径"D:\PHP\CH04\Exp0404.php"下，然后在浏览器的地址栏中输入：http://localhost/CH04/exp0404.php，按回车键即可浏览程序运行结果，如图 4-4 所示。

4.3.3 for 循环语句

当不知道所需重复循环的次数时，使用 while 或 do…while 语句，如果知道循环次数，可以使用 for 语句，语法格式如下：

```
for ( expr1; expr2 ; expr3)   {
    statement;
}
```

expr1：条件初始值；expr2：循环条件；expr3 循环增量；statement：循环体。

for 语句执行过程是：先执行 expr1，接着执行 expr2，并对 expr2 的值进行判断，如果为 true，则执行 statement 循环体，否则结束循环，跳出 for 循环语句；最后执行 expr3，对循环增量进行计算后，返回执行 expr2 进入下一轮循环。

【例 4-5】使用 for 循环语句输出九九乘法表。

【实现步骤】

（1）启动 Adobe Dreamweaver CS6，创建符合 HTML5 标准的空白 PHP 页面，在"<body>"后输入以下 PHP 代码：

```php
<?php
for($i=0; $i<=9; $i++)
{
    for($j=1;$j<=$i;$j++)
```

```
        {
            $sum=$i*$j;
            echo $j."*".$i."=".$sum;
            echo " ";
        }
        echo "<br/>";
    }
?>
```

（2）检查代码后，将文件保存到路径"D:\PHP\CH04\Exp0405.php"下，然后在浏览器的地址栏中输入：http://localhost/CH04/exp0405.php，按回车键即可浏览程序运行结果，如图 4-4 所示。

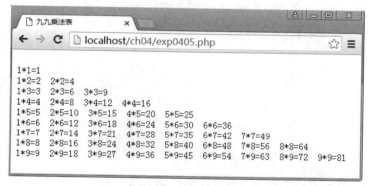

图 4-4 用 for 循环语句输出九九乘法表

4.3.4 foreach 循环

foreach 语法结构提供了遍历数组的简单方式。foreach 仅能够应用于数组和对象，如果尝试应用于其他数据类型的变量，或者未初始化的变量将发出错误信息，在后面数组章节将详细介绍。

4.4 跳转控制语句

1. 使用 break 跳出循环

break 跳转语句用于终止并跳出当前的控制结构，可以用于 switch 语句、while 语句、do…while 语句和 for 循环语句。

【例 4-6】输出随机数，当随机数等于 7 时，则中止程序的运行。

【实现步骤】

（1）启动 Adobe Dreamweaver CS6，创建符合 HTML5 标准的空白 PHP 页面，在"<body>"后输入以下 PHP 代码：

```php
<?php
    while (true)                    //使用全真循环
    {
        $a=rand (1,20);             //定义一个变量 a，并赋值 1～20 的随机数
        echo $a."<br/>";
```

```
        if($a==7)                          //判断变量 a 是否等于 7
    {
        echo "变量等于 7，循环终止。";
        break;                          //跳出 while 循环
    }
  }
?>
```

（2）检查代码后，将文件保存到路径"D:\PHP\CH04\Exp0406.php"下，然后在浏览器的地址栏中输入：http://localhost/CH04/exp0406.php，按回车键即可浏览程序运行结果，如图 4-5 所示。

图 4-5　产生随机数为 7 时终止程序

说明：rand()函数用于产生一个随机数，由于每次运行时，选取的随机数不同，因此循环输出的随机数也不同。

2．使用 continue 跳出循环

continue 跳转语句的作用是终止本次循环，跳转到循环条件判断处，继续进入下一轮循环判断。

【例 4-7】输出 100 以内，既不能被 7 整除又不能被 3 整除的自然数。

【实现步骤】

（1）启动 Adobe Dreamweaver CS6，创建符合 HTML5 标准的空白 PHP 页面，在"<body>"后输入以下 PHP 代码：

```
<?php
for($i=1;$i<=100;$i++){
    if($i%3==0 || $i%7==0){        //循环中先判断那些能被整除的数，然后执行 continue 语句
        continue;}                 //就直接进入了下个循环，不执行下面的输出语句了
    else{
        echo $i." ";
    }
  }
?>
```

（2）检查代码后，将文件保存到路径"D:\PHP\CH04\Exp0407.php"下，然后在浏览器的地址栏中输入：http://localhost/CH04/exp0407.php，按回车键即可浏览程序运行结果，如图 4-6 所示。

3．使用 goto 跳出循环

多数计算机程序设计语言中都支持无条件转向语句 goto，goto 语句的作用是：当程序执

行到 goto 语句时，将程序的执行从当前位置跳转到其他任意标号指出的位置继续执行，goto 本身并没有结束循环的作用，但其跳转位置的作用使得其可以作为跳出循环使用。和其他语言一样，PHP 中也不鼓励滥用 goto，滥用 goto 会导致程序的流程不清晰，可读性严重下降。但它在某些情况下具有其独特的方便之处，例如中断深度嵌套的循环和 if 语句。

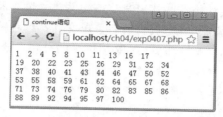

图 4-6　输出既不能被 7 整除又不能被 3 整除的自然数

4．return 语句

return 语句是用来结束一段代码，并返回一个参数的。可以从一个函数里调用，也可以从一个 include()或 require()语句包含的文件里来调用，也可以在主程序里调用，如果在函数里调用程序将会马上结束运行并返回参数；如果是 include()或者 require()语句包含的文件中被调用，程序执行将会马上返回到调用该文件的程序，而返回值将作为 include()或者 require()的返回值；如果是在主程序中被调用，那么主程序将会马上停止执行。

【例 4-8】输出 1000 以内，平方根大于 29 的自然数。

【实现步骤】

（1）启动 Adobe Dreamweaver CS6，创建符合 HTML5 标准的空白 PHP 页面，在"<body>"后输入以下 PHP 代码：

```php
<?php
for($i=1000;$i>=1;$i--){
 if(sqrt($i)>=29){
      echo $i,"<br/>";
         }else{
         return;
     }
}
    echo "本行将不会被输出";
?>
```

（2）检查代码后，将文件保存到路径"D:\PHP\CH04\Exp0408.php"下，然后在浏览器的地址栏中输入：http://localhost/CH04/exp0408.php，按回车键即可浏览程序运行结果，如图 4-7 所示。

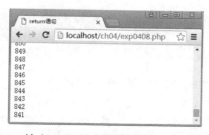

图 4-7　输出 1000 以内平方根大于 29 的自然数

4.5　包含语句

在编写程序的过程中会发现，有些程序代码将在项目中重复使用，那么可以将这些代码单独编写在一个文件中，在需要使用这些代码时将该文件包含进来即可。包含文件省去了大量的工作。可以为所有页面创建标准页头、页脚或者菜单文件。然后在页头、页脚或者菜单文件需要更新时，只需更新对应的包含文件即可。PHP 提供了四种包含语句，分别是 include()、include_once()、require()、require_once()，语法格式如下：

```
void    include ("文件名") ;
void    include_once("文件名") ;
void    require ("文件名") ;
void require_once("文件名") ;
```

使用包含语句需注意以下几点：

（1）使用 include()函数包含文件时，只有程序执行到该语句时才将文件包含进来，当所包含文件发生错误时，系统只给出警告，继续执行。当多次调用相同文件时，程序会多次包含文件。

（2）include_once()函数与 include()函数几乎相同，唯一的区别在于：当多次调用相同文件时，程序只包含文件一次。

（3）使用 require()函数包含文件时，程序一开始运行时就将所需调用的文件包含进来，当所包含文件发生错误时，系统输出错误信息并立即终止程序执行。

（4）require_once()函数与 require()函数几乎相同，唯一的区别在于：当多次调用相同文件时，程序只包含文件一次。

【例 4-9】使用 include_once()调用"ch02/exp0201.html"文件。

【实现步骤】

（1）启动 Adobe Dreamweaver CS6，创建符合 HTML5 标准的空白 PHP 页面，在"<body>"后输入以下 PHP 代码：

```
<?php
echo "<br/>使用 include()函数调用 exp0201.html 文件："；
include_once("../ch02/exp0201.html");
?>
```

（2）检查代码后，将文件保存到路径"D:\PHP\CH04\Exp0409.php"下，然后在浏览器的地址栏中输入：http://localhost/CH04/exp0409.php，按回车键即可浏览程序运行结果，如图 4-8 所示。

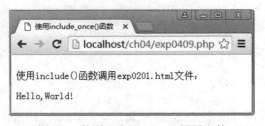

图 4-8　使用 include_once()调用文件

4.6　实训

1. 输入 1～10 中的一个数字，输出以该数字开头的一个成语。
2. 输入一个年月，输出该月天数。
3. 根据当前日期判断星期数，给出相应的提示信息。
4. 输出一个偶数乘法表。
5. 开发一个简单的网页版计算器，能实现加、减、乘、除等运算。

5

PHP 开发基础

学习目标

- 了解正则表达式的语法规则并能使用正则函数。
- 掌握表单的设计、验证和安全提交等用法。
- 掌握表 Cookie 的原理和用法。
- 掌握 Session 的原理和用法。
- 了解 PHP 对图形图像的处理。

5.1 正则表达式

5.1.1 简介

在某些应用中，往往有时候需要根据一定的规则来匹配（查找）确认一些字符串，如要求用户输入的 QQ 号码为数字且至少 5 位。用于描述这些规则的工具就是正则表达式。

正则表达式是对字符串操作的一种逻辑公式，就是用事先定义好的一些特定字符及这些特定字符的组合，组成一个"规则字符串"，这个"规则字符串"用来表达对字符串的一种过滤逻辑。由于正则表达式的主要应用对象是文本，因此它在各种文本编辑器场合都有应用，小到著名编辑器 EditPlus，大到 Microsoft Word、Visual Studio 等大型编辑器，都可以使用正则表达式来处理文本内容。

最简单的匹配就是直接给定字符匹配。如用字符 a 去匹配 aabab，则会匹配出 3 种结果，分别是字符串中的第 1、2 和第 4 个字符。这种匹配是最简单的情况，但往往实际处理中会复杂得多，如"QQ 号码为数字且至少 5 位"这一规则，其对应的正则表达式为：

```
^\d{5,}$
```

该正则表达式就描述需要确定的内容为至少 5 位以上的数字，描述规则的含义如下：

^：表示匹配字符串的开始，即该字符串是独立的开始而不是包含在某个字符串之内。

\d：表示匹配数字。

{5,}：表示至少匹配 5 位及以上。

$：表示匹配字符串的结束，即该字符串是独立的结束。

现在就很清楚了，该正则表达式综合起来就是匹配 5 位以上的连续数字，且有独立的开始和结束，对于少于 5 位的数字，或者不是以数字开始和结尾的（如 a123456b）都是无效的。

从该例子可以看出，正则表达式是从左至右描述的，给定一个正则表达式和一个字符串，可以达到如下目的：

（1）给定的字符串是否符合正则表达式的匹配。

（2）可以通过正则表达式，从字符串中获取特定部分。

正则表达式的特点是：

（1）灵活性、逻辑性和功能性非常强。

（2）可以迅速地用极简单的方式达到字符串的复杂控制。

（3）对于刚接触的人来说，比较晦涩难懂。

由于对正则表达式的匹配结果在很多情况下都不是那么确定，所以最好下载一些辅助工具用于测试正则表达式的匹配结果。这类工具如 Match Tracer、RegExBuilder 等，以及其他类似的工具亦可。

5.1.2　语法

正则表达式是由普通字符（例如字符 a~z）以及特殊字符（称为"元字符"）组成的文字模式。模式描述在搜索文本时要匹配的一个或多个字符串。正则表达式作为一个模板，将某个字符模式与所搜索的字符串进行匹配。

1. 元字符

在 5.1.1 的例子中，^ 、\d 及 $ 等这些符号，代表了特定的匹配意义，称之为元字符，常见的元字符如表 5-1 所示。

表 5-1　常见的元字符

字符	描述
^	会匹配行或字符串的起始位置，有时还会匹配整个文档的起始位置
$	会匹配行或字符串的结尾
\b	不会消耗任何字符只匹配一个位置，常用于匹配单词边界
\d	匹配数字
\w	匹配字母、数字、下划线
\s	匹配空格
.	匹配除了换行符以外的任何字符
[abc]	字符组，匹配包含括号内元素的字符
\W	\w 的反义，匹配任意不是字母、数字、下划线的字符
\S	\s 的反义，匹配任意不是空白符的字符
\D	\d 的反义，匹配任意非数字的字符

Chapter

5

109

续表

字符	描述
\B	\b 的反义，匹配不是单词开头或结束的位置
[^abc]	匹配除了 abc 以外的任意字符

当要匹配这些元字符的时候，需要用到字符转义功能，正则表达式同样用\来表示转义，如要匹配"."符号，则需要用"\."，否则"."会被解释成"除换行符外的任意字符"。同样，要匹配"\"，则需要写成"\\"。连续的数字或字母可以用"-"符号连接起来，如[1-5]匹配 1～5 这 5 个数字。

2．重复

正则表达式的"威力"在于其能够在模式中包含选择和循环，正则表达式用一些重复规则来表达循环匹配。常用的重复如表 5-2 所示。

表 5-2　正则表达式中的重复

重复	描述
*	重复前面的子表达式零次或多次
+	重复前面的子表达式一次或多次
?	重复前面的子表达式零次或一次
{n}	n 是一个非负整数。重复确定的 n 次
{n,}	n 是一个非负整数。至少匹配 n 次
{n,m}	m 和 n 均为非负整数，重复 n 到 m 次

3．普通字符

普通字符包括没有显式指定为元字符的所有可打印和不可打印的字符。这包括所有大写和小写字母、所有数字、所有标点符号和一些其他符号。

4．分枝

分枝是指制定几个规则，如果满足任意一种规则，则都当作匹配成功。具体来说就是用"|"符号把各种规则分开，且条件从左至右匹配。

由于分枝规定，只要匹配成功，就不再对后面的条件加以匹配，所以如果想匹配有包含关系的内容，请注意规则的顺序。

示例：美国的邮政编码的规则是 5 个数字或 5 个数字连上 4 个数字，如 12345 或 54321-1234，如果要匹配所有的邮编，则正确的正则表达式为：

```
\d{5}-\d{4}|\d{5}
//错误写法
\d{5}|\d{5}-\d{4}
```

错误写法，只能匹配到 5 位数字及 9 位数字的前 5 位数字，而不能匹配 9 位数字的邮编。

5．分组

在正则表达式中，可以用小括号将一些规则括起来当作分组，分组可以作为一个元字符来看待。

示例：验证 IP 地址：

(\d{1,3}\.){3}\d{1,3}

这是一个简单的且不完善的匹配 IP 地址的正则表达式，因为它除了能匹配正确的 IP 地址外，还能匹配如 322.197.578.888 这种不存在的 IP 地址。

当然，用这个表达式简单匹配成功后可以再利用 PHP 的算术比较功能判断 IP 地址是否正确。而正则表达式中没有提供算术比较功能，如果要完全匹配正确的 IP 地址，则需要改进如下：

((25[0-5]|2[0-4]\d|[01]?\d\d?)\.){3}(25[0-5]|2[0-4]\d|[01]?\d\d?)

规则说明：该规则的关键之处在于确定 IP 地址每一段范围为 0～255，然后再重复 4 次即可。

6. 贪婪与懒惰

默认的情况下，正则表达式会在满足匹配条件下尽可能地匹配更多内容。如 a.*b，用它来匹配 aabab，它会匹配整个 aabab，而不会只匹配到 aab 为止，这就是贪婪匹配。

与贪婪匹配对应的是，在满足匹配条件的情况下尽可能地匹配更少的内容，这就是懒惰匹配，上述例子对应的懒惰匹配规则为 a.*?b，如果用该表达式去匹配 aabab，那么就会得到 aab 和 ab 两个匹配结果。常用的懒惰限定符如表 5-3 所示。

表 5-3　常用的懒惰限定符

懒惰限定符	描述
*?	重复任意次，但尽可能少重复
+?	重复 1 次或更多次，但尽可能少重复
??	重复 0 次或 1 次，但尽可能少重复
{n,}	重复 n 次以上，但尽可能少重复
{n,m}	重复 n 到 m 次，但尽可能少重复

7. 模式修正符

模式修正符是标记在整个正则表达式之外的，可以看作是对正则表达式的一些补充说明，常用的模式修正符如表 5-4 所示。

表 5-4　常用的模式修正符

模式修正符	描述
i	模式中的字符将同时匹配大小写字母
m	将字符串视为多行
s	将字符串视为单行，换行符作为普通字符
x	将模式中的空白忽略
e	preg_replace() 函数在替换字符串中对逆向引用作正常的替换，将其作为 PHP 代码求值，并用其结果来替换所搜索的字符串
A	强制仅从目标字符串的开头开始匹配
D	模式中的$元字符仅匹配目标字符串的结尾
U	匹配最近的字符串
u	模式字符串被当成 UTF-8

5.1.3 应用

在 PHP 应用中，正则表达式主要用于：

（1）正则匹配：根据正则表达式匹配相应的内容。

（2）正则替换：根据正则表达式匹配内容并替换。

（3）正则分割：根据正则表达式分割字符串。

在 PHP 中有两类正则表达式函数，一类是 Perl 兼容正则表达式函数，一类是 POSIX 扩展正则表达式函数。二者差别不大，而且推荐使用 Perl 兼容正则表达式函数，尽管正则表达式功能非常强大，但用普通字符串处理函数能完成的，就尽量不要用正则表达式函数，因为正则表达式效率会低得多。

1. preg_match()

preg_match()函数用于进行正则表达式匹配，成功返回 1，否则返回 0。语法如下：

```
int preg_match(string pattern,string subject[,array matches])
```

参数说明如表 5-5 所示。

表 5-5　preg_match()函数的参数说明

参数说明	说明
pattern	正则表达式
subject	需要匹配检索的对象
matches	可选，存储匹配结果的数组，$matches[0] 将包含与整个模式匹配的文本，$matches[1] 将包含与第一个捕获的括号中的子模式所匹配的文本，以此类推

【例 5-1】用函数 preg_match() 进行正则匹配。

【实现步骤】

（1）启动 Adobe Dreamweaver CS6，创建符合 HTML5 标准的空白 PHP 页面，在"</title>"后输入以下 PHP 代码：

```php
<?php
if(preg_match("/php/i", "PHP is the web scripting language of choice.", $matches)){
    print "A match was found:". $matches[0];
} else {
    print "A match was not found.";
}
?>
```

（2）检查代码后，将文件保存到路径"D:\PHP\CH05\exp0501.php"下，然后在浏览器的地址栏中输入：http://localhost/CH05/exp0501.php，按回车键即可浏览页面运行结果，如图 5-1 所示。

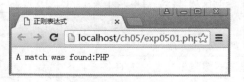

图 5-1　用函数 preg_match() 进行正则匹配

preg_match() 第一次匹配成功后就会停止匹配，如果要实现全部结果的匹配，即搜索到 subject 结尾处，则需使用 preg_match_all()函数。

2. preg_match_all()

preg_match_all() 函数用于进行正则表达式全局匹配，成功返回整个模式匹配的次数（可能为零），如果出错返回 false。语法如下：

```
int preg_match_all(string pattern,string subject,array matches[,int flags])
```

参数说明如表 5-6 所示。

表 5-6　preg_match()_all 函数的参数说明

参数说明	说明
pattern	正则表达式
subject	需要匹配检索的对象
matches	存储匹配结果的数组
flags	可选，指定匹配结果放入 matches 中的顺序

3. 正则匹配中文汉字

正则匹配中文汉字根据页面编码不同而略有区别：

（1）GBK/GB2312 编码：[x80-xff]+ 或 [xa1-xff]+。

（2）UTF-8 编码：[x{4e00}-x{9fa5}]+/u。

示例：

```
$str = "学习 php 是一件有趣的事。";
preg_match_all("/[x80-xff]+/", $str, $match);
//UTF-8 使用：
//preg_match_all("/[x{4e00}-x{9fa5}]+/u", $str, $match);
print_r($match);
```

4. 正则替换

preg_replace()函数用于正则表达式的搜索和替换。语法如下：

```
mixed preg_replace(mixed pattern, mixed replacement, mixed subject[,int limit])
```

参数说明如表 5-7 所示。

表 5-7　preg_replace()函数的参数说明

参数说明	说明
pattern	正则表达式
replacement	替换的内容
subject	需要匹配替换的对象
limit	可选，指定替换的个数，如果省略 limit 或者其值为-1，则所有的匹配项都会被替换

示例：

```
$str = "The quick brown fox jumped over the lazy dog.";
$str = preg_replace('/\s/','-',$str);
echo $str;
```

5. 分割字符串

preg_ split() 函数用于正则表达式分割字符串。语法如下：

```
array preg_split(string pattern, string subject[,int limit [,int flags]])
```

返回一个数组，包含 subject 中沿着与 pattern 匹配的边界所分割的子串。参数如表 5-8 所示。

表 5-8　preg_ split() 函数的参数说明

参数说明	说明
pattern	正则表达式
subject	需要匹配分割的对象
limit	可选，如果指定了 limit，则最多返回 limit 个子串
flags	设定 limit 为-1 后可选

示例：

```
$str = "php mysql,apache ajax";
$keywords = preg_split("/[\s,]+/", $str);
print_r($keywords);
```

split()函数与 preg_split()类似，用正则表达式将字符串分割到数组中，返回一个数组，但推荐使用 preg_split()。

5.2　表单

5.2.1　表单设计

表单在电子商务网站前台以及动态网站的后台管理中都有广泛的应用。下面将对常见的表单作简单介绍。

1. 用户注册页面

【例 5-2】编写一个用户注册界面。

【实现步骤】

（1）启动 Adobe Dreamweaver CS6，创建符合 HTML5 标准的空白 PHP 页面，在"<body>"后输入以下 PHP 代码：

```
<form name="form1" id="form1" method="post" action="exp0505.php">
    <p><label for="username" class="item-label">用户名：</label><input name="username" type="text" id="username" class="item-text" size="30" placeholder="6-50 位字母、数字或下划线，字母开头"></p>
    <p><label for="userpwd" class="item-label">密  码：</label><input name="userpwd" type="password" id="userpwd" class="item-text" size="30" placeholder="6-50 位字母、数字或符号"></p>
    <p><label for="userpwd2" class="item-label">确认密码：</label><input name="userpwd2" type="password" id="userpwd2" class="item-text" size="30" placeholder="再次输入密码"></p>
    <p> <label for="telnumber" class="item-label">联系电话：</label>
        <input id="telnumber" name="telnumber" type="text" class="item-text" size="30" placeholder="手机号码或区号-座机号码">
    </p>
    <p><label for="address" class="item-label">联系地址：</label><input name="address" type="text"
```

```
id="address" class="item-text" size="20" placeholder="包括门牌号的完整地址"></p>
        <p><label for="zipcode" class="item-label">邮 政 编 码 ：</label><input name="zipcode" type="text"
id="zipcode" class="item-text" size="20" placeholder="6 位数字"></p>
        <p><input type="submit" name="submitbtn" id="submitbtn" class="item-submit" value="注册">
          <input type="reset" name="resetbtn" id="resetbtn" class="item-submit" value="重置">
        </p>
    </form>
```

（2）为了网页更美观，将网页链接到外部样式表文件"D:\PHP\CH05\CSS\mycss.css"中。

（3）检查代码后，将文件保存到路径"D:\PHP\CH05\exp0502.html"下，然后在浏览器的地址栏中输入：http://localhost/CH05/exp0502.html，按回车键即可浏览页面运行结果，如图 5-2 所示。

图 5-2　用户注册页面

附级联样式表 mycss.css 文件内容如下：

```
body {font-family:Microsoft Yahei;font-size:14px;}
form {width:500px;MARGIN:0px auto;CLEAR:both;}
p {height:30px;line-height:30px;margin-left:10px;}
p .item-label {float:left;width:80px;text-align:right;}
.item-text{float:left;width:240px;height:20px;padding:3px 25px 3px 5px; margin-left:10px; border:1px solid
#ccc; overflow:hidden;}
.item-submit {float:left;height:30px;width:50px;margin-left:90px;font-size:14px;}
```

5.2.2　表单验证

将表单提交到服务器前，一般需要对用户输入的数据进行有效性验证。数据验证，可以使用 JavaScript 来进行。由于浏览器众多，直接使用 JavaScript 需要进行浏览器兼容性设计，这样难度较大。对此，jQuery Validate 插件有着良好的兼容性，让客户端表单验证变得更简单，同时提供了大量的定制选项，满足应用程序各种需求。该插件捆绑了一套有用的验证方法，包括 URL 和电子邮件验证，同时提供了一个用来编写用户自定义方法的 API。目前最新版本是 1.15.0，其官方下载地址为：http://jqueryvalidation.org/files/jquery-validation-1.15.0.zip，下载解压后将其中的文件"dist/jquery.validate.js""dist/jquery.validate.min.js""dist/additional-methods.js""dist/additional-methods.min.js""dist/jquery.validate.extend.js""dist/localization/ messages_zh.js"复制到"D:\PHP\CH05\js"中以备后用。下面以实例来说明 jQuery Validate 插件的使用方法。

【例 5-3】对例 5-2 的用户注册页面的内容进行验证。

【实现步骤】

（1）启动 Adobe Dreamweaver CS6，打开文件"D:\PHP\CH05\exp0502.html"，在</title> 后输入以下 HTML 代码：

```
<script src="../CH02/js/jquery-1.12.4.js"></script>
<script src="js/jquery.validate.js"></script>
<script src="js/additional-methods.js"></script>
<script src="js/messages_zh.js"></script>
<script src="js/jquery.validate.extend.js"></script>
```

（2）检查代码后，将文件保存到路径"D:\PHP\CH05\exp0503.html"下，在浏览器的地址栏中输入：http://localhost/CH05/exp0503.html，按回车键即可浏览页面运行结果，如图 5-3 所示。

图 5-3　对用户注册页面的内容进行验证

5.2.3　表单提交

用 jQuery Validate 对表单数据进行有效性验证后就可以提交表单了。提交表单时可以用其他方式替代表单默认的"SUBMIT"动作。

若提交的表单中有敏感的隐私字段（如密码字段），从安全角度考虑则需要加密后再提交表单。客户端加密一般用 SHA-2，SHA-2 包括 SHA-224、SHA-256、SHA-384 和 SHA-512。SHA-256 和 SHA-512 是很新的杂凑函数，前者定义一个字为 32 位，后者则定义一个字为 64 位。它们分别使用了不同的偏移量，然而，实际上二者结构是相同的，只在循环执行的次数上有所差异。SHA-224 以及 SHA-384 则是前述两种杂凑函数的截短版，利用不同的初始值进行计算。CryptoJS 是一个纯 JavaScript 写的加密类库，包括各种常见的加密算法，本书选择其中的 SHA-512 来进行客户端加密。加密类库最新版本为 CryptoJS v3.1.2，其官方下载地址为

https://code.google.com/archive/p/crypto-js/downloads。下载后解压，将其中的"rollups/ sha512.js"
复制到"D:\PHP\CH05\js"中以备后用。

下面以用户登录为例进行详细讲解。

【例 5-4】用户登录提交。

【实现步骤】

（1）启动 Adobe Dreamweaver CS6，创建符合 HTML5 标准的空白 HTML 页面，在
"<body>"后输入以下代码：

```
<form name="form1" id="form1" method="post" action="login.php">
  <p><label for="username" class="item-label">用户名：</label><input name="username" type="text"
id="username" class="item-text" value="" size="30" placeholder="6-50 位字母、数字或下划线，字母开头"></p>
  <p><label for="userpwd" class="item-label">密码：</label><input name="userpwd" type="password"
id="userpwd" class="item-text" size="30" placeholder="6-50 位字母、数字或符号"></p>
  <p><input type="submit" name="submitbtn" id="submitbtn" class="item-submit" value="登录">
    <input type="hidden" name="response" id="response"  value="">
    <input type="reset" name="resetbtn" id="resetbtn" class="item-submit" value="重置">
  </p>
</form>
```

在</title>后输入以下 HTML 代码：

```
<link href="css/mycss.css" rel="stylesheet" type="text/css" />
<script src="../CH02/js/jquery-1.12.4.js"></script>
<script src="js/jquery.validate.js"></script>
<script src="js/additional-methods.js"></script>
<script src="js/messages_zh.js"></script>
<script src="js/sha512.js"></script>
<script src="js/jquery.validate.extend.login.js"></script>
```

（2）检查代码后，将文件保存到"D:\PHP\CH05\exp0504.php"下，在浏览器的地址栏中
输入：http://localhost/CH05/exp0504.php，回车即可浏览页面运行结果，在"用户名"中输入
"testuser"，单击"登录"按钮，可以看到程序运行的结果，如图 5-4 所示。

图 5-4　用户登录提交

附 login.php 文件的内容如下：

```
<?php
header("Content-type:text/html;charset=utf-8");
if(isset($_POST['submitbtn']) && isset($_POST["username"]) && preg_match("/^[A-Za-z]{1}([_A-Za-z0-
9]){5,49}$/",urldecode($_POST["username"])))
  {
```

```
$dispinfo="";
/* 此为演示程序，假设要查询的用户为"testuser"、密码为"bmk789"。*/
$username="testuser";
$userpwd=hash("sha512","bmk789");//数据库中保存的密码为原始密码加密后的字符串
/******
echo "<pre>\n";
print_r($_POST);
echo $userpwd."\n";
echo "</pre>\n";
/******/
if(!hash_equals($_POST["username"],$username))
   {
       $dispinfo.="对不起，用户不存在，请重新登录！";
       ${session_id().'user_id'} = 0;
       ${session_id().'user_name'} = "";
       ${session_id().'user_class'}="";
       ${session_id().'user_enable'}=0;
   }
else
   {
       //如果客户端不支持 Java Script，就使用原来的方法认证
       if( ($_POST["response"]=="") && ($_POST["userpwd"]!="") )
          {
$tmppwd=urldecode($_POST["userpwd"]);
          if(!hash_equals(hash("sha512",$_POST["userpwd"]),$userpwd))
             {
             $dispinfo.="对不起，密码错误，请重新登录！";
             ${session_id().'user_id'} = 0;
             ${session_id().'user_name'} = "";
             ${session_id().'user_class'}="";
             ${session_id().'user_enable'}=0;
             }
          else
             {
             $dispinfo.="登录成功！\n\n 为了安全，退出前请注销登录！";
             ${session_id().'user_id'} = 1;
             ${session_id().'user_name'} = "testuser";
             ${session_id().'user_class'}="user";
             ${session_id().'user_enable'}=1;
             }
          }
          //如果客户端支持 JaveScript，就使用新的方法认证
       if( ($_POST["response"]!="") && ($_POST["userpwd"]=="") )
          {
          if(!hash_equals($_POST["response"],$userpwd))
             {
```

```
            $dispinfo.="对不起，密码错误，请重新登录！！ ";
            ${session_id().'user_id'} = 0;
            ${session_id().'user_name'} = "";
            ${session_id().'user_class'}="";
            ${session_id().'user_enable'}=0;
            }
        else
            {
            $dispinfo.="登录成功！！ \n\n 为了安全，退出前请注销登录！ ";
            ${session_id().'user_id'} = 1;
            ${session_id().'user_name'} = "testuser";
            ${session_id().'user_class'}="user";
            ${session_id().'user_enable'}=1;
            }
        }
    }
}
else
    {
    $dispinfo.="非法提交！ ";
    }
    echo "<div style='display:none' id='dispinfo'>".$dispinfo."</div>\n";
?>
<SCRIPT language=JavaScript>
    alert(document.getElementById('dispinfo').innerHTML);
    //window.close();
</SCRIPT>
```

5.2.4 表单数据获取与验证

1. 表单数据获取

在表单提交后可用如下方法获取数据：

（1）用$_POST 获取以 POST 方法提交的数据，其语法如下：

`$_POST['表单控件名称'];`

（2）用$_GET 获取以 GET 方法提交的数据，其语法如下：

`$_GET['表单制件名称'];`

（3）可用$_REQUEST 来获取以 POST、GET 方法提交的数据，其语法如下：

`$_REQUEST['表单控件名称'];`

（4）用$_FILES 来获取上传的文件，其语法如下：

`$_FILES['上传控件名称'];`//为一数组，包含上传文件的所有信息
`$_FILES['上传控件名称']['name'];`//客户端机器文件的原名称
`$_FILES['上传控件名称']['type'];`/*文件的 MIME 类型，如果浏览器提供此信息的话。一个例子是 "image/gif"。*/
`$_FILES['上传控件名称']['size'];`//已上传文件的大小，单位为字节
`$_FILES['上传控件名称']['tmp_name'];`//文件被上传后在服务端存储的临时文件名
`$_FILES['上传控件名称']['error'];`//和该文件上传相关的错误代码

【例 5-5】获取例 5-3 表单提交的数据。

【实现步骤】

（1）启动 Adobe Dreamweaver CS6，创建符合 HTML5 标准的空白 HTML 页面，在"<body>"后输入以下代码：

```php
<?php
header("Content-type:text/html;charset=utf-8");
$name=$_POST['username'];    //读取单个表单数据
echo "你的用户名是：".$name."<br/>";
if(!empty($_POST))          //读取所有表单数据
    {
    //******
    echo "<pre>\n";
    print_r($_POST);
    echo "</pre>\n";
    /******/
    }
else
    {
    echo "非法提交！";
    }
?>
```

（2）检查代码后，将文件保存到路径"D:\PHP\CH05\exp0505.php"下，在浏览器的地址栏中输入：http://localhost/CH05/exp0505.php，按回车键即可浏览页面运行结果，然后在页面中输入相应的内容，单击"注册"按钮，可以看到程序运行的结果，如图 5-5 所示。

图 5-5　获取例 5-3 表单提交的数据

2．数据验证

对获取的用户数据，不要轻易地相信，因为数据很有可能被篡改，所以需要对用户数据进行有效性验证。验证数据时可先用 urldecode 解码，再用正则表达式来进行校验。

示例：用户登录验证：

```php
//首先判断用户是否提交了登录数据
if(isset($_POST['submitbtn']) && isset($_POST["username"]))
    {
    /* 其次判断用户名是否合法：用户名只能由 6～50 位字母、数字或下划线组成，并且必须以字母开头
```

```
*/
    if(preg_match("/^[A-Za-z]{1}([_A-Za-z0-9]){5,49}$/",urldecode($_POST["username"])))
        {
        /* 用户名合法，下一步将从数据库中查找该用户，若存在，则验证其密码是否正确 */
        ……
        }
    else
        {
        echo "非法请求！";
        }
    }
else
    {
    echo "非法请求！";
    }
```

5.3　Cookie

Cookie 是一种在远程浏览器端储存数据并以此来跟踪和识别用户的机制。可以用 setcookie()或 setrawcookie()函数来设置 Cookie。Cookie 是 HTTP 标头的一部分，因此 setcookie() 函数必须在其他信息被输出到浏览器前调用。可以使用输出缓冲函数来延迟脚本的输出，直到按需要设置好了所有的 Cookie 或者其他 HTTP 标头。

如果 variables_order 中包括"C"，则任何从客户端发送的 Cookie 都会被自动包括进 $_COOKIE 自动全局数组。如果希望对一个 Cookie 变量设置多个值，则需在 Cookie 的名称后加中括号"[]"。

1．创建

setcookie()函数用于设置 Cookie，它必须位于<html>标签之前。语法如下：

```
bool setcookie ( string $name [, string $value = "" [, int $expire = 0 [, string $path = "" [, string $domain = "" [,
bool $secure = false [, bool $httponly = false ]]]]]] );
```

2．读取

PHP 的$_COOKIE 变量用于取回 Cookie 的值。

3．删除

当删除 Cookie 时，应当使过期日期变更为过去的时间点。

示例：

```
<?php
//设置 Cookie 过期时间为过去 1 小时
setcookie("TestCookie", "", time() - 3600);
setcookie("TestCookie", "", time() - 3600, "/~rasmus/", "example.com", 1);
?>
```

【例 5-6】对 Cookie 的设置和读取。

【实现步骤】

（1）启动 Adobe Dreamweaver CS6，创建符合 HTML5 标准的空白 HTML 页面，将所有源代码替换为以下代码：

```php
<?php
$value = '重庆大学城';
setcookie("TestCookie", $value);
setcookie("TestCookie", $value, time()+3600);    /* e 一小时后过期 */
setcookie("TestCookie", $value, time()+3600, "/~rasmus/", "example.com", 1);
?>
<html><head>
<meta charset="utf-8">
<title>cookie 程序</title>
</head>
<body>
<?php
echo $_COOKIE["TestCookie"];    // 打印一个 cookie
echo "<br/>";
print_r($_COOKIE);    //打印所有的 cookie
?>
</form>
</body>
</html>
```

（2）检查代码后，将文件保存到路径"D:\PHP\CH05\exp0506.php"下，在浏览器的地址栏中输入：http://localhost/CH05/exp0506.php，按回车键即可浏览页面运行结果，如图 5-6 所示。

图 5-6　对 Cookie 的操作

4. 单点登录

单点登录（Single Sign-On，SSO）是身份管理中的一部分。SSO 的一种较为通俗的定义是：SSO 是指访问同一服务器不同应用中的受保护资源的同一用户，只需要登录一次，即通过一个应用中的安全验证后，再访问其他应用中的受保护资源时，不再需要重新登录验证。

【例 5-7】单点登录。

【实现步骤】

（1）启动 Adobe Dreamweaver CS6，创建符合 HTML5 标准的空白 HTML 页面，将所有源代码替换为以下 HTML 代码：

```php
<?php
header('Content-Type:text/html; charset=utf-8');
$sso_address = 'http://localhost/CH05/cookielogin.php'; //SSO 所在的域名
$callback_address = 'http://'.$_SERVER['HTTP_HOST'].str_replace('exp0507.php','',$_SERVER['SCRIPT_NAME']).'callback.php'; /*callback 地址用于回调设置 cookie*/
if(!empty($_COOKIE['sign']) && !empty($_COOKIE['token']) && password_verify($_COOKIE['sign'],$_COOKIE['token'])){
    /******
```

```php
    echo "<pre>\n";
    print_r($_COOKIE);
    echo "</pre>\n";
    /******/
        exit('欢迎'.$_COOKIE['sign'].' <a href="cookielogin.php?logout=1" style="text-decoration: none">退出
</a>');
    }else{
        echo '您还未登录 <a href="'".$sso_address."'?callback='.$callback_address.'" style="text-decoration:
none">点此登录</a>';
    }
    ?>
```

（2）检查代码后，将文件保存到路径"D:\PHP\CH05\exp0507.php"下，在浏览器的地址栏中输入：http://localhost/CH05/exp0507.php，按回车键即可浏览页面运行结果，如图 5-7（a）所示。当单击"点此登录"按钮后，在"用户名"中输入"testuser""密码"中输入"bmk789"，单击"登录"按钮，可以看到程序运行的结果，如图 5-7（b）所示。

　　（a）单点登录（未登录时）　　　　　　　　（b）单点登录（登录成功时）

图 5-7　单点登录

文件"cookielogin.php"（SSO 登录页面）的内容：

```php
<?php
header('Content-Type:text/html; charset=utf-8');
if(isset($_GET['logout'])){
    setcookie('sign','',-300);
    setcookie('token','',-300);
    unset($_GET['logout']);
    header('location:exp0507.php');
}
if(isset($_POST['submitbtn']) && isset($_POST["username"]) && preg_match("/^[A-Za-z]{1}([_A-Za-z0-9])
{5,49}$/",urldecode($_POST["username"])))
    {
    $dispinfo="";
    /* 此为演示程序，假设要查询的用户为"testuser"、密码为"bmk789"。*/
    $username="testuser";
    $userpwd=hash("sha512","bmk789");//数据库中保存的密码为原始密码加密后的字符串
    if(hash_equals($_POST["username"],$username))
        {
        $token=password_hash($_POST['username'], PASSWORD_BCRYPT);
        $url=$_POST['callback']."?sign=".$_POST['username']."&token=".$token;
        //如果客户端不支持 JavaScript，就使用原来的方法认证
        if( ($_POST["response"]=="") && ($_POST["userpwd"]!="") )
```

```
                    {
            if(hash_equals(hash("sha512",$_POST["userpwd"]),$userpwd))
                {
                setcookie('sign',$_POST['username'],0,'');
                setcookie('token',$token,0,'');
                header("location:".$url);
                }
            }
        //如果客户端支持 JaveScript，就使用新的方法认证
        if( ($_POST["response"]!="") && ($_POST["userpwd"]=="") )
            {
            if(hash_equals($_POST["response"],$userpwd))
                {
                setcookie('sign',$_POST['username'],0,'');
                setcookie('token',$token,0,'');
                header("location:".$url);
                }
            }
        }
    }
    if(!empty($_COOKIE['sign']) && !empty($_COOKIE['token']) && password_verify($_COOKIE['sign'],
$_COOKIE['token']))
    {
    $query = http_build_query($_COOKIE);
    echo "系统检测到您已登录".$_COOKIE['sign']." <a href=\"{$_GET['callback']}?{$query}\">授权</a> <a
href=\"?logout=1\">退出</a>";
    }
    else
    {
    ?>
<!doctype html>
<html>
<head>
<meta charset="utf-8">
<title>用户登录</title>
<link href="css/mycss.css" rel="stylesheet" type="text/css" />
<script src="../CH02/js/jquery-1.12.4.js"></script>
<script src="js/jquery.validate.js"></script>
<script src="js/additional-methods.js"></script>
<script src="js/messages_zh.js"></script>
<script src="js/sha512.js"></script>
<script src="js/jquery.validate.extend.login.js"></script>
</head>
<body>
<form name="form1" id="form1" method="post" action="cookielogin.php">
    <p><label for="username" class="item-label">用户名：</label><input name="username" type="text"
```

```
id="username" class="item-text" value="" size="20" placeholder="6-50 位字母、数字或下划线，字母开头"></p>
        <p><label  for="userpwd"  class="item-label">密码：</label><input name="userpwd" type="password"
id="userpwd" class="item-text" size="20" placeholder="6-50 位字母、数字或符号"></p>
        <p><input type="submit" name="submitbtn" id="submitbtn" class="item-submit" value="登录">
        <input type="hidden" name="response" id="response"    value="">
        <input type="hidden" name="callback" value="<?php echo $_GET['callback']; ?>" />
        <input type="reset" name="resetbtn" id="resetbtn" class="item-submit" value="重置">
        </p>
    </form>
    </body>
    </html>
    <?php
      }
    ?>
```

文件"callback.php"（回调页面用来设置跨域 Cookie）的内容：

```
<?php
header('Content-Type:text/html; charset=utf-8');
if(!empty($_COOKIE['sign'])  &&  !empty($_COOKIE['token'])  &&  password_verify($_COOKIE['sign'],
$_COOKIE['token']))
    {
    foreach($_GET as $key=>$val)
      {
      if($key=="sign" || $key=="token")
        setcookie($key,$val,0,'');
      }
    header("location:exp0507.php");
    }
  else
    {
    exit('您还未登录');
    }
?>
```

文件"connect.php"（用来检测登录状态的页面，内嵌在页面的 iframe 中）的内容：

```
<?php
header('Content-Type:text/html; charset=utf-8');
if(!empty($_COOKIE['sign'])  &&  !empty($_COOKIE['token'])  &&  password_verify($_COOKIE['sign'],
$_COOKIE['token']) && isset($_GET['callback']))
    {
    $callback = urldecode($_GET['callback']);
    unset($_GET['callback']);
    //$query = http_build_query($_COOKIE);
    //$callback = $callback."?{$query}";
    $callback = $callback."?sign=".$_COOKIE['sign']."&token=".$_COOKIE['token'];
    }
  else
    {
```

```
    exit;
  }
?>
<script type="text/javascript">
if(top.location.search!="<?php echo "?sign=".$_COOKIE['sign']."&token=".$_COOKIE['token']; ?>")
  top.location.href="<?php echo $callback; ?>";
</script>
```

特别说明：

（1）单击应用程序页面"exp0507.php"中的"登录"跳转到 SSO 登录页面"cookielogin.php"并带上当前应用的 callback 地址。

（2）登录成功后生成 Cookie 并将 Cookie 传给 callback 地址"callback.php"。

（3）callback 地址"callback.php"接收 SSO 的 Cookie 并设置在当前域下再跳回到（1）即完成登录。

（4）再在应用程序需要登录的地方嵌入一个 iframe 用来实时检测登录状态，示例：

```
<iframe src="connect.php?callback=epx0507.php" frameborder="0"  width="0" height="0"></iframe>
```

5.4　Session

在计算机中，尤其是在网络应用中，Session 称为"会话"。Session 对象存储特定用户会话所需的属性及配置信息。这样，当用户在应用程序的 Web 页之间跳转时，存储在 Session 对象中的变量将不会丢失，而是在整个用户会话中一直存在下去。当用户请求来自应用程序的 Web 页时，如果该用户还没有会话，则 Web 服务器将自动创建一个 Session 对象。当会话过期或被放弃后，服务器将终止该会话。

一个访问者访问 Web 网站将被分配一个唯一的 ID，就是所谓的会话 ID，这个 ID 可以存储在用户端的一个 Cookie 中，也可以通过 URL 进行传递。

会话支持允许将请求中的数据保存在超全局数组$_SESSION 中。当一个访问者访问网站时，PHP 将自动检查（如果 session.auto_start 被设置为 1）或者应用程序主动检查（明确通过 session_start()或者隐式通过 session_register()）当前会话 ID 是否是先前发送的请求创建。 如果是这种情况，那么先前保存的环境将被重建。

$_SESSION（和所有已注册的变量）将被 PHP 使用内置的序列化方法在请求完成时进行序列化。序列化方法可以通过 session.serialize_handler 这个 PHP 配置选项中来设置一个指定的方法，注册的变量未定义将被标记为未定义，在并发访问时这些变量不会被会话模块定义，除非用户后来定义了它们。

1. 启动

session_start()用于创建新会话或者重用现有会话。如果通过 GET 或者 POST 方式，或者使用 Cookie 提交了会话 ID，则会重用现有会话。

当会话自动开始或者通过 session_start()手动开始的时候，PHP 内部会调用会话管理器的 open 和 read 回调函数。要想使用命名会话，请在调用 session_start() 函数之前调用 session_name()函数。

如果启用了 session.use_trans_sid 选项，session_start()函数会注册一个内部输出管理器，该输出管理器完成 URL 重写的工作。

如果用户联合使用 ob_start() 函数和 ob_gzhandler 函数，那么函数的调用顺序会影响输出结果。例如，必须在开始会话之前调用 ob_gzhandler 函数完成注册。

语法：

```
bool session_start([array $options=[]]);
```

参数 options 是一个关联数组，如果提供，那么会用其中的项目覆盖会话配置指示中的配置项。此数组中的键无需包含 "session" 前缀。除了常规的会话配置指示项，还可以在此数组中包含 read_and_close 选项。如果将此选项的值设置为 TRUE，那么会话文件会在读取完毕之后马上关闭，因此，可以在会话数据没有变动的时候，避免不必要的文件锁。

函数返回值：成功开始会话返回 "TRUE"，反之返回 "FALSE"。

示例：

```php
<?php
// page1.php
session_start();
echo 'Welcome to page #1';
$_SESSION['favcolor'] = 'green';
$_SESSION['animal']   = 'cat';
$_SESSION['time']     = time();
/* 如果使用 Cookie 方式传送会话 ID */
echo '<br /><a href="page2.php">page 2</a>';
/* 如果不使用 Cookie 方式传送会话 ID，则使用 URL 改写的方式传送会话 ID */
echo '<br /><a href="page2.php?'.SID.'">page 2</a>';
?>
```

2. 读取

PHP 的 $_SESSION 变量用于取回 Session 的值。

示例：

```php
<?php
// page2.php
session_start();
echo 'Welcome to page #2<br />';
echo $_SESSION['favcolor']; // green
echo $_SESSION['animal'];    // cat
echo date('Y m d H:i:s', $_SESSION['time']);
/* 如果使用 Cookie 方式传送会话 ID */
echo '<br /><a href="page1.php">page 1</a>';
/* 如果不使用 Cookie 方式传送会话 ID，则使用 URL 改写的方式传送会话 ID */
echo '<br /><a href="page1.php?'.SID.'">page 1</a>';
?>
```

3. 删除

如果需要删除某些 Session 数据，可以使用 unset() 函数或 session_destroy() 函数。

session_destroy() 函数销毁当前会话中的全部数据，但是不会重置当前会话所关联的全局变量，也不会重置会话 Cookie。如果需要再次使用会话变量，必须重新调用 session_start() 函数。

为了彻底销毁会话，比如在用户退出登录的时候，必须同时重置会话 ID。如果是通过

5

Chapter

Cookie 方式传送会话 ID 的,那么同时也需要调用 setcookie()函数来删除客户端的会话 Cookie。

【例 5-8】用 Session 实现购物车,可以实现将物品存入购物车、将购物车物品删除、修改购物车物品购买数量以对购物车物品的数量和金额进行统计等功能。

【实现步骤】

(1)启动 Adobe Dreamweaver CS6,创建符合 HTML5 标准的空白 HTML 页面,在"<body>"后输入以下 HTML 代码:

```html
<link href="css/mycss.css" rel="stylesheet" type="text/css" />
<link href="css/exp0508.css" rel="stylesheet" type="text/css" />
<script src="../CH02/js/jquery-1.12.4.js"></script>
<script src="js/jquery.validate.js"></script>
<script src="js/additional-methods.js"></script>
<script src="js/messages_zh.js"></script>
<script src="js/jquery.validate.extend.session.js"></script>
<script>
$(document).ready(function() {
        $("#form1").validate();
        $("#form2").validate();
        $("#form3").validate();
});
</script>
</head>
<body>
<form>
    <fieldset>
    <p><button class="item-button3" onClick="javascript:{return false;}">商品列表</button></p>
    </fieldset>
</form>
<form name="form1" id="form1" action="cart.php" method="POST">
    <fieldset>
      <legend>运动器材</legend>
      <label for="yd1" class="item-label"><input type="checkbox" id="yd1" name="cart[]" value="篮球"
required   minlength="1" tip="请选择至少一种" />篮球<span>￥38</span><input type="hidden" name="r<?php
echo md5("篮球"); ?>"  value="38" /></label>
      <label for="yd2" class="item-label"><input type="checkbox" id="yd2" name="cart[]" value="排球" />排
球<span>￥45</span><input type="hidden" name="r<?php echo md5("排球"); ?>"  value="45" /></label>
      <label for="yd3" class="item-label"><input type="checkbox" id="yd3" name="cart[]" value="足球" />足
球<span>￥58</span><input type="hidden" name="r<?php echo md5("足球"); ?>"  value="58" /></label>
      <label for="yd4" class="item-label"><input type="checkbox" id="yd4" name="cart[]" value="桌球" />桌
球<span>￥28</span><input type="hidden" name="r<?php echo md5("桌球"); ?>"  value="28" /></label>
      <label for="yd5" class="item-label"><input type="checkbox" id="yd5" name="cart[]" value="气球" />气
球<span>￥2</span><input type="hidden" name="r<?php echo md5("气球"); ?>"  value="2" /></label>
      <label for="cart[]" class="error">请选择至少一种运动器材</label>
    </fieldset>
    <p><input type="submit" class="item-submit" value="购买" /></p>
</form>
```

```html
<form name="form2" id="form2" action="cart.php" method="POST">
  <fieldset>
    <legend>办公用品</legend>
    <label for="bg1" class="item-label"><input type="checkbox" id="bg1" name="cart[]" value="铅笔" required minlength="1" tip="请选择至少一种" />铅笔<span>￥1</span><input type="hidden" name="r<?php echo md5("铅笔"); ?>" value="1" /></label>
    <label for="bg2" class="item-label"><input type="checkbox" id="bg2" name="cart[]" value="钢笔"/>钢笔<span>￥12</span><input type="hidden" name="r<?php echo md5("钢笔"); ?>" value="12" /></label>
    <label for="bg3" class="item-label"><input type="checkbox" id="bg3" name="cart[]" value="圆珠笔"/>圆珠笔<span>￥2</span><input type="hidden" name="r<?php echo md5("圆珠笔"); ?>" value="2" /></label>
    <label for="bg4" class="item-label"><input type="checkbox" id="bg4" name="cart[]" value="电笔"/>电笔<span>￥15</span><input type="hidden" name="r<?php echo md5("电笔"); ?>" value="15" /></label>
    <label for="bg5" class="item-label"><input type="checkbox" id="bg5" name="cart[]" value="自动笔"/>自动笔<span>￥26</span><input type="hidden" name="r<?php echo md5("自动笔"); ?>" value="26" /></label>
    <label for="cart[]" class="error">请选择至少一种办公用品</label>
  </fieldset>
  <p><input type="submit" class="item-submit" value="购买" /></p>
</form>
<form name="form3" id="form3" action="cart.php" method="POST">
  <fieldset>
    <legend>烟酒副食</legend>
    <label for="yj1" class="item-label"><input type="checkbox" id="yj1" name="cart[]" value="猪肉" required minlength="1" tip="请选择至少一种" />猪肉<span>￥28</span><input type="hidden" name="r<?php echo md5("猪肉"); ?>" value="28" /></label>
    <label for="yj2" class="item-label"><input type="checkbox" id="yj2" name="cart[]" value="牛肉"/>牛肉<span>￥38</span><input type="hidden" name="r<?php echo md5("牛肉"); ?>" value="38" /></label>
    <label for="yj3" class="item-label"><input type="checkbox" id="yj3" name="cart[]" value="香烟"/>香烟<span>￥45</span><input type="hidden" name="r<?php echo md5("香烟"); ?>" value="45" /></label>
    <label for="yj4" class="item-label"><input type="checkbox" id="yj4" name="cart[]" value="葡萄酒"/>葡萄酒<span>￥68</span><input type="hidden" name="r<?php echo md5("葡萄酒"); ?>" value="68" /></label>
    <label for="yj5" class="item-label"><input type="checkbox" id="yj5" name="cart[]" value="花生油"/>花生油<span>￥158</span><input type="hidden" name="r<?php echo md5("花生油"); ?>" value="158" /></label>
    <label for="cart[]" class="error">请选择至少一种烟酒副食</label>
  </fieldset>
  <p><input type="submit" class="item-submit" value="购买" /></p>
</form>
<form>
  <fieldset>
    <p><button class="item-button1" onClick="javascript:{window.open('cart.php','_self','');return false;}">查看购物车</button>
    <input type="button" class="item-button2" value="刷新" onclick="location='epx0504.php';" />
    </p>
  </fieldset>
</form>
```

（2）检查代码后，将文件保存到"D:\PHP\CH05\exp0508.php"路径下，在浏览器的地址栏中输入：http://localhost/CH05/exp0508.php，按回车键即可浏览页面运行结果，如图 5-8（a）

所示。选择商品，单击"购买"按钮，即可以看到程序运行的结果，如图 5-8（b）所示。

（a）Session 实现购物车（商品展示）

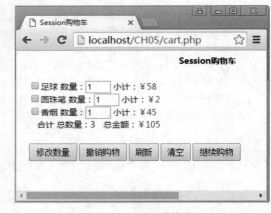

（b）Session 购物车

图 5-8　购物车

文件"cart.php"（购物车处理程序）的内容：

```php
<?php
//处理页面开启 Session 功能，存储 Session 的值
session_start(); //启用 Session
header('Content-Type:text/html; charset=utf-8');
if(!isset($_SESSION['cart'])){ //查看当前 Session 中是否已经定义了购物车变量
    $_SESSION['cart'] = array(); //没有的话就新建一个变量，其值是一个空数组
    //Session 销毁之后变为空
}

if(isset($_POST['cart'])){ //是否是从商品页面提交过来的
    /* 如果是，则把提交来的商品加到购物车中
    定义关联数组，其键为商品名称，其值为一个数组，包括商品数量与商品价格
    第一次买进的商品，其商品数量为 1 */
    for($i = 0; $i <count($_POST['cart']); $i++ ){
        $c = $_POST['cart'][$i];
        $rice=$_POST['r'.md5($c)];
        if(array_key_exists($c, $_SESSION['cart'])){
            $_SESSION['cart'][$c][0] = $_SESSION['cart'][$c][0] +1;
        }else{
            $_SESSION['cart'][$c] = array(1,$rice);
        }
    }
}
```

```php
//是否从购物车管理界面提交过来的
if(isset($_POST['d']) && isset($_POST['submitbtn']) && $_POST['submitbtn']=='修改数量'){
        foreach($_POST['d'] as $c){
                //如果是，则修改购物车
                $_SESSION['cart'][$c][0]=$_POST['n'.md5($c)];
        }
}
//是否从购物车管理界面提交过来的
if(isset($_POST['d']) && isset($_POST['submitbtn']) && $_POST['submitbtn']=='撤销购物'){
        foreach($_POST['d'] as $c){
                /*如果是，则将提交过来的商品序号从购物车数组中删除*/
                unset($_SESSION['cart'][$c]);
        }
}
//清空购物车
if(isset($_GET['delall']) && $_GET['delall']==1 && isset($_SESSION['cart'])){
        unset($_SESSION['cart']);
}
?>
<!doctype html>
<html>
<head>
<meta charset="utf-8">
<title>Session 购物车</title>
<link href="css/mycss.css" rel="stylesheet" type="text/css" />
<link href="css/cartcss.css" rel="stylesheet" type="text/css" />
<script src="../CH02/js/jquery-1.12.4.js"></script>
<script src="js/jquery.validate.js"></script>
<script src="js/additional-methods.js"></script>
<script src="js/messages_zh.js"></script>
<script src="js/jquery.validate.extend.session.js"></script>
<script>
$(document).ready(function() {
        $("#form1").validate();
});
</script>
</head>
<body>
<form name="form1" id="form1" action="cart.php" method="POST">
  <fieldset>
    <legend>Session 购物车</legend>
<?php
if(isset($_SESSION['cart']))
  {
    $cart = $_SESSION['cart'];   //得到购物车
      $j=0;
```

```
        $n=0;
        $t=0;
        foreach($cart as $i=>$c){        //对购物车里的商品进行遍历
            //将商品的名字输出到页面上，每个商品前面对应一个多选框，其值是商品在购物车中的编号
            //用 d 作为购物车管理界面中购物车所有的商品,用于 index.php 页面撤销/删除某些商品的业务
            //处理
            echo "<br/>";
            if($j==0)
              echo '<label for="gwc'.$j.'" class="item-label"><input type="checkbox" id="gwc'.$j.'" name="d[]"
value="'.$i.'"  required   minlength="1" tip="请选择至少一种" />'.$i.' 数量： <input name="n'.md5($i).'"
value="'.$c[0].'" size="1" type="digits" range="[1,99]" /> 小计： <span>￥'.($c[0]*$c[1]).'</span></label>'.PHP_EOL;
            else
              echo '<label for="gwc'.$j.'" class="item-label"><input type="checkbox" id="gwc'.$j.'" name="d[]"
value="'.$i.'" />'.$i.' 数量： <input name="n'.md5($i).'" value="'.$c[0].'" size="1" type="digits" range="[1,99]" /> 小
计： <span>￥'.($c[0]*$c[1]).'</span></label>'.PHP_EOL;
            $j++;
            $n+=$c[0];
            $t+=$c[0]*$c[1];
        }
        if($n>0)
          echo "<br/>";
          echo '<label class="item-label">  合计 总数量：'.$n.'  总金额： <span>￥'.$t.'</span></label>'.PHP_EOL;
    }
?>
    <label for="d[]" class="error">请选择至少一种</label>
  </fieldset>
  <p><input type="submit" name="submitbtn" class="item-button" value="修改数量" />
    <input type="submit" name="submitbtn" class="item-button" value="撤销购物" />
    <input type="button" class="item-submit" value="刷新" onclick="location='cart.php';" />
    <input type="button" class="item-submit" value="清空" onclick="location='cart.php?delall=1';" />
    <input type="button" class="item-button" value="继续购物" onclick="location='exp0508.php';" />
  </p>
</form>
</body>
</html>
```

5.5 图形图像

PHP 并不仅限于创建 HTML 输出，它也可以创建和处理包括 GIF、PNG、JPEG、WBMP、XBM 、XPM 以及 WebP 在内的多种格式的图像。 更加方便的是，PHP 可以直接将图像数据流输出到浏览器。要想在 PHP 中使用图像处理功能，需要连带 GD 库一起来编译 PHP。GD 库和 PHP 可能需要其他的库，这取决于需要处理的图像格式。

可以使用 PHP 中的图像函数来获取下列格式图像的大小： JPEG、GIF、PNG、SWF、TIFF 和 JPEG2000。

1. 创建画布

在 PHP 中创建画布，可以用下列函数来进行。常见的创建画布函数如表 5-9 所示。

表 5-9　常见的创建画布函数

函数	描述
imagecreate()	新建一个基于调色板的图像
imagecreatetruecolor()	新建一个真彩色图像
imagecreatefrombmp()	由 BMP 图片文件或 URL 创建一个新图像
imagecreatefromgd()	从 GD 文件或 URL 新建一图像
imagecreatefromgif()	由 GIF 文件或 URL 新建一图像
imagecreatefromjpeg()	由 JPEG 文件或 URL 新建一图像
imagecreatefrompng()	由 PNG 文件或 URL 新建一图像
imagecreatefromstring()	从字符串中的图像流新建一图像

2. 图像处理

PHP 中有着丰富的图像处理函数，常见的颜色处理函数如表 5-10 所示。

表 5-10　常见的图像处理函数

函数	描述
imagearc()	画椭圆弧
imagechar()	水平地画一个字符
imagecolorallocate()	为一幅图像分配颜色
imagesetstyle()	设定画线的风格
imageline()	画一条线段
imagefill()	区域填充
imagefilledarc()	画一椭圆弧并填充
imagefilledellipse()	画一椭圆并填充
imagefilledpolygon()	画一多边形并填充
imagefilledrectangle()	画一矩形并填充
imagesetpixel()	画一个单一像素
imagesetthickness()	设定画线的宽度
imagesy()	取得图像高度
imagesx()	取得图像宽度

3. 输出图像

输出图像，可用下列函数来进行。常见的输出图像函数如表 5-11 所示。

4. 在照片上添加文字

要向照片上添加文字，可用以下函数来进行，常用的函数如表 5-12 所示。

表 5-11　常见的输出图像函数

函数	描述
image2wbmp()	以 WBMP 格式将图像输出到浏览器或文件
imagebmp()	以 BMP 格式将图像输出到浏览器或文件
imagegif()	以 GIF 格式将图像输出到浏览器或文件
imagejpeg ()	以 JPEG 格式将图像输出到浏览器或文件
imagepng ()	以 PNG 格式将图像输出到浏览器或文件
imagewbmp()	以 WBMP 格式将图像输出到浏览器或文件
imagewebp ()	以 WebP 格式将图像输出到浏览器或文件
imagexbm ()	以 XBM 图像将输出到浏览器或文件

表 5-12　常见的添加文字函数

函数	描述
imagefttext()	使用 FreeType 2 字体将文本写入图像
imagestring()	水平地画一行字符串
imagestringup()	垂直地画一行字符串
imagettftext()	用 TrueType 字体向图像写入文本

【例 5-9】在图片上添加文字。

【实现步骤】

（1）启动 Adobe Dreamweaver CS6，创建符合 HTML5 标准的空白 HTML 页面，将所有源代码替换为以下代码：

```
<?php
if(isset($_GET['imgflag'])){
//定义背景图片
$groundImage="images/exp0509.jpg";
if(!empty($groundImage) && file_exists($groundImage)){
//从已有的图片中创建图像
$im = imagecreatefromjpeg($groundImage);
$ground_info = getimagesize($groundImage);
$ground_w     = $ground_info[0];//取得背景图片的宽
$ground_h     = $ground_info[1];//取得背景图片的高
//创建需添加的文字颜色
$grey = imagecolorallocate($im, 128, 128, 128);
$black = imagecolorallocate($im, 255, 255, 255);
$text = '迎圭科技';             //需添加的文字
$textFont=40;                   //定义添加的文字大小
$font = 'font/msyhbd.ttc';      //字体路径
//取得使用 TrueType 字体的文本的范围
$temp = imagettfbbox($textFont,0,$font,$text);
/*
```

```
echo "<pre>\n";
var_dump($temp);
echo "</pre>\n";
/**/
$w = $temp[2] - $temp[0];
$h = $temp[1] - $temp[7];
unset($temp);
if( ($ground_w<$w) || ($ground_h<$h) )
    exit("需要加水印的图片的长度或宽度比水印文字区域还小，无法生成水印！");
//添加的文字放在底端居右
$posX = $ground_w-$w-$textFont*3/7;
$posY = $ground_h-$h+$textFont*3/4;
//exit($textFont.":".$ground_w."x".$ground_h.":::".$w."x".$h.":::".$posX."x".$posY.":".$font.":".$text);
//添加有阴影的文字
imagettftext($im, $textFont, 0, $posX,$posY, $grey, $font, $text);


//添加文字
imagettftext($im, $textFont, 0, $posX-1,$posY-1, $black, $font, $text);
//设置内容类型标头:image/jpeg
header('Content-Type: image/jpeg');
// 使用 NULL 跳过 filename 参数，并设置图像质量为 75%
imagejpeg($im, NULL, 75);
imagedestroy($im);            // 释放内存
exit();
} else { exit("背景图片不存在！");}
}
?>
<!doctype html>
<html>
<head>
<meta charset="utf-8">
<title>在图片上添加文字</title>
</head>
<body>
<p><img src="exp0509.php?imgflag=1" /></p>
</body>
</html>
```

（2）检查代码后，将文件保存到路径"D:\PHP\CH05\exp0509.php"下，在浏览器的地址栏中输入：http://localhost/CH05/exp0509.php，按回车键即可浏览页面运行结果，如图 5-9 所示。

5. 动态验证码

验证码（CAPTCHA）是"Completely Automated Public Turing test to tell Computers and Humans Apart"（全自动区分计算机和人类的图灵测试）的缩写，是一种区分用户是计算机还是人的公共全自动程序，可以防止恶意破解密码、刷票、论坛灌水等，有效防止某个黑客对某一个特定注册用户用特定程序暴力破解方式进行不断地登录尝试，实际上用验证码是现在很多网站通行的方式，可以利用比较简易的方式实现这个功能。这个问题可以由计算机生成并评判，但是必须只有人类才能解答。由于计算机无法解答 CAPTCHA 的问题，所以回答出问题的用户就可以被认为是人类。

图 5-9　在图片上添加文字

验证码分为以下几类：

（1）GIF 动画验证码。

主流验证码通过提供静态的图片，比较容易被 OCR 软件识别，有的网站提供 GIF 动态的验证码图片，使得识别器不容易辨识哪一个图层是真正的验证码图片，提供清晰的图片的同时，可以更有效得防止识别器的识别，据统计，GIF 动画验证码的防垃圾注入功能可以达到 100%，是一种非常有效的验证码创新模式。同时 GIF 动画效果可以多达百种，也可以增加网站页面的美观效果。

（2）手机短信验证码。

手机短信验证码是通过发送验证码到手机，大型网站尤其是购物网站，都提供手机短信验证码功能，可以比较准确和安全地保证购物的安全性，验证用户的正确性，是最有效的验证码系统。某些验证码接入商提供手机短信验证码服务，各网站通过接口发送请求到接入商的服务器，服务器发送随机数字或字母到手机中，由接入商的服务器统一进行验证码的验证。

（3）手机语音验证码。

只要用户的手机或座机能正常接听电话，就一定能收到语音验证码，验证码实现自动语音播报，短信也能同时发送到用户手机，实现双保险确保万无一失。语音验证码如果有拨通失败的，系统还能自动重播，确保不漏掉任何一个，从根本上解决网站用户收不到验证码的问题。

（4）视频验证码。

视频验证码是验证码中的新秀，视频验证码中由随机数字、字母和中文组合而成的验证码动态嵌入到 MP4、FLV 等格式的视频中，增大了破解难度。验证码视频动态变换，随机响应，可以有效防范字典攻击、穷举攻击等攻击行为。视频中的验证码字母、数字组合，字体的形状、大小，速度的快慢，显示效果和轨迹的动态变换，增加了恶意抓屏破解的难度。其安全性远高于普通的验证码。但由于需要较高的技术支持，此种验证码并未普及。不过相信随着技术水平的提高，视频验证码会得到普及，网站的安全性会得到有效的提高。

【例 5-10】带有动态验证码的用户登录功能。

【实现步骤】

（1）启动 Adobe Dreamweaver CS6，创建符合 HTML5 标准的空白 HTML 页面，在"<body>"后输入以下 HTML 代码：

```
<form name="form1" id="form1" action="exp0510.php" method="post">
  <fieldset>
      <legend>带有动态验证码的用户登录</legend>
      <p><label for="username" class="item-label">用户名：</label><input name="username" type="text" id="username" class="item-text" value="" size="30" tip="6-50 位字母、数字或下划线，字母开头"></p>
      <p><label for="userpwd" class="item-label">密码：</label><input name="userpwd" type="password" id="userpwd" class="item-text" size="30" tip="6-50 位字母、数字或符号"></p>
      <p><label for="verifyCode" class="item-label">验证码：</label><input name="verifyCode" type="text" id="verifyCode" class="item-text1" size="4" tip="4-6 位字母或数字" />
        <label class="item-label1"><a id="getCheckCode" style="display:inline-block;" href="javascript:void(0);">获取验证码</a>
        <img class="item-label1" id="vcode" style="width:100px;height:26px;border:1px solid #7f9db9; margin-bottom: -5px; display:none;" alt="看不清楚，请点击图片" title="看不清楚，请点击图片"/></label>
      </p>
  </fieldset>
  <p><input type="submit" name="submitbtn" id="submitbtn" class="item-submit" value="登录">
    <input type="hidden" name="response" id="response"    value="">
    <input type="reset" name="resetbtn" id="resetbtn" class="item-submit" value="重置">
  </p>
</form>
```

在</title>后输入以下 HTML 代码：

```
<link href="css/mycss.css" rel="stylesheet" type="text/css" />
<link href="css/exp0510.css" rel="stylesheet" type="text/css" />
<script src="../CH02/js/jquery-1.12.4.js"></script>
<script src="js/jquery.validate.js"></script>
<script src="js/additional-methods.js"></script>
<script src="js/messages_zh.js"></script>
<script src="js/sha512.js"></script>
<script src="js/jquery.validate.extend.login.verifycode.js"></script>
```

（2）检查代码后，将文件保存到路径"D:\PHP\CH05\exp0510.php"下，在浏览器的地址栏中输入：http://localhost/CH05/exp0510.php，按回车键即可浏览页面，运行结果如图 5-10（a）所示。单击"获取验证码"字样，再单击"登录"按钮，可以看到程序运行的结果，如图 5-10（b）所示。

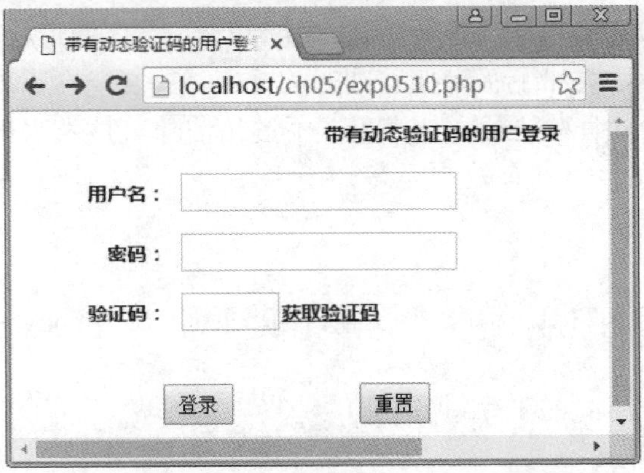

（a）带有动态验证码的用户登录（获取验证码前） 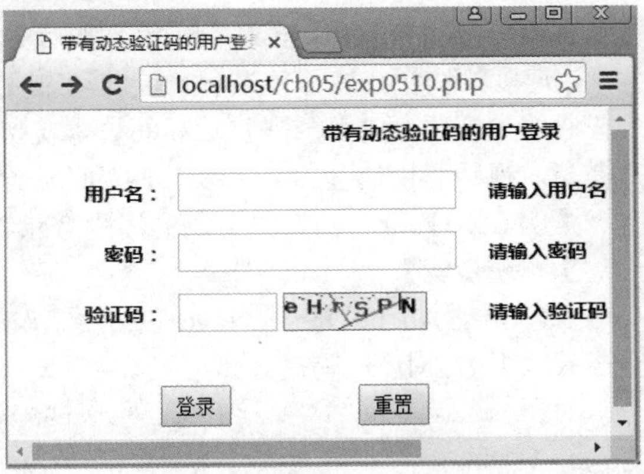　（b）带有动态验证码的用户登录（获取验证码后）

图 5-10　用户登录

文件"verifyCode.php"的内容：

```php
<?php
if(isset($_GET['getcode']))
{
/*
ImageCode 生成包含验证码的 GIF 图片的函数
@param $string 字符串
@param $width 宽度
@param $height 高度
*/
function ImageCode($string='',$width=75,$height=25){
    $authstr=$string?$string:((time()%2==0)?mt_rand(1000,9999):mt_rand(10000,99999));
    $board_width=$width;
    $board_height=$height;
    // 生成一个 32 帧的 GIF 动画
    for($i=0;$i<32;$i++){
        ob_start();
        $image=imagecreate($board_width,$board_height);
        imagecolorallocate($image,0,0,0);
        // 设定文字颜色数组
        $colorList[]=ImageColorAllocate($image,15,73,210);
        $colorList[]=ImageColorAllocate($image,0,64,0);
        $colorList[]=ImageColorAllocate($image,0,0,64);
        $colorList[]=ImageColorAllocate($image,0,128,128);
        $colorList[]=ImageColorAllocate($image,27,52,47);
        $colorList[]=ImageColorAllocate($image,51,0,102);
        $colorList[]=ImageColorAllocate($image,0,0,145);
        $colorList[]=ImageColorAllocate($image,0,0,113);
        $colorList[]=ImageColorAllocate($image,0,51,51);
        $colorList[]=ImageColorAllocate($image,158,180,35);
        $colorList[]=ImageColorAllocate($image,59,59,59);
        $colorList[]=ImageColorAllocate($image,0,0,0);
```

```php
$colorList[]=ImageColorAllocate($image,1,128,180);
$colorList[]=ImageColorAllocate($image,0,153,51);
$colorList[]=ImageColorAllocate($image,60,131,1);
$colorList[]=ImageColorAllocate($image,0,0,0);
$fontcolor=ImageColorAllocate($image,0,0,0);
$gray=ImageColorAllocate($image,245,245,245);
$color=imagecolorallocate($image,255,255,255);
$color2=imagecolorallocate($image,255,0,0);
imagefill($image,0,0,$gray);
$space=15;// 字符间距
if($i>0){// 屏蔽第一帧
    $top=0;
    for($k=0;$k<strlen($authstr);$k++){
        $colorRandom=mt_rand(0,sizeof($colorList)-1);
        $float_top=rand(0,4);
        $float_left=rand(0,3);
        imagestring($image,6,$space*$k,$top+$float_top,substr($authstr,$k,1),$colorList[$colorRandom]);
    }
}
for($k=0;$k<20;$k++){
    $colorRandom=mt_rand(0,sizeof($colorList)-1);
    imagesetpixel($image,rand()%70,rand()%15,$colorList[$colorRandom]);
}
// 添加干扰线
for($k=0;$k<3;$k++){
    $colorRandom=mt_rand(0,sizeof($colorList)-1);
    $todrawline=1;
    if($todrawline){

imageline($image,mt_rand(0,$board_width),mt_rand(0,$board_height),mt_rand(0,$board_width),mt_rand(0,$board_height),$colorList[$colorRandom]);
    }else{
        $w=mt_rand(0,$board_width);
        $h=mt_rand(0,$board_width);
        imagearc($image,$board_width-floor($w / 2),floor($h / 2),$w,$h, rand(90,180),rand(180,270),
$colorList[$colorRandom]);
    }
}
imagegif($image);
imagedestroy($image);
$imagedata[]=ob_get_contents();
ob_clean();
++$i;
}
$gif=new GIFEncoder($imagedata);
Header('Content-type:image/gif');
```

```php
        echo $gif->GetAnimation();
    }

    /* GIFEncoder 类 */
    Class GIFEncoder{
        var $GIF="GIF89a";           /* GIF header 6 bytes      */
        var $VER="GIFEncoder V2.06";   /* Encoder version         */
        var $BUF=Array();
        var $LOP=0;
        var $DIS=2;
        var $COL=-1;
        var $IMG=-1;
        var $ERR=Array(
            'ERR00'=>"Does not supported function for only one image!",
            'ERR01'=>"Source is not a GIF image!",
            'ERR02'=>"Unintelligible flag ",
            'ERR03'=>"Could not make animation from animated GIF source",
        );
        function __construct($GIF_src,$GIF_dly=100,$GIF_lop=0,$GIF_dis=0, $GIF_red=0,$GIF_grn=0,
$GIF_blu=0,$GIF_mod='bin'){
            if(!is_array($GIF_src)&&!is_array($GIF_tim)){
                printf("%s: %s",$this->VER,$this->ERR['ERR00']);
                exit(0);
            }
            $this->LOP=($GIF_lop>-1)?$GIF_lop:0;
            $this->DIS=($GIF_dis>-1)?(($GIF_dis<3)?$GIF_dis:3):2;
            $this->COL=($GIF_red>-1&&$GIF_grn>-1&&$GIF_blu>-1)?($GIF_red |($GIF_grn<<8)|
($GIF_blu<<16)):-1;

            for($i=0,$src_count=count($GIF_src);$i<$src_count;$i++){
                if(strToLower($GIF_mod)=="url"){
                    $this->BUF[]=fread(fopen($GIF_src [$i],"rb"),filesize($GIF_src [$i]));
                }elseif(strToLower($GIF_mod)=="bin"){

                    $this->BUF [ ]=$GIF_src [ $i ];
                }else{
                    printf("%s: %s(%s)!",$this->VER,$this->ERR [ 'ERR02' ],$GIF_mod);
                    exit(0);
                }
                if(substr($this->BUF[$i],0,6)!="GIF87a"&&substr($this->BUF [$i],0,6)!="GIF89a"){
                    printf("%s: %d %s",$this->VER,$i,$this->ERR ['ERR01']);
                    exit(0);
                }
                for($j=(13+3*(2<<(ord($this->BUF[$i]{10})&0x07))),$k=TRUE;$k;$j++){
                    switch($this->BUF [$i]{$j}){
                        case "!":
```

```php
            if((substr($this->BUF[$i],($j+3),8))=="NETSCAPE"){
                printf("%s: %s(%s source)!",$this->VER,$this->ERR ['ERR03'],($i+1));
                exit(0);
            }
            break;
          case ";":
            $k=FALSE;
          break;
        }
      }
    }
    GIFEncoder::GIFAddHeader();
    for($i=0,$count_buf=count($this->BUF);$i<$count_buf;$i++){
      GIFEncoder::GIFAddFrames($i,$GIF_dly[$i]);
    }
    GIFEncoder::GIFAddFooter();
  }
  function GIFAddHeader(){
    $cmap=0;
    if(ord($this->BUF[0]{10})&0x80){
      $cmap=3*(2<<(ord($this->BUF [0]{10})&0x07));
      $this->GIF.=substr($this->BUF [0],6,7);
      $this->GIF.=substr($this->BUF [0],13,$cmap);
      $this->GIF.="!\377\13NETSCAPE2.0\3\1".GIFEncoder::GIFWord($this->LOP)."\0";
    }
  }
  function GIFAddFrames($i,$d){
    $Locals_str=13+3*(2 <<(ord($this->BUF[$i]{10})&0x07));
    $Locals_end=strlen($this->BUF[$i])-$Locals_str-1;
    $Locals_tmp=substr($this->BUF[$i],$Locals_str,$Locals_end);
    $Global_len=2<<(ord($this->BUF [0]{10})&0x07);
    $Locals_len=2<<(ord($this->BUF[$i]{10})&0x07);
    $Global_rgb=substr($this->BUF[0],13,3*(2<<(ord($this->BUF[0]{10})&0x07)));
    $Locals_rgb=substr($this->BUF[$i],13,3*(2<<(ord($this->BUF[$i]{10})&0x07)));
    $Locals_ext="!\xF9\x04".chr(($this->DIS<<2)+0).chr(($d>>0)&0xFF).chr(($d>>8)&0xFF)."\x0\x0";
    if($this->COL>-1&&ord($this->BUF[$i]{10})&0x80){
      for($j=0;$j<(2<<(ord($this->BUF[$i]{10})&0x07));$j++){
        if(ord($Locals_rgb{3*$j+0})==($this->COL>> 0)&0xFF&&ord($Locals_rgb{3*$j+1})
==($this->COL>> 8)&0xFF&&ord($Locals_rgb{3*$j+2})==($this->COL>>16)&0xFF){
          $Locals_ext="!\xF9\x04".chr(($this->DIS<<2)+1).chr(($d>>0)&0xFF).chr(($d>>8)
&0xFF).chr($j)."\x0";
          break;
        }
      }
    }
    switch($Locals_tmp{0}){
```

```
        case "!":
            $Locals_img=substr($Locals_tmp,8,10);
            $Locals_tmp=substr($Locals_tmp,18,strlen($Locals_tmp)-18);
            break;
        case ",":
            $Locals_img=substr($Locals_tmp,0,10);
            $Locals_tmp=substr($Locals_tmp,10,strlen($Locals_tmp)-10);
            break;
        }
        if(ord($this->BUF[$i]{10})&0x80&&$this->IMG>-1){
            if($Global_len==$Locals_len){
                if(GIFEncoder::GIFBlockCompare($Global_rgb,$Locals_rgb,$Global_len)){
                    $this->GIF.=($Locals_ext.$Locals_img.$Locals_tmp);
                }else{
                    $byte=ord($Locals_img{9});
                    $byte|=0x80;
                    $byte&=0xF8;
                    $byte|=(ord($this->BUF [0]{10})&0x07);
                    $Locals_img{9}=chr($byte);
                    $this->GIF.=($Locals_ext.$Locals_img.$Locals_rgb.$Locals_tmp);
                }
            }else{
                $byte=ord($Locals_img{9});
                $byte|=0x80;
                $byte&=0xF8;
                $byte|=(ord($this->BUF[$i]{10})&0x07);
                $Locals_img {9}=chr($byte);
                $this->GIF.=($Locals_ext.$Locals_img.$Locals_rgb.$Locals_tmp);
            }
        }else{
            $this->GIF.=($Locals_ext.$Locals_img.$Locals_tmp);
        }
        $this->IMG=1;
    }
    function GIFAddFooter(){
        $this->GIF.=";";
    }
    function GIFBlockCompare($GlobalBlock,$LocalBlock,$Len){
        for($i=0;$i<$Len;$i++){
            if($GlobalBlock{3*$i+0}!=$LocalBlock{3*$i+0}||$GlobalBlock{3*$i+1}!=$LocalBlock{3*$i+1}
||$GlobalBlock{3*$i+2}!=$LocalBlock{3*$i+2}){
                return(0);
            }
        }
        return(1);
    }
```

```php
    function GIFWord($int){
        return(chr($int&0xFF).chr(($int>>8)&0xFF));
    }
    function GetAnimation(){
        return($this->GIF);
    }
}
/* 调用 */
session_start();
$checkCode='';
$chars='abcdefghjkmnpqrstuvwxyzABCDEFGHJKLMNPRSTUVWXYZ23456789';
$len = mt_rand(4,6);//生成验证码位数: 4-6 位的变长验证码
$w=15*$len;//计算显示验证码的 GIF 动画宽度
//设置有效时间
$_SESSION[session_id().'timestamp'] = time();
for($i=0;$i<$len;$i++){
    $checkCode.=substr($chars,mt_rand(0,strlen($chars)-1),1);
}
//记录验证码
$_SESSION[session_id().'code']=strtoupper($checkCode);
//显示 GIF 动画
ImageCode($checkCode,$w);
exit();
}
if(isset($_POST['verifyCode']) && preg_match("/^[A-Za-z2-9]{4,6}$/",urldecode($_POST["verifyCode"])))
{
session_start();
//验证码超时失效: 此处超时时间设为 5 分钟
$times=5;
if((time()-$_SESSION[session_id().'timestamp'])>=60*$times)
    {
    echo "false";
    exit();
    }
if(hash_equals(strtolower($_POST["verifyCode"]), strtolower($_SESSION[session_id().'code'])))
    echo "true";
else
    echo "false";
exit();
}
?>
```

5.6　实训

1. 用正则表达式来验证用户账号，要求：由字母开头，允许 5～16 字节，允许字母数字

下划线。

 2．制作一个表单，对表单的输入内容进行验证并显示出内容。

 3．用 Session 编写一个简单的购物车程序。

 4．用 jQuery 完成对文件上传表单的验证。

 5．用 PHP 制作一个简单的图形。

 6．中文验证码。

6

MySQL 数据库操作

- 了解 MySQL 数据库的概述和特点。
- 掌握通过命令操作 MySQL 数据库和数据表。
- 掌握通过命令操作 MySQL 数据。
- 了解 phpMyAdmin 图形化管理工具。
- 掌握 PHP 操作 MySQL 数据库的操作功能。

6.1 MySQL 概述

6.1.1 MySQL 的基础

数据库（Database）是按照数据结构来组织、存储和管理数据的仓库，每个数据库都有一个或多个不同的 API 用于创建、访问、管理、搜索和复制所保存的数据。也可以将数据存储在文件中，但是在文件中读写数据速度相对较慢。所以，使用关系型数据库管理系统（Relational Database Management System，RDBMS）来存储和管理大数据量。所谓的关系型数据库是建立在关系模型基础上的数据库，借助于集合代数等数学概念和方法来处理数据库中的数据。

RDBMS 的特点：

（1）数据以表格的形式出现。

（2）每行为各种记录名称。

（3）每列为记录名称所对应的数据域。

（4）许多的行和列组成一张表单。

（5）若干的表单组成 Database。

在网络环境中，为了提高系统的性能和可靠性，一般都采用具有"客户/服务器数据库引擎"的大型关系数据库系统。通常指跨越计算机在网络上创建、运行的数据库。目前使用较为广泛的网络数据库平台有 SQL Server、MySQL、Oracle 等。

MySQL 是一个关系型数据库管理系统，由瑞典 MySQL AB 公司开发，目前属于 Oracle 旗下产品。MySQL 是最流行的关系型数据库管理系统之一，在 Web 应用方面，MySQL 是最好的关系数据库管理系统应用软件。MySQL 所使用的 SQL 语言是用于访问数据库的最常用标准化语言。MySQL 软件采用了双授权政策，分为社区版和商业版，由于其体积小、速度快、总体拥有成本低，尤其是开放源码这一特点，一般中小型网站的开发都选择 MySQL 作为网站数据库。

MySQL 最新稳定版本是 5.7.17，若是生产环境，则优先选择这个版本。2016 年 9 月 12 日 MySQL 8.0.0 开发里程碑版本（DMR）发布，若是需要体验最新的数据库功能则可以选择这个版本。

总的来说，MySQL 有如下特点：

（1）MySQL 是开源的，所以不需要支付额外的费用。

（2）MySQL 支持大型的数据库。可以处理拥有上千万条记录的大型数据库。

（3）MySQL 使用标准的 SQL 数据语言形式。

（4）MySQL 可以允许用于多个系统上，并且支持多种语言。这些编程语言包括 C、C++、Python、Java、Perl、PHP、Eiffel、Ruby 和 Tcl 等。

（5）MySQL 对 PHP 有很好的支持，PHP 是目前最流行的 Web 开发语言。

（6）MySQL 支持大型数据库，支持 5000 万条记录的数据仓库，32 位系统表文件最大可支持 4GB，64 位系统支持最大的表文件为 8TB。

（7）MySQL 是可以订制的，采用了 GPL 协议，可以修改源码来开发自己的 MySQL 系统。

6.1.2　MySQL 数据类型

数据类型也称字段类型或列类型，数据表中的每个字段都可以设置数据类型。MySQL 支持多种类型：数值类型、日期/时间类型和字符串（字符）类型。

1．数值类型

MySQL 支持所有标准 SQL 数值数据类型。这些类型包括严格数值数据类型（Integer、Smallint、Decimal 和 Numeric），以及近似数值数据类型（Float、Real 和 Double Precision）。关键字 Int 是 Integer 的同义词，关键字 Dec 是 Decimal 的同义词。

作为 SQL 标准的扩展，MySQL 也支持整数类型 Tinyint、Mediumint 和 Bigint。每个整数类型的存储和范围如表 6-1 所示。

表 6-1　整数类型的存储和范围

类型	存储空间	取值范围（有符号）	取值范围（无符号）
Tinyint	1 个字节	-128～127	0～255
Smallint	2 个字节	-32768～32767	0～65535
Mediumint	3 个字节	-8388608～8388607	0～16777215
Int	4 个字节	-214748364～2147483647	0～4294967295
Bigint	8 个字节	-9223372036854775808～9223372036854775807	0～18446744073709551615

2．日期/时间类型

表示时间值的 Date 和时间类型为 Datetime、Date、Timestamp、Time 和 Year。每个时间类型有一个有效值范围和一个"零"值，当指定不合法的 MySQL 不能表示的值时使用"零"值。Timestamp 类型有专有的自动更新特性。日期/时间类型的存储和范围如表 6-2 所示。

表 6-2　日期/时间类型的存储和范围

类型	存储空间	范围	格式
Date	3 个字节	1000-01-01/9999-12-31	YYYY-MM-DD
Time	3 个字节	'-838:59:59'/'838:59:59'	HH:MM:SS
Year	1 个字节	1901/2155	YYYY
Datetime	8 个字节	1000-01-01 00:00:00/9999-12-31 23:59:59	YYYY-MM-DD HH:MM:SS
Timestamp	4 个字节	1970-01-01 00:00:00/2037 年某时	YYYYMMDD HHMMSS

3．字符串类型

字符串类型指 Char、Varchar、Binary、Varbinary、Blob、Text、Enum 和 Set。字符串类型的存储和范围如表 6-3 所示。

表 6-3　字符串类型的存储和范围

类型	大小	用途
Char	0～255 字节	定长字符串
Varchar	0～65535 字节	变长字符串
Tinyblob	0～255 字节	不超过 255 个字符的二进制字符串
Tinytext	0～255 字节	短文本字符串
Blob	0～65 535 字节	二进制形式的长文本数据
Text	0～65 535 字节	长文本数据
Mediumblob	0～16 777 215 字节	二进制形式的中等长度文本数据
Mediumtext	0～16 777 215 字节	中等长度文本数据
Longblob	0～4 294 967 295 字节	二进制形式的极大文本数据
Longtext	0～4 294 967 295 字节	极大文本数据

Char 和 Varchar 类型类似，但它们保存和检索的方式不同。它们的最大长度和是否尾部空格被保留等方面也不同。在存储或检索过程中不进行大小写转换。

Binary 和 Varbinary 类型类似于 Char 和 Varchar，不同的是它们包含二进制字符串而不要非二进制字符串。也就是说，它们包含字节字符串而不是字符字符串。这说明它们没有字符集，并且排序和比较基于列值字节的数值。

Blob 是一个二进制的对象，可以容纳可变数量的数据。有 4 种 Blob 类型：Tinyblob、Blob、Mediumblob 和 Longblob。它们可容纳值的最大长度不同。

有 4 种 Text 类型：Tinytext、Text、Mediumtext 和 Longtext。它们分别对应于 4 种 Blob 类型，有相同的最大长度和存储需求。

6.2 通过命令行使用 MySQL

6.2.1 启动和关闭 MySQL 服务器

1. 启动 MySQL 服务器

进行 MySQL 数据库操作之前需要启动 MySQL 服务器。

（1）从 Windows 命令行启动 MySQL。

可以从命令行手动启动 MySQL 服务器，可以在任何版本的 Windows 中实现。

具体操作是：执行"开始→附件→命令提示符"命令，在下拉菜单中选择"以管理员身份运行"命令，在弹出的对话框中输入"net start MySQL57"，按回车键后会看到 MySQL 的启动信息，如图 6-1 所示。

图 6-1 启动 MySQL 服务器

（2）以 Windows 服务方式启动 MySQL。

在 NT 家族（Windows NT、Windows 2000、Windows XP、Windows 2003、Windows Vista、Windows 7、Windows 8、Windows 8.1、Windows 10）中，一般都将 MySQL 安装为 Windows 服务，当 Windows 启动、停止时，MySQL 也自动启动、停止。还可以从命令行使用 NET 命令，或使用图形 Services 工具来控制 MySQL 服务器。

2. 关闭 MySQL 服务器

完成 MySQL 数据库操作之后需要关闭 MySQL 服务器，以节约系统资源。

（1）从 Windows 命令行关闭 MySQL。

可以从命令行手动关闭 MySQL 服务器，可以在任何版本的 Windows 中实现。

具体操作是：执行"开始→附件→命令提示符"命令，在下拉菜单中选择"以管理员身份运行"命令，在弹出的对话框中输入"net stop MySQL57"，按回车键后会看到 MySQL 的关闭信息，如图 6-2 所示。

（2）从 Windows 服务中关闭 MySQL

执行"开始→控制面板→管理工具→服务"命令，选中"MySQL57"，再单击左边的"停止"按钮即可关闭 MySQL 服务器。

图 6-2　关闭 MySQL 服务器

6.2.2　操作 MySQL 数据库

1. 连接 MySQL 服务器

可用命令行方式连接 MySQL 服务器，命令的具体格式是：

mysql -u 用户名 -p 密码 -h 服务器 IP 地址 -P MySQL 服务器端端口号 -D 数据库名

若 MySQL 服务器就是本机而且是默认的端口 3306，那命令可以简化为：

mysql -u 用户名 -p 密码

要连接本书第一章所安装的 MySQL 服务器，其具体方法是：执行"开始→附件→命令提示符"命令，在弹出的对话框中输入"mysql -u root -p"，按回车键后会提示输入密码，输入前面设置的密码，即可看到已经连接上了 MySQL 服务器，如图 6-3 所示。

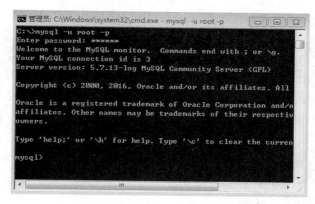

图 6-3　连接 MySQL 服务器

2. 创建数据库

在创建表之前，需要先创建数据库，创建数据库的语法如下：

CREATE DATABASE 数据库名 [[DEFAULT] CHARACTER SET charset_name | [DEFAULT] COLLATE collation_name];

数据库只需要创建一次，但是必须在每次启动 MySQL 会话时在使用前先选择它。可以根据上面的例子执行一个 USE 语句来实现。还可以在调用 MySQL 时，通过命令行选择数据库，只需要在提供连接参数之后指定数据库名称。

示例：

mysql> CREATE DATABASE student COLLATE utf8mb4_unicode_ci;

3. 查看数据库

使用 SHOW DATABASES;命令查看服务器上当前存在什么数据库，不同的 MySQL 服务器上的数据库列表是不同的，但是很可能有 MySQL 和 test 数据库。MySQL 是必需的，因为它描述用户访问权限，test 数据库经常作为用户测试的工作区。

如果没有 SHOW DATABASES 权限，则不能看见所有数据库。

4．选择指定数据库

创建数据库并不表示选定并使用它，所以必须明确地操作。为了使 student 成为当前的数据库，使用"use 数据库名"这样一条命令，就可以切换不同的数据库了。

5．删除数据库

如果需要删除数据库，可以使用 DROP 语句，其语法如下：

DROP {DATABASE | SCHEMA} [IF EXISTS] 数据库名;

DROP DATABASE 用于取消数据库中的所有表格和取消数据库。使用此语句时要非常小心！如果要使用 DROP DATABASE，需要获得数据库 DROP 权限。

IF EXISTS 用于防止当数据库不存在时发生错误，也可以使用 DROP SCHEMA。

6.2.3　操作 MySQL 数据表

1．创建表

数据表是存储信息的容器，信息以二维表的形式存储于数据表中。数据表由列和行组成，表的列也称为字段，每个字段用于存储某种数据类型的信息；表的行也称为记录，每条记录为存储表中的一条完整的信息。创建并选定数据库后就可以创建表，创建表的语法如下：

CREATE [TEMPORARY] TABLE [IF NOT EXISTS] tbl_name
　　　[(create_definition,...)]
　　　[table_options] [select_statement]

CREATE TABLE 用于创建有给定名称的表，前提是必须拥有表 CREATE 权限。

默认的情况下表被创建到当前的数据库中。如果表已存在，或者没有当前数据库，或者数据库不存在，则会出现错误。

表名称被指定为 db_name.tbl_name，以便在特定的数据库中创建表。不论是否有当前数据库，都可以通过这种方式创建表。如果使用加引号的识别名，则应对数据库和表名称分别加引号。例如，'mydb'. 'mytbl'是合法的，但是'mydb.mytbl'不合法。

示例：创建如表 6-4 所示的数据表。

表 6-4　数据表

字段名	数据类型	数据宽度	是否为空	是否主键	自动增加	默认值
id	int	4	否	Primary key	Auto_increment	
name	char	20	否			
sex	int	1	否			0
class	char	6	是			

在命令行中输入对应命令即可完成数据表的创建，如下：

mysql> create table stu_table
　　　-> (
　　　-> id int(4) not null primary key auto_increment,

```
    -> name char(20) not null,
    -> sex int(1) not null default 0,
    -> class char(6) null
    -> );
```

2. 查看数据库中的表

每个数据库都可以有多个数据表，查看数据表的语法如下：

SHOW [FULL] TABLES [FROM db_name] [LIKE 'pattern']

SHOW TABLES 列举了给定数据库中的非临时表。

本命令也列举数据库中的其他视图。支持 FULL 修改符，这样 SHOW FULL TABLES 就可以显示第二个输出列。对于一个表，第二列的值为 BASE TABLE；对于一个视图，第二列的值为 VIEW。

如果对一个表没有权限，则该表不会在来自 SHOW TABLES 的输出中显示。

3. 查看数据表结构

查看数据表的结构，有两种方法，语法如下：

DESCRIBE 表名;

SHOW FIELDS FROM 表名;

4. 修改数据表结构

若用户对数据表的结构不满意，可以使用修改 ALTER TABLE 命令进行修改，ALTER TABLE 用于更改原有表的结构。例如，可以增加或删减列，创建或取消索引，更改原有列的类型，或重新命名列或表。还可以更改表的评注和表的类型。常用的语法如下：

（1）删除列。

ALTER TABLE 表名 DROP 列名称

（2）增加列。

ALTER TABLE 表名 ADD 列名称 INT NOT NULL COMMENT '注释说明'

（3）修改列的类型信息。

ALTER TABLE 表名 CHANGE 列名称 新列名称 BIGINT NOT NULL COMMENT '注释说明'

（4）重命名列。

ALTER TABLE 表名 CHANGE 列名称 新列名称 BIGINT NOT NULL COMMENT '注释说明'

（5）重命名表。

ALTER TABLE 表名 RENAME 新表名

（6）删除表中主键。

Alter TABLE 表名 drop primary key

（7）添加主键。

ALTER TABLE sj_resource_charges ADD CONSTRAINT PK_SJ_RESOURCE_CHARGES PRIMARY KEY (resid,resfromid)

（8）添加索引。

ALTER TABLE sj_resource_charges add index INDEX_NAME (name);

（9）添加唯一限制条件索引。

ALTER TABLE sj_resource_charges add unique emp_name2(cardnumber);

（10）删除索引。

alter table tablename drop index emp_name;

5. 删除指定数据表

删除数据表的语法如下：

```
DROP [TEMPORARY] TABLE [IF EXISTS]
    tbl_name [, tbl_name] ...
    [RESTRICT | CASCADE]
```

DROP TABLE 用于取消一个或多个表。前提是必须有每个表的 DROP 权限。所有的表数据和表定义会被取消，所以使用本语句要小心！

对于不存在的表，使用 IF EXISTS 用于防止错误发生。使用 IF EXISTS 时，对于每个不存在的表，会生成一个 NOTE。

6.2.4　操作 MySQL 数据

1. 添加表数据

INSERT 语句用于向一个已有的表中插入新行，其语法如下：

```
INSERT [LOW_PRIORITY | DELAYED | HIGH_PRIORITY] [IGNORE]
    [INTO] tbl_name [(col_name,...)]
    VALUES ({expr | DEFAULT},...),(...),...
    [ ON DUPLICATE KEY UPDATE col_name=expr, ... ]
```

2. 更新表数据

对数据库中单个表的数据进行修改，其语法如下：

```
UPDATE [LOW_PRIORITY] [IGNORE] tbl_name
    SET col_name1=expr1 [, col_name2=expr2 ...]
    [WHERE where_definition]
    [ORDER BY ...]
    [LIMIT row_count]
```

3. 查询表数据

SELECT 语句用来从数据表中检索信息，其语法如下：

```
SELECT what_to_select
FROM which_table
WHERE conditions_to_satisfy;
```

what_to_select 是想要看到的内容，可以是列的一个表，或*表示"所有的列"。which_table 指出是想要从其检索数据的表。WHERE 子句是可选项，如果选择该项，conditions_to_satisfy 指定行必须满足的检索条件。

（1）选择所有数据。

SELECT 最简单的形式是从一个表中检索所有记录，语法如下：

```
SELECT * FROM  表名;
```

（2）选择特殊行。

检索整个表是容易的。只需要从 SELECT 语句中删掉 WHERE 子句。但是一般不想看到整个表，特别是当表变得很大时。相反，通常对回答一个具体的问题更感兴趣，在这种情况下在想要的信息上进行一些限制，可以从表中只选择特定的行，语法如下：

```
SELECT * FROM  表名  WHERE  字段名='要查询的值';
```

（3）选择特殊列。

如果不想看到表中的所有列，就选择感兴趣的列，用逗号分开，语法如下：

SELECT　字段 1,字段 2　FROM　表名;

（4）分类行。

当行按某种方式排序时，检查查询输出通常更容易。为了排序结果，使用 ORDER BY 子句，语法如下：

SELECT　字段 1,字段 2　FROM　表名　ORDER BY　字段;

默认排序是升序，最小的值在第一。要想以降序排序，在排序的列名上增加 DESC（降序）关键字，可以对多个列进行排序，并且可以按不同的方向对不同的列进行排序。

（5）日期计算。

MySQL 提供了几个函数，可以用来计算日期。例如，计算年龄或提取日期。要想确定每个人有多大，可以计算当前日期的年和出生日期之间的差。如果当前日期的日历年比出生日期早，则减去一年。以下查询显示了每个人的出生日期、当前日期和年龄数值的年数字，按 age 排序输出。

SELECT name, birth, CURDATE(),
(YEAR(CURDATE())-YEAR(birth)) - (RIGHT(CURDATE(),5)<RIGHT(birth,5))　AS age
FROM stu_table ORDER BY age;

（6）NULL 值操作。

这是一种不属于任何类型的值。它通常用来表示"没有数据""数据未知""数据缺失""数据超出取值范围""与本数据列无关""与本数据列的其他值不同"等多种含义。在许多情况下，NULL 值是非常有用的。它被看作是与众不同的值。可以使用 IS NULL 和 IS NOT NULL 操作符。

SELECT 1 IS NULL, 1 IS NOT NULL;

（7）模式匹配。

有些情况下，模糊查询是很必要的，MySQL 提供标准的 SQL 模式匹配，以及一种基于类 UNIX 实用程序（如 vi、grep 和 sed）的扩展正则表达式模式匹配的格式。

SQL 模式匹配使用 "_" 匹配任何单个字符，而 "%" 匹配任意数目字符（包括零字符）。在 MySQL 中，SQL 的模式默认是忽略大小写的，使用 LIKE 或 NOT LIKE 比较操作符。

示例：想找出名字中含有字母 "Z" 的所有名字。

SELECT * FROM stu_table WHERE　name　LIKE　'%Z%';

（8）计数行。

数据库经常用于回答这个问题——某个类型的数据在表中出现的频度是多少？

COUNT(*)函数计算行数，可以用来回答这个问题。

示例：

SELECT　COUNT(*)　FROM　表名;

4．删除表数据

对数据库中单个表的数据进行删除，其语法如下：

DELETE [LOW_PRIORITY] [QUICK] [IGNORE] FROM tbl_name
　　　[WHERE where_definition]
　　　[ORDER BY ...]
　　　[LIMIT row_count]

若编写的 DELETE 语句中没有 WHERE 子句，则所有的行都被删除。若不想知道被删除的行的数目时，有一个更快的方法，即使用 TRUNCATE TABLE。

6.3 phpMyAdmin 图形化管理工具

应用 MySQL 命令行方式需要对 MySQL 知识非常熟悉，对 SQL 语言也是同样的道理。不仅如此，如果数据库的访问量很大，列表中数据的读取就会相当困难。如果使用合适的工具，MySQL 数据库的管理就会变得相当简单。当前出现很多 GUIMySQL 客户程序，其中最为出色的是基于 Web 的 phpMyAdmin 工具。这是一种 MySQL 数据库前台的基于 PHP 的工具。

phpMyAdmin 是一个用 PHP 编写的软件工具，可以通过 Web 方式控制和操作 MySQL 数据库。通过 phpMyAdmin 可以完全对数据库进行操作，例如建立、复制和删除数据等。

PhpMyAdmin 的缺点是必须安装在 Web 服务器中，所以如果没有合适的访问权限，其他用户有可能损害到 SQL 数据。

在第 1 章搭建 PHP 运行环境时已经安装好了 PhpMyAdmin，现在就可以直接使用了。

【例 6-1】在 PhpMyAdmin 中创建一个通讯录数据库（adressdb），在数据库中需要创建一个数据表（address_table）来记录联系人的信息，数据表要求如表 6-5 所示。

表 6-5   通讯录数据表

字段名	数据类型	是否为空	是否主键	自动增加	默认值
id	int	否	Primary key	Auto_increment	
name	char	否			
birthday	date	是			0
tel	char	是			
address	char	是			

【实现步骤】

（1）启动浏览器，在地址栏中输入：http://localhost/phpMyAdmin/，进入 PhpMyAdmin 的登录界面，输入 MySQL 管理员默认账号：root，输入设置的密码就进入到 PhpMyAdmin。如图 6-4 所示。

（2）单击左侧的"新建"命令，在右侧的"数据库名"文本框中输入"adressdb"，排序规则选择"utf8mb4_unicode_ci"，单击"创建"按钮即可创建一个通讯录数据库，如图 6-5 所示。

（3）要在通讯录数据库"adressdb"中创建表，则要在"新建数据表"下的"名字"文本框中输入"address_table"，"字段"选择"5"，单击"执行"按钮，进入至字段详细信息录入页面，按图 6-6（a）所示输入后，单击页面右下角处的"预览 SQL 语句"按钮，可生成 SQL 语句，如图 6-6（b）所示。单击"关闭"按钮后再单击页面右下角处的"保存"按钮，即成功创建了数据表，如图 6-6（c）所示。

图 6-4　进入到 phpMyAdmin 的首页

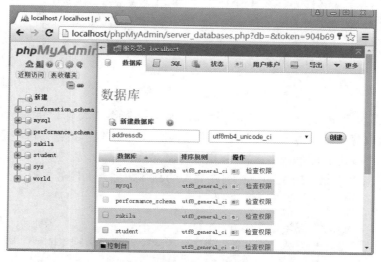

图 6-5　创建通讯录数据库

（a）创建数据表字段详细信息录入页面

图 6-6　创建数据表

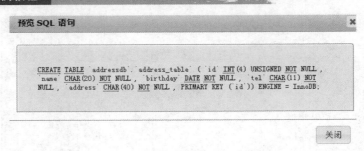

（b）生成 SQL 语句

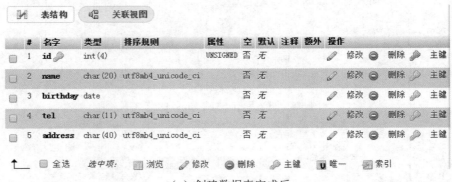

（c）创建数据表完成后

图 6-6　创建数据表（续图）

（4）在数据表"adress_table"中添加数据，单击"插入"按钮，进入数据详细信息录入页面，输入相应信息后，单击页面右下角处的"预览 SQL 语句"按钮，可生成对应的 SQL 语句；单击"关闭"按钮后再单击"预览 SQL 语句"旁边的"执行"按钮，即成功向表中插入了两条数据。单击"浏览"按钮可查看刚才插入的具体数据，如图 6-7 所示。

图 6-7　插入数据后进行浏览

（5）执行"权限"→"新增用户账户"命令，在"User name"文本框中输入"tang"，在"Host name"中选择"本地"，在"密码"文本框中输入"tang1234"，在"用户账号数据库"中选"授予数据库 addressdb 的所有权限"，在"全局权限"中对"数据"权限全部选择，对"结构"权限只选择"INDEX"和"CREATE TEMPORARY TABLES"，再单击右下角的"执行"按钮，成功后即为数据库"addressdb"添加了一个用户，如图 6-8 所示。

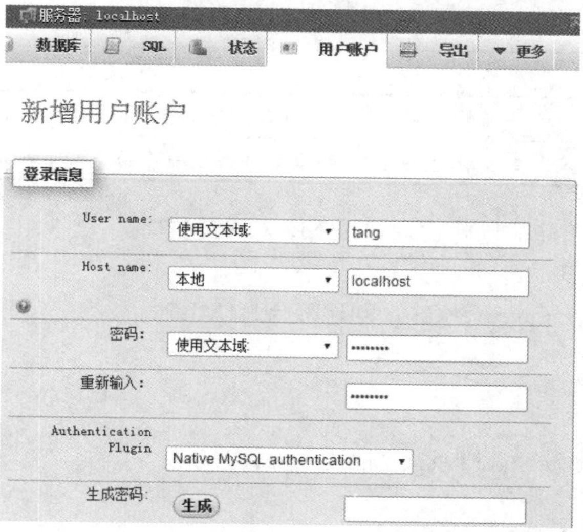

新增用户账户

图 6-8 为数据库添加用户权限

6.4 PHP 操作 MySQL 数据库

PHP 支持与大部分数据库（如 SQL Server、Oracle、MySQL 等）的交互操作，但与 MySQL 结合最好，PHP 操作 MySQL 数据库一般可分为 5 个步骤：

（1）连接 MySQL 数据库服务器。

（2）选择数据库。

（3）执行 SQL 语句。

（4）关闭结果集。

（5）断开与 MySQL 数据库服务器连接。

6.4.1 连接数据库

在能够访问并处理数据库中的数据之前，必须创建到达数据库的连接。在 PHP 中可以使用 mysqli 或 PDO_MySQL 扩展两种方式。本文以 mysqli 进行讲解。

mysqli_connect() 函数打开一个到 MySQL 服务器的新的连接，返回一个代表到 MySQL 服务器的连接的对象。语法如下：

mysqli_connect(host,username,password,dbname,port,socket);

参数说明：如表 6-6 所示。

表 6-6 mysqli_connect() 函数的参数说明

参数	说明
host	可选。规定主机名或 IP 地址
username	可选。规定 MySQL 用户名
password	可选。规定 MySQL 密码
dbname	可选。规定默认使用的数据库

续表

参数	说明
port	可选。规定尝试连接到 MySQL 服务器的端口号
socket	可选。规定 socket 或要使用的已命名 pipe

【例 6-2】PHP 连接前面创建的通讯录 MySQL 数据库。

【实现步骤】

（1）启动 Adobe Dreamweaver CS6，创建符合 HTML5 标准的空白 HTML 页面，在"<body>"后输入以下代码：

```php
<?php
//设置连接参数
$link = mysqli_connect('localhost', 'tang', 'tang1234', 'addressdb');
//连接失败时显示错误信息
if (!$link) {
   echo '连接错误('.mysqli_connect_errno().')'.mysqli_connect_error();
   }
else
   {
//显示连接成功信息
   echo 'PHP 连接 MySQL 数据库成功：' . mysqli_get_host_info($link) . "\n";
//关闭数据库连接
   mysqli_close($link);
   }
?>
```

（2）检查代码后，将文件保存到路径"D:\PHP\CH06\exp0602.php"下，在浏览器的地址栏中输入：http://localhost/CH06/exp0602.php，按回车键即可浏览页面运行结果，如图 6-9 所示。

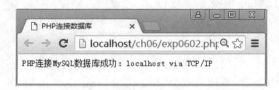

图 6-9　PHP 连接 MySQL 数据库

6.4.2　数据库基本操作

PHP 连接上 MySQL 数据库后就可以进行各种操作了，包括添加记录、修改记录、删除记录、查询记录等，相关的函数如下：

1. 对数据库执行一次查询

mysqli_query() 函数执行针对某个数据库的查询。语法如下所示：

```
mysqli_query(connection,query,resultmode);
```

参数说明：如表 6-7 所示。

表 6-7　mysqli_query()函数的参数说明

参数	说明
connection	必需。规定要使用的 MySQL 连接
query	必需，规定查询字符串
resultmode	可选。一个常量。可以是下列值中的任意一个： mysqli_use_result（如果需要检索大量数据） mysqli_store_result（默认）

2.　以数组方式返回一行查询结果

mysqli_fetch_array() 函数从结果集中取得一行作为关联数组、数字数组或二者兼有。该函数返回的字段名是区分大小写的。语法如下：

mysqli_fetch_array(result,resulttype);

参数说明：如表 6-8 所示。

表 6-8　mysqli_fetch_array()函数的参数说明

参数	说明
result	必需。规定由 mysqli_query()、mysqli_store_result() 或 mysqli_use_result() 返回的结果集标识符
resulttype	可选。resulttype 为结果类型，一般为 "mysqli_assoc" "mysqli_num" 或 "mysqli_both"

3.　获取结果中行的数量

mysqli_num_rows()函数用于返回结果集中行的数量，语法如下：

mysqli_num_rows(result);

参数说明：如表 6-9 所示。

表 6-9　mysqli_num_rows()函数的参数说明

参数	说明
result	必需。规定由 mysqli_query()、mysqli_store_result() 或 mysqli_use_result() 返回的结果集标识符

4.　设置默认字符编码

mysqli_set_charset() 函数规定当与数据库服务器进行数据传送时要使用的默认字符集，如果成功则返回 TRUE，失败则返回 FALSE。mysqli_set_charset() 函数在针对中文字符时非常有用，很多数据库查询乱码的情况都是字符集的问题。语法如下：

mysqli_set_charset(connection,charset);

参数说明：如表 6-10 所示。

表 6-10　mysqli_set_charset()函数的参数说明

参数	说明
connection	必需。规定要使用的 MySQL 连接
charset	必需。规定默认字符集

【例 6-3】查询通讯录数据库并显示结果。

【实现步骤】

（1）启动 Adobe Dreamweaver CS6，创建符合 HTML5 标准的空白 HTML 页面，在"<body>"后输入以下代码：

```php
<?php
//设置连接参数
$link = mysqli_connect('localhost', 'tang', 'tang1234', 'addressdb');
//连接失败时显示错误信息
if (!$link) {
    echo '连接错误('.mysqli_connect_errno().')'.mysqli_connect_error();
}
else
{
    $query="SELECT * FROM address_table";
    $result =mysqli_query($link,$query);
    $num=0;
    $info="";
    while($row = mysqli_fetch_array($result))
    {
        $num++;
        $query8="SHOW FIELDS FROM address_table";
        if($num==1)
            echo "<table>\n<tr>";
        $table_def = mysqli_query($link,$query8);
        for ($i=0;$i<mysqli_num_rows($table_def);$i++)
        {
            $row_table_def = mysqli_fetch_array ($table_def);
            $field = $row_table_def["Field"];
            if($num==1)
            {
                echo "<th>".$field."</th>";
                if($i+1==mysqli_num_rows($table_def))
                    echo "</tr>\n";
            }
            if (isset($row) && isset($row[$field]))
                $special_chars = $row[$field];
            else
                $special_chars = "";
            if($i==0)
                $info.="<tr><td".($num%2 == 0?" class=two": " class=one").">".$special_chars."</td>";
            else if($i+1==mysqli_num_rows($table_def))
                $info.="<td".($num%2 == 0?" class=two": " class=one").">".$special_chars."</td></tr>\n";
            else
                $info.="<td".($num%2 == 0?" class=two": " class=one").">".$special_chars."</td>";
        }
    }
```

```
        if($num>0)
            echo $info."</table>\n";
        }
    //关闭数据库连接
    mysqli_close($link);
    }
?>
```

在</title>后输入以下 HTML 代码：

```
<link href="css/common.css" rel="stylesheet" type="text/css" />
```

（2）检查代码后，将文件保存到路径 "D:\PHP\CH06\exp0603.php" 下，在浏览器的地址栏中输入：http://localhost/CH06/exp0603.php，按回车键即可浏览页面运行结果，如图 6-10 所示。

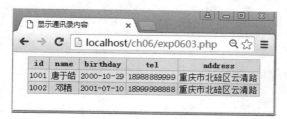

图 6-10　查询数据库并显示结果

也可以用下面比较简单的代码在页面上以表格的形式输出数据库里的内容：

```
$query="SELECT * FROM address_table";
$result =mysqli_query($link,$query);
echo "<table border=1>";                        //使用表格格式化数据
  echo "<tr><td>ID</td><td>姓名</td><td>出生年月</td><td>电话</td><td>地址</td></tr>";
while($row=mysqli_fetch_array($result))         //遍历 SQL 语句执行结果把值赋给数组
{
    echo "<tr>";
    echo "<td>".$row[id]."</td>";               //显示 ID
    echo "<td>".$row[name]." </td>";            //显示姓名
    echo "<td>".$row[birthday]." </td>";        //显示出生年月
    echo "<td>".$row[tel]." </td>";             //显示电话
    echo "<td>".$row[address]." </td>";         //显示地址
    echo "</tr>";
}
    echo "</table>";
```

5．关闭数据库连接

每一次数据库操作都会占用服务器的系统资源，因此数据库操作完成后应及时关闭数据库连接，使用 mysqli_close()函数可以关闭数据库连接，语法如下：

```
bool mysqli_close (connection )
```

参数说明：如表 6-11 所示。

表 6-11　mysqli_close ()函数的参数说明

参数	说明
connection	必需。规定要关闭的 MySQL 连接

【例6-4】给通讯录插入数据后再显示数据库表里的内容。

【实现步骤】

（1）启动 Adobe Dreamweaver CS6，创建符合 HTML5 标准的空白 HTML 页面，在"<body>"后输入以下代码：

```php
<?php
//设置连接参数
$link = mysqli_connect('localhost', 'tang', 'tang1234', 'addressdb');
//连接失败时显示错误信息
if (!$link) {
  echo '连接错误('.mysqli_connect_errno().')'.mysqli_connect_error();
  }
else
  {
    //插入数据
    mysqli_query($link,"INSERT INTO `address_table` (`id`, `name`, `birthday`, `tel`, `address`) VALUES
('1003', '英英', '2001-07-20', '13999998888', '北京市海淀区玉渊潭南路'), ('1004', '果果', '2002-02-02',
'13612341234', '上海市徐汇区华山路')");
    //查询数据
    $query="SELECT * FROM address_table";
    $result =mysqli_query($link,$query);
    if($result){
      echo '插入联系人成功！';
       echo '<a href=exp0603.php>点击显示</a>';
       }
    else
      {
      echo '插入联系人失败！'."<br />";
       echo '<a href=exp0603.php>点击显示</a>';
    }
  //关闭数据库连接
  mysqli_close($link);
  }
?>
```

在</title>后输入以下 HTML 代码：

```html
<link href="css/common.css" rel="stylesheet" type="text/css" />
```

（2）检查代码后，将文件保存到路径"D:\PHP\CH06\exp0604.php"下，在浏览器的地址栏中输入：http://localhost/CH06/exp0604.php，按回车键即可浏览页面运行结果，如图6-11所示。

图 6-11　插入数据后再显示数据表内容

【例6-5】删除通讯录中 id 为 1004 的联系人。

【实现步骤】

（1）启动 Adobe Dreamweaver CS6，创建符合 HTML5 标准的空白 HTML 页面，在"<body>"后输入以下代码：

```php
<?php
//设置连接参数
$link = mysqli_connect('localhost', 'tang', 'tang1234', 'addressdb');
//连接失败时显示错误信息
if (!$link) {
  echo '连接错误('.mysqli_connect_errno().').'.mysqli_connect_error();
  }
else
  {
    $query="delete from address_table where id='1004'";
    $result =mysqli_query($link,$query);
    if($result){
      echo '删除联系人成功！';
       echo '<a href=exp0603.php>点击显示</a>';
      }
    else
      {
       echo '删除联系人失败！'."<br />";
      echo '<a href=exp0603.php>点击显示</a>';
  }
  }
  //关闭数据库连接
  mysqli_close($link);
?>
```

（2）检查代码后，将文件保存到路径"D:\PHP\CH06\exp0605.php"下，在浏览器的地址栏中输入：http://localhost/CH06/exp0605.php，按回车键即可浏览页面运行结果，如图 6-12 所示。

图 6-12 删除联系人

【例6-6】将通讯录中姓名为"英英"的联系人修改为"杨英英"。

【实现步骤】

（1）启动 Adobe Dreamweaver CS6，创建符合 HTML5 标准的空白 HTML 页面，在"<body>"后输入以下代码：

```php
<?php
//设置连接参数
$link = mysqli_connect('localhost', 'tang', 'tang1234', 'addressdb');
```

```
//连接失败时显示错误信息
if (!$link) {
  echo '连接错误('.mysqli_connect_errno().')'.mysqli_connect_error();
  }
else
  {
    $query="update address_table set name='杨英英' where name='英英'";
    $result =mysqli_query($link,$query);
    if($result){
      echo '修改联系人成功！';
       echo '<a href=exp0603.php>点击显示</a>';    }
    else
      {
      echo '修改联系人失败！'."<br />";
      echo '<a href=exp0603.php>点击显示</a>';    }
    }
  //关闭数据库连接
  mysqli_close($link);
?>
```

（2）检查代码后，将文件保存到路径"D:\PHP\CH06\exp0606.php"下，在浏览器的地址栏中输入：http://localhost/CH06/exp0606.php，按回车键即可浏览页面运行结果，然后单击"点击显示"命令便可看到修改后的结果，如图 6-13 所示。

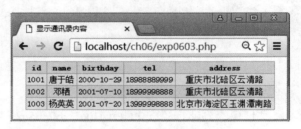

图 6-13　修改联系人姓名

6.5　实训

1. 以命令行方式连接 MySQL 服务器并进行相关操作。
2. 下载 phpMyAdmin 最新稳定版本安装在自己的计算机上。
3. 用 phpMyAdmin 设计在第 5 章中提到的用户注册表。
4. 用 PHP 直接实现用户留言表的建立。
5. 用 PHP 直接实现用户反馈表的建立。

7
新闻系统

 **学习目标**

- 熟悉如何进行系统的设计。
- 掌握数据库和数据表的设计与创建。
- 掌握新闻系统的后台管理系统。
- 掌握新闻系统的前台显示系统。
- 熟悉整个新闻系统的设计与制作实现过程。

7.1 系统设计

新闻系统，一般是新闻发布系统的简称。新闻发布系统（News Release System）又叫做内容管理系统（Content Management System），是一个基于新闻和内容管理的全站管理系统，新闻发布系统是基于 B/S 模式的 WEBMIS 系统，可以将杂乱无章的信息（包括文字、图片和影音）经过组织，合理有序地呈现在大家面前。当今社会是一个信息化的社会，新闻作为信息的一部分有着信息量大、类别繁多、形式多样的特点，新闻发布系统的概念就此提出。新闻发布系统的提出使电视不再是唯一的新闻媒体，从此以后网络也充当了一个重要的新闻媒介的功能。

经过跟客户进行详细的需求分析后，制定了该系统所应达到的总体目标及功能目标。

1. 总体目标

很多网站都提供新闻栏目，例如搜狐、新浪等著名网站的新闻专栏。许多企业和个人网站也需要定期发布一些关于企业或网站的新闻。因为网络中新闻发布的频率非常高，如果使用静态网页作为新闻页面，则维护工作将非常繁琐，管理员每天需要制作大量的网页，从而浪费很多时间和精力。使用新闻发布及管理系统可以使新闻发布和管理变得很轻松，管理员只需设置标题、内容和图片等内容就可以了，系统将自动生成对应的新闻网页。

2. 功能目标

本系统的功能目标分为四个模块：前台显示系统、管理员管理、新闻分类管理和新闻信息管理。

7.1.1 功能设计

新闻系统一般分为前台显示系统和后台管理系统。前台显示系统最有代表性的是网站首页设计和网站内页设计，后台管理系统主要完成下面的功能。

1. 管理员模块

在登录页面，用户输入信息后提交到验证程序进行密码比对，如果正确则成功登录到后台进行相应的操作。否则，显示错误信息并跳转回登录页面。

2. 新闻分类管理

包括添加新闻分类、修改新闻分类以及删除新闻分类。

3. 新闻信息管理

包括添加新闻信息、修改新闻信息以及删除新闻信息。新闻网站后台管理系统的功能结构如图 7-1 所示。

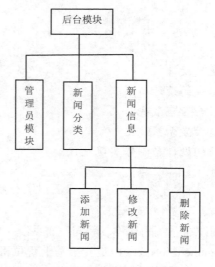

图 7-1　后台管理系统的功能结构

经过和客户的沟通，最终确认本系统首页效果如图 7-2（a）所示，内页详细效果如图 7-2（b）所示。

7.1.2 数据库设计

数据库的设计对新闻系统的实现起着至关重要的作用，设计合理的数据库表结构，不仅有利于新闻系统的开发，而且有利于提高新闻的发布系统的性能。根据新闻系统的功能设计要求，本系统需要如下的四个数据表。

1. 管理员表 manager

管理员表用于保存新闻系统后台的管理员账号，为了防止明文密码存储带来安全隐患，这里对密码进行 SHA-512 加密处理。本着实用的目的，表的字段较多，但主要字段如表 7-1 所示。

（a）新闻系统首页设计效果

（b）新闻系统内页设计效果

图 7-2　新闻系统

表 7-1　管理员表

字段名	数据类型	描述
key_users	int(10) unsigned	主键 ID，自动增长
id	varchar(50)	用户名，唯一约束
password	varchar(128)	加密后的密码
login_time	varchar(20)	最后登录时间

2. 新闻分类表 news_type

新闻分类表用于保存新闻分类信息，如国内要闻、图片新闻、系统公告等。其结构如表 7-2 所示。

表 7-2　新闻分类表

字段名	数据类型	描述
news_type_id	int(10) unsigned	主键 ID，自动增长
news_type	varchar(50)	新闻分类名称

3. 新闻信息表 news_info

新闻信息表用于保存新闻的详细信息，其结构如表 7-3 所示。

表 7-3　新闻信息表

字段名	数据类型	描述
news_id	int(10) unsigned	主键 ID，自动增长
title	varchar(100)	新闻标题
news_type	varchar(50)	所属新闻分类
source	varchar(50) NULL	新闻来源或发布者
post_time	varchar(20)	新闻发布时间
detail	text	新闻详细内容
news_pic	varchar(50) NULL	新闻图片
news_pic_align	varchar(10)	图片对齐方式

4. 模板信息表 templet_info

模板信息表是保存网站模板的具体信息，如首页模板、内页模板等。其结构如表 7-4 所示。

表 7-4　模板信息表

字段名	数据类型	描述
templet_id	int(10) unsigned	主键 ID，自动增长
templet_name	varchar(10)	模板名称
templet_content	text	模板内容

创建新闻系统所需的数据库和四个数据表。

【实现步骤】

（1）通过 phpMyAdmin 登录 MySQL 服务器，单击左侧的"新建"命令，在出现的新窗口中的"数据库名"文本框中输入"newsdb"，"排序规则"选择"utf8mb4_unicode_ci"，单击"创建"按钮即可创建数据库"newsdb"。

（2）如图 7-3（a）所示，在"新建数据表"下面的"名字"本文框中输入"manager"，单击"执行"按钮，在窗口中输入管理员表的相关信息，特别注意将"key_users"设为主键并勾选"自动增长"，如图 7-3（b）所示，单击右下方的"保存"按钮，即可成功创建管理员表。

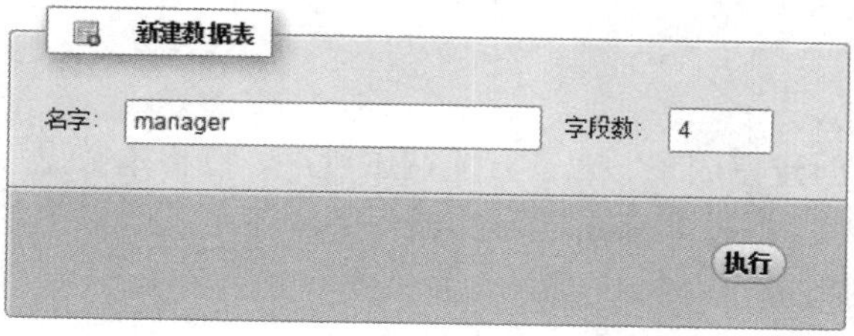

图 7-3　创建管理员表

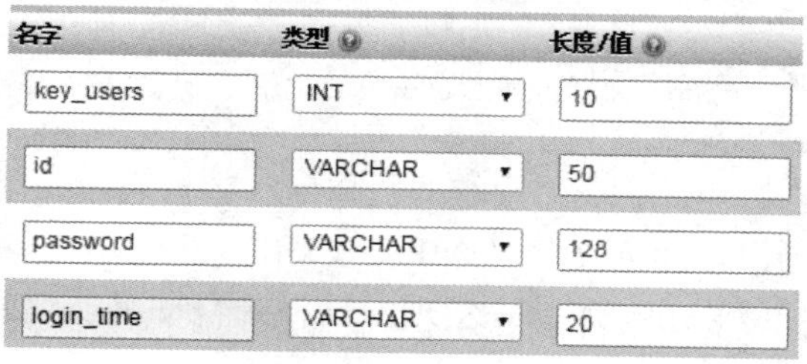

（3）用类似的方法创建新闻分类表（news_type）、新闻信息表（news_info）和新闻模板信息表（templet_info）。建好后的数据表如图 7-4 所示。

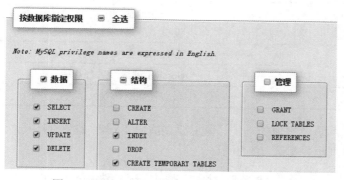

图 7-4　新闻系统所需的四个数据表

（4）单击"权限"为数据库"newsdb"建立一个用户"newsdb"，密码设置为"news331"，并给予如图 7-5 所示的权限。

图 7-5　用户 newsdb 对数据库 newsdb 的权限

（5）进入数据库"newsdb"中的管理员表"manager"，单击"SQL"，输入如下 SQL 语句：
```
INSERT INTO 'manager' ('key_users', 'id', 'password', 'login_time') VALUES ('1', 'newsdb', 'bf016e24b08ff5141eb425f5a13444fe1907332575fe385996e0cecd7db6fefc8f4036a8e31e5a44d7900a479ef6b76b947feb4d752766bd5258dfe59b14169d', '');
```
再单击"执行"按钮，执行后就在管理员表中建立了一个用户"newsdb"，其密码为"news331"。

特别说明，上述的密码是由加密算法生成的，代码如下所示：

```
<?php
echo hash("sha512","news331");
?>
```

至此，新闻系统的数据库和数据表设计就创建完成了。为了方便调试程序，特将本数据库导出，存为文件"D:\PHP\CH07\sql\newsdb.sql"。不过大家在学习的过程中，还是按照以上的步骤一步一步的来实现，这样亲自动手能学到更多。

7.2 后台管理系统

数据库设计完成以后，就可以进行后台管理系统的开发了，包括管理员登录、新闻分类管理以及新闻信息管理等功能。

由于本章为一个综合案例的开发，现设其根目录为"D:\PHP\CH07"。为了提高新闻系统开发的效率和减少代码的重用，把本案例将用到的一些公共程序文件清单列出，如表 7-5 所示。文件的代码就不一一列出了，自行进行研究学习。

表 7-5　公共程序文件清单

编号	文件名（含相对路径）	功能
1	css/ admin.css	样式表，后台共用
2	js/ jquery-1.12.4.js	jQuery 库，后台共用
3	js/ jquery.validate.js	jQuery 验证插件，后台共用
4	js/ additional-methods.js	jQuery 验证插件，后台共用
5	js/ messages_zh.js	jQuery 验证插件，后台共用
6	js/news.js	JavaScript 验证程序，后台共用
7	webuser.php	数据库基本设置，前后台共用
8	mysql.php	连接 MySQL 服务器，前后台共用
9	charset.php	设置字符集，前后台共用
10	head.php	后台功能模块链接，后台共用
11	admin_session.php	Session 设置，后台共用
12	admin.php	后台管理默认首页

根据后台管理系统要实现的功能，将主要完成以下程序文件的开发，为了方便学习，现将这些程序文件清单列出，如表 7-6 所示。

表 7-6　后台管理系统程序文件清单

编号	文件名（含相对路径）	功能	所属模块
1	loginadmin.php	管理员登录入口	
2	loginend.php	管理员登录验证	
3	password.php	管理员密码修改入口	管理员管理模块
4	updatepassword.php	管理员密码修改处理	
5	logout.php	管理员退出登录	

续表

编号	文件名（含相对路径）	功能	所属模块
6	news_type.php	新闻分类管理	新闻分类管理模块
7	add_type.php	添加新闻分类入口	
8	add_type_end.php	添加新闻分类处理	
9	update_type.php	修改新闻分类入口	
10	update_type_end.php	修改新闻分类处理	
11	del_type.php	删除新闻分类	
12	news_info.php	新闻信息管理	新闻信息管理模块
13	add_news.php	添加新闻信息	
14	add_news_end.php	添加新闻信息处理	
15	update_news.php	修改新闻信息	
16	update_news_end.php	修改新闻信息处理	
17	del_news.php	删除新闻信息	

7.2.1　管理员管理

1．管理员登录

创建管理员登录后台的入口程序 "loginadmin.php"。

【实现步骤】

启动 Adobe Dreamweaver CS6，创建符合 HTML5 标准的空白 HTML 页面，将所有 HTML 代码换成以下 PHP 代码，然后将文件保存到 "loginadmin.php" 中，运行该文件，如图 7-6 所示。然后输入用户名 "newsdb"，密码 "news331"，经 "loginend.php" 程序验证后即可登录新闻后台管理系统，如图 7-7 所示。

```php
<?php
//使用 session
require("admin_session.php");
require("webuser.php");
if (isset($_SESSION['key_manager']) && $_SESSION['key_manager']!=0)
   {
   header("Location: admin.php\n");
   exit();
   }
//设置编码格式
header("Content-type:text/html;charset=utf-8");
?>
<!doctype html>
<html>
<head>
<meta charset="utf-8">
<title>管理员登录</title>
<link href="css/admin.css" rel="stylesheet" type="text/css" />
```

```
<script src="js/jquery-1.12.4.js"></script>
<script src="js/jquery.validate.js"></script>
<script src="js/additional-methods.js"></script>
<script src="js/messages_zh.js"></script>
</head>
<body>
<form name="form1" id="form1" class="login" action="loginend.php" method="post">
    <fieldset>
        <legend>管理员登录</legend>
        <p>用户名：<input name="username" type="text" id="username" size="30" required placeholder="6-50
位字母、数字或下划线，字母开头"></p>
        <p>密    码：<input name="userpwd" type="password" id="userpwd" size="30" required
placeholder="6-50 位字母、数字或符号"></p>
    </fieldset>
    <p><input type="submit" name="submitbtn" id="submitbtn" class="item-submit" value="登录">
        <input type="reset" name="resetbtn" id="resetbtn" class="item-submit" value="重置"> </p>
</form>
```

图 7-6　管理员登录入口程序

图 7-7　新闻后台管理系统界面

文件"loginend.php"的内容如下：

```
<?php
//使用 session
require("admin_session.php");
require("webuser.php");
//设置编码格式
```

```
header("Content-type:text/html;charset=uft-8");
$dispinfo="非法进入！";
$jump_pages="loginadmin.php";
if (isset($_POST['submitbtn']) && isset($_POST["username"]) && preg_match("/^[A-Za-z]{1}([_A-Za-z0-9])
{5,49}$/",urldecode($_POST["username"])))
    {
    //连接到 MySQL 服务器
    include("mysql.php");
    include("charset.php");
    $query = "select * from manager where id='".urldecode($_POST["username"])."'";
    $result = mysqli_query($link,$query);
    $num = mysqli_num_rows($result);
    //如果没有记录，说明该管理员不存在
    if($num==0)
        {
        $dispinfo="对不起，此管理员不存在，请重新登录!";
        $_SESSION['key_manager']=0;
        $_SESSION['manager_timestamp']="";
        $_SESSION['manager_name']="";
        }
    //如果该管理员存在，再确认他的密码是否正确
    else
        {
        $row = mysqli_fetch_array($result);
        if(!hash_equals(hash("sha512",$_POST["userpwd"]),$row["password"]) )
            {
            $dispinfo="对不起，密码错误，请重新登录！";
            $_SESSION['key_manager']=0;
            $_SESSION['manager_timestamp']="";
            $_SESSION['manager_name']="";
            }
        else
            {
            $dispinfo="登录成功！\n\n 为了安全，退出前请点击网页顶部注销！";
            //得到当前时间
            $login_time= date("Y-m-d H:i:s",time());
            $query123 = "update manager set login_time='$login_time' where id='".urldecode($_POST
["username"])."'";
            mysqli_query($link,$query123);
            $_SESSION['key_manager']=$row["key_users"];
            $_SESSION['manager_timestamp']= time();
            $_SESSION['manager_name']=$row["id"];
            $jump_pages="admin.php";
            }
        }
    }
```

```
        echo "<div style='display:none' id='dispinfo'>".$dispinfo."</div>
        <div style='display:none' id='jump_pages'>".$jump_pages."</div>\n";
    ?>
    <script>
        alert(document.getElementById('dispinfo').innerHTML);
        window.open((document.getElementById('jump_pages').innerHTML),'_self',");
    </script>
```

2. 管理员修改密码

编写对管理员的密码进行修改的程序"password.php"。

【实现步骤】

启动 Adobe Dreamweaver CS6，创建符合 HTML5 标准的空白 HTML 页面，将所有 HTML 代码换成以下 PHP 代码，然后将文件保存到"password.php"中，在后台管理系统界面中单击"修改密码"，运行该文件，输入原有密码和新密码后，经过"updatepassword.php"验证后即可成功修改密码，如图 7-8 所示。

```php
<?php
//使用 session
require("admin_session.php");
require("webuser.php");
if (!isset($_SESSION['key_manager']) || $_SESSION['key_manager']==0)
    {    header("Location: loginadmin.php\n");
    exit();    }
//设置编码格式
header("Content-type:text/html;charset=utf-8");
?><!doctype html>
<html><head>
<meta charset="utf-8">
<title>更改密码</title>
<link href="css/admin.css" rel="stylesheet" type="text/css" />
<script src="js/jquery-1.12.4.js"></script>
<script src="js/jquery.validate.js"></script>
<script src="js/additional-methods.js"></script>
<script src="js/messages_zh.js"></script>
</head>
<body>
<?php include("head.php"); ?>
<form name="form1" id="form1" class="login" action="updatepassword.php" method="post">
    <fieldset>
        <legend>更改密码</legend>
        <p>用 户 名：<?php echo $_SESSION['manager_name']; ?><input name="username" type="hidden"
id="username" value="<?php echo $_SESSION['manager_name']; ?>"></p>
        <p>旧 密 码：<input type="password" name="old_password" id="old_password" size="30" required
placeholder="6-50 位字母、数字或符号"></p>
        <p>新 密 码：<input type="password" name="new_password1" id="new_password1" size="30" required
placeholder="6-50 位字母、数字或符号"></p>
        <p>再输一次：<input type="password" name="new_password2" id="new_password2" size="30" required
```

placeholder="6-50 位字母、数字或符号"></p>
  </fieldset>
  <p><input type="submit" name="submitbtn" id="submitbtn" class="item-submit" value="修改">
   <input type="reset" name="resetbtn" id="resetbtn" class="item-submit" value="重置">
  </p></form>

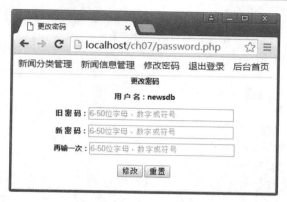

图 7-8 修改管理员密码

文件"updatepassword.php"的源代码如下：

```php
<?php
//使用 session
require("admin_session.php");
require("webuser.php");
if (!isset($_SESSION['key_manager']) || $_SESSION['key_manager']==0)
  {
    header("Location: loginadmin.php\n");
    exit();
  }
//设置编码格式
header("Content-type:text/html;charset=utf-8");
?>
<!doctype html>
<html><head>
<meta charset="utf-8">
<title>更改密码</title>
<link href="css/admin.css" rel="stylesheet" type="text/css" />
<script src="js/jquery-1.12.4.js"></script>
<script src="js/jquery.validate.js"></script>
<script src="js/additional-methods.js"></script>
<script src="js/messages_zh.js"></script>
</head>
<body>
<?php include("head.php"); ?>
<?php
if (isset($_POST['submitbtn']))
  {
```

```php
//连接到 MySQL 服务器
require("mysql.php");
$query = "select * from manager where id='".$_POST["username"]."'";
$result = mysqli_query($link,$query);
$num = mysqli_num_rows($result);
//如果没有记录，说明该用户不存在
if($num==0)
    { printf("<h4>对不起，此用户不存在，请返回修改！</h4>");      }
//如果该用户存在，再确认他的密码是否正确
else if (hash_equals($_POST["old_password"],""))
    { echo "<h4>对不起，您忘了输入旧密码！无法更改密码，请返回输入！</h4>";   }
else
    {
    $row = mysqli_fetch_array($result);
    $user_id = $row["key_users"];
     if(!hash_equals(hash("sha512",$_POST["old_password"]),$row["password"]))
        {
        printf("<h4>对不起，旧密码不正确，无法更改密码，请返回修改！</h4>");
        }
      else
        {
        if (!$_POST["new_password1"]) $error="请输入您的新密码";
        if ((!isset($error)) and ((strlen($_POST["new_password1"])<6) or (strlen($_POST["new_password1"])
>50))) $error="新密码应为 6--50 位字符";
        if  ((!isset($error))   and   !hash_equals($_POST["new_password1"],$_POST["new_password2"]))
$error="两次输入的新密码不同";
        if (isset($error))
            {
    echo "<h4>$error</h4><";
  }
        else
            {
             $passtem=hash("sha512",$_POST["new_password1"]);
             $query = "update ".$tb_prefixion."manager set password = '$passtem' where key_users =
$user_id";
            $result = mysqli_query($link,$query);
            if($result)
                {
                echo "<h4>密码修改成功！下次请使用新密码登录！</h4>";
                }
            else
                {
                echo "<h4>对不起，密码修改失败!</h4>";
                }
            }
        }
    }
```

```
    }
    @mysqli_close($link);
    }?>
<p><a href="password.php">返回修改</a></p>
```

3．退出登录

退出登录模块比较简单，单击"退出登录"命令即可，它实际上跳转到"logout.php"执行销毁 Session 的工作了，其源代码如下：

```php
<?php
//使用 session
require("admin_session.php");
require("webuser.php");
//设置编码格式
header("Content-type:text/html;charset=utf-8");
$dispinfo="";
if (!isset($_SESSION['key_manager']) || $_SESSION['key_manager']==0)
    {
    $dispinfo.="你还没有登录呢！";
    }
else
    {
    unset($_SESSION['key_manager']);
    unset($_SESSION['manager_name']);
    unset($_SESSION['manager_timestamp']);
    session_destroy();
    $dispinfo.="注销成功！再见！";
    }
    echo "<div style='display:none' id='dispinfo'>".$dispinfo."</div>\n";
?>
<script>
    alert(document.getElementById('dispinfo').innerHTML);
    window.close();
</script>
```

7.2.2　新闻分类管理

为了更好的管理和显示新闻，在新闻系统中一般都要对新闻进行分类管理。

1．新闻分类主界面

新闻分类主界面实现对新闻分类的显示、添加、修改和删除。

【实现步骤】

启动 Adobe Dreamweaver CS6，创建符合 HTML5 标准的空白 HTML 页面，将所有 HTML代码换成以下 PHP 代码，然后将文件保存到"news_type.php"，单击"新闻分类管理"，运行该文件，结果如图 7-9 所示。

```php
<?php
//使用 session
require("admin_session.php");
```

Chapter

7

```php
require("webuser.php");
if (!isset($_SESSION['key_manager']) || $_SESSION['key_manager']==0)
    {
    header("Location: loginadmin.php\n");
    exit();
    }
//设置编码格式
header("Content-type:text/html;charset=utf-8");
?>
<!doctype html>
<html>
<head>
<meta charset="utf-8">
<title>新闻分类管理</title>
<link href="css/admin.css" rel="stylesheet" type="text/css" />
<script src="js/news.js"></script>
</head>
<body>
<?php include("head.php"); ?>
<?php
//连接到 MySQL 服务器
require("mysql.php");
$query = "select * from news_type";
$result = mysqli_query($link,$query);
$num = mysqli_num_rows($result);
//如果没有记录，说明该用户不存在
if($num==0)
    {
     printf("<h4>对不起，没有分类！</h4>");
    }
else
    {
    while($row = mysqli_fetch_array($result))
        {
        $timid = $row["news_type_id"];
        $timname = $row["news_type"];
         echo "<p>".$timname."    <a href=\"update_type.php?id=$timid\">修改</a>    <a href=\"del_type.php?id=$timid\" title=\"".$timname."\" onclick=\"{del(this);return false;}\">删除</a></p>\n";
        }
    }
@mysqli_close($link);
?>
<p><a href="add_type.php">添加新闻分类</a></p>
</body>
</html>
```

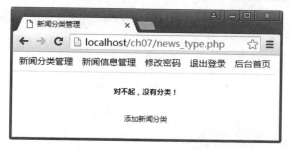

图 7-9　新闻分类管理主界面

2．新闻分类添加

【实现步骤】

启动 Adobe Dreamweaver CS6，创建符合 HTML5 标准的空白 HTML 页面，将所有 HTML 代码换成以下 PHP 代码，然后将文件保存到"add_type.php"，单击图 7-9 中的"添加新闻分类"运行该文件，输入新闻名称如国内要闻，单击"添加"按钮，经"add_type_end.php"处理后即可成功，如图 7-10 所示。

文件 add_type_end.php 的源代码如下：

```php
<?php
//使用 session
require("admin_session.php");
require("webuser.php");
if (!isset($_SESSION['key_manager']) || $_SESSION['key_manager']==0)
    {
    header("Location: loginadmin.php\n");
    exit();
    }
//设置编码格式
header("Content-type:text/html;charset=utf-8");
?>
<!doctype html>
<html>
<head>
<meta charset="utf-8">
<title>添加新闻分类</title>
<link href="css/admin.css" rel="stylesheet" type="text/css" />
<script src="js/jquery-1.12.4.js"></script>
<script src="js/jquery.validate.js"></script>
<script src="js/additional-methods.js"></script>
<script src="js/messages_zh.js"></script>
</head>
<body>
<?php include("head.php"); ?>
<form name="form1" id="form1" class="login" action="add_type_end.php" method="post">
  <fieldset>
    <legend>添加新闻分类</legend>
```

```
        <p>请输入新闻分类名称： <input type="text" name="news_type" id="news_type" size="20" required
placeholder="25 个汉字以内"></p>
    </fieldset>
    <p><input type="submit" name="submitbtn" id="submitbtn" value="添加">
      <input type="reset" name="resetbtn" id="resetbtn" value="重置">
    </p>
</form>
</body>
</html>
```

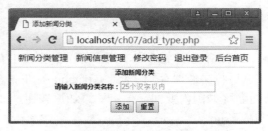

图 7-10　新闻分类添加

文件"add_type_end.php"的源代码如下：

```php
<?php
//使用 session
require("admin_session.php");
require("webuser.php");
if (!isset($_SESSION['key_manager']) || $_SESSION['key_manager']==0)
    {
    header("Location: loginadmin.php\n");
    exit();
    }
//设置编码格式
header("Content-type:text/html;charset=utf-8");
$dispinfo="非法进入！ ";
$jump_pages="add_type.php";
if (isset($_POST['submitbtn']) && isset($_POST["news_type"]) && preg_match("/^[\x{4e00}-\x{9fa5}]
{4,25}$/u",urldecode($_POST["news_type"])))
    {
    //连接到 MySQL 服务器
    include("mysql.php");
    include("charset.php");
    $query = "insert into news_type (news_type) values ('".$_POST["news_type"]."')";
    $result = mysqli_query($link,$query);
    if($result)
        {
        $dispinfo="新闻分类添加成功！ ";
        }
    else
        {
```

```
    $dispinfo="新闻分类添加失败！";
    $jump_pages="add_type.php";
    }
  }
  echo "<div style='display:none' id='dispinfo'>".$dispinfo."</div>
  <div style='display:none' id='jump_pages'>".$jump_pages."</div>\n";
?>
<script>
  alert(document.getElementById('dispinfo').innerHTML);
  window.open((document.getElementById('jump_pages').innerHTML),'_self,'');
</script>
```

把前台首页设计的新闻分类全部加上，最后的结果如图 7-11 所示。

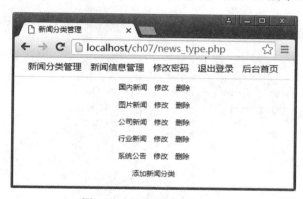

图 7-11　新闻分类添加完成

3．新闻分类修改

【实现步骤】

启动 Adobe Dreamweaver CS6，创建符合 HTML5 标准的空白 HTML 页面，将所有 HTML 代码换成以下 PHP 代码，然后将文件保存到 "update_type.php" 中，单击图 7-11 中的 "修改" 命令，运行代码。输入新的新闻分类，单击 "修改"，经 "update_type_end.php" 验证通过后即可成功修改，如图 7-12 所示。

```php
<?php
//使用 session
require("admin_session.php");
require("webuser.php");
if (!isset($_SESSION['key_manager']) || $_SESSION['key_manager']==0)
  {
  header("Location: loginadmin.php\n");
  exit();
  }
//设置编码格式
header("Content-type:text/html;charset=utf-8");
?>
<!doctype html>
<html>
```

```
<head>
<meta charset="utf-8">
<title>修改新闻分类</title>
<link href="css/admin.css" rel="stylesheet" type="text/css" />
<script src="js/jquery-1.12.4.js"></script>
<script src="js/jquery.validate.js"></script>
<script src="js/additional-methods.js"></script>
<script src="js/messages_zh.js"></script>
</head>
<body>
<?php include("head.php"); ?>
<?php
if (isset($_GET["id"]) && preg_match("/^[\d]+$/",urldecode($_GET["id"])))
    {
    //连接到 MySQL 服务器
    include("mysql.php");
    include("charset.php");
    $query = "select * from news_type where news_type_id=".$_GET["id"]."";
    $result = mysqli_query($link,$query);
    $num = mysqli_num_rows($result);
    if($num==0)
        {
        echo "<h4>非法进入！</h4>";
        }
    else
        {
        $row = mysqli_fetch_array($result);
?>
<form name="form1" id="form1" class="login" action="update_type_end.php" method="post">
    <fieldset>
        <legend>修改新闻分类</legend>
        <p>新闻分类名称：<input type="text" name="news_type" id="news_type" value="<?php echo
$row["news_type"]; ?>" size="20" required placeholder="25 个汉字以内"></p>
    </fieldset>
    <p><input type="submit" name="submitbtn" id="submitbtn" value="修改">
        <input name="id" type="hidden" value="<?php echo $row["news_type_id"]; ?>">
        <input type="reset" name="resetbtn" id="resetbtn" value="重置">
    </p>
</form>
<?php
        }
    }
else
    {   echo "<h4>非法进入！</h4>";   }
?>
```

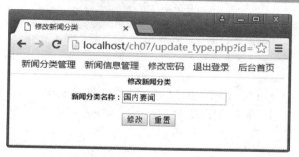

图 7-12 新闻分类修改

文件"update_type_end.php"的源代码如下：

```php
<?php
//使用 session
require("admin_session.php");
require("webuser.php");
if (!isset($_SESSION['key_manager']) || $_SESSION['key_manager']==0)
    {
    header("Location: loginadmin.php\n");
    exit();
    }
//设置编码格式
header("Content-type:text/html;charset=utf-8");
$dispinfo="非法进入！";
$jump_pages="news_type.php";
if (isset($_POST['submitbtn']) && isset($_POST["id"]) && preg_match("/^[\d]+$/",urldecode($_POST["id"]))
&& isset($_POST["news_type"]) && preg_match("/^[\x{4e00}-\x{9fa5}]{4,25}$/u",urldecode($_POST
["news_type"])))
    {
    //连接到 MySQL 服务器
    include("mysql.php");
    include("charset.php");
    $query = "update news_type set news_type='".$_POST["news_type"]."' where news_type_id=".$_POST["id"]."";
    $result = mysqli_query($link,$query);
    if($result)
        {
        $dispinfo="新闻分类修改成功！";
        }
    else
        {
        $dispinfo="新闻分类修改失败！";
        }
    }
    echo "<div style='display:none' id='dispinfo'>".$dispinfo."</div>
    <div style='display:none' id='jump_pages'>".$jump_pages."</div>\n";
?>
<script>
```

```
        alert(document.getElementById('dispinfo').innerHTML);
        window.open((document.getElementById('jump_pages').innerHTML),'_self,'');
</script>
```

4. 新闻分类删除

进入新闻分类管理主界面，单击新闻分类名称后面的"删除"命令即可删除，它实际上是跳转到"del_type.php"执行删除操作的。文件"del_type.php"的代码如下：

```php
<?php
//使用 session
require("admin_session.php");
require("webuser.php");
if (!isset($_SESSION['key_manager']) || $_SESSION['key_manager']==0)
    {
    header("Location: loginadmin.php\n");
    exit();
    }
//设置编码格式
header("Content-type:text/html;charset=utf-8");
$dispinfo="非法进入！ ";
$jump_pages="news_type.php";
if (isset($_GET["id"]) && preg_match("/^[\d]+$/",urldecode($_GET["id"])))
    {
    //连接到 MySQL 服务器
    include("mysql.php");
    include("charset.php");
    $query = "delete from news_type where news_type_id=".$_GET["id"]."";
    $result = mysqli_query($link,$query);
    if($result)
        {
        $dispinfo="新闻分类删除成功！ ";
        }
    else
        {
        $dispinfo="新闻分类删除失败！ ";
        }
    }
    echo "<div style='display:none' id='dispinfo'>".$dispinfo."</div>
    <div style='display:none' id='jump_pages'>".$jump_pages."</div>\n";
?>
<script>
    alert(document.getElementById('dispinfo').innerHTML);
    window.open((document.getElementById('jump_pages').innerHTML),'_self,'');
</script>
```

7.2.3 新闻信息管理

1. 新闻信息管理主界面

新闻信息管理主界面首先读出所有的新闻分类，然后单击分类读出该分类的所有新闻。

【实现步骤】

启动 Adobe Dreamweaver CS6，创建符合 HTML5 标准的空白 HTML 页面，将所有 HTML 代码换成以下 PHP 代码，然后将文件保存到 "news_info.php"；单击 "新闻信息管理" 运行该文件，其结果如图 7-13 所示。

图 7-13　新闻信息管理的主界面

```php
<?php
//使用 session
require("admin_session.php");
require("webuser.php");
if (!isset($_SESSION['key_manager']) || $_SESSION['key_manager']==0)
  {
  header("Location: loginadmin.php\n");
  exit();
  }
//设置编码格式
header("Content-type:text/html;charset=utf-8");
?>
<!doctype html>
<html><head>
<meta charset="utf-8">
<title>新闻信息管理</title>
<link href="css/admin.css" rel="stylesheet" type="text/css" />
<script src="js/news.js"></script>
</head>
<body>
<?php
include("head.php");?>
<h5>
<?php
//连接到 MySQL 服务器
require("mysql.php");
$query = "select * from news_type";
$result = mysqli_query($link,$query);
$num = mysqli_num_rows($result);
while($row = mysqli_fetch_array($result))
```

```
{
$timname = $row["news_type"];
echo "<a href=\"news_info.php?type=".$timname."\">".$timname."</a>   \n";
}
?></h5><div class="news">
<?php
if(!empty($_GET["type"]))
    $query = "select * from news_info where news_type='".urldecode($_GET["type"])."' order by news_id
DESC";
    else
    $query = "select * from news_info order by news_id DESC";
$result = mysqli_query($link,$query);
$num = mysqli_num_rows($result);
//如果没有记录，说明该用户不存在
if($num==0)
    {    printf("<h4>对不起，没有信息！</h4>");    }
else
    {
    while($row = mysqli_fetch_array($result))
      {
      $timid = $row["news_id"];
      $timname = $row["title"];
      echo "<p><span> ☆ </span>".$timname."   <a href=\"update_news.php?id=$timid\"> 修改 </a>   <a
href=\"del_news.php?id=$timid\" title=\"".$timname."\" onclick=\"{del(this);return false;}\">删除</a></p>\n";
      }
    }
@mysqli_close($link);
?></div>
<p><a href="add_news.php">添加新闻信息</a></p>
</body></html>
```

2．添加新闻信息

【实现步骤】

启动 Adobe Dreamweaver CS6，创建符合 HTML5 标准的空白 HTML 页面，将所有 HTML
代码换成以下 PHP 代码，然后将文件保存到"add_news.php"；单击图 7-13 中的"添加新闻
信息"运行该文件，并输入表单相应信息和图片，就可添加一条图文并茂的新闻，如图 7-14
所示。

```
<?php
//使用 session
require("admin_session.php");
require("webuser.php");
if (!isset($_SESSION['key_manager']) || $_SESSION['key_manager']==0)
    {
    header("Location: loginadmin.php\n");
    exit();
    }
```

```
//设置编码格式
header("Content-type:text/html;charset=utf-8");
?>
<!doctype html>
<html>
<head>
<meta charset="utf-8">
<title>添加新闻信息</title>
<link href="css/admin.css" rel="stylesheet" type="text/css" />
<script src="js/news.js"></script>
</head>
<body>
<?php include("head.php"); ?>
<form name="form1" id="form1" class="news" action="add_news_end.php" method="post" encType=
"multipart/form-data" onSubmit="javascript:{return calform(this)}">
    <fieldset>
        <legend>添加新闻信息</legend>
        <p>新闻标题：<input type="text" name="title" id="title" size="20" class="text3" placeholder="50 个汉字
以内"></p>
        <div>新闻分类：<select size="1" name="news_type">
<?php
//连接到 MySQL 服务器
require("mysql.php");
$query = "select * from news_type";
$result = mysqli_query($link,$query);
$num = mysqli_num_rows($result);
while($row = mysqli_fetch_array($result))
{
$timname = $row["news_type"];
echo "<option value=\"".$timname."\">".$timname."</option>\n";
}
?>
</select></div>
        <p>新闻来源：<input type="text" name="source" id="source" size="20" class="text3" placeholder="25
个汉字以内"></p>
        <div class="text2"><p class="text1"> 新 闻 内 容 ： </p><p class="text1"><textarea name="detail"
rows="10" class="text2 text3"></textarea></p></div>
        <p class="clear">新闻图片：<input name="news_pic" id="news_pic" type="file" onchange="cal()">
<input type="hidden" name="onload_pic_align" id="onload_pic_align" value="left">
    <select size="1" name="news_pic_align" id="news_pic_align" onchange="pic_align(this)">
    <option value="left" selected>对左</option>
    <option value="right">对右</option>
    <option value="middle">对中</option>
    <option value="top">顶部对齐</option>
    <option value="middle">中部对齐</option>
    <option value="bottom">下面对齐</option>
```

```
    <option value="texttop">文字顶部</option>
    <option value="absmiddle">绝对中间</option>
    <option value="absbottom">绝对底部</option>
    <option value="background">作为背景</option>
</select></p>
    <div id="pr"><img src="image/noimage.gif" name="preview" id="preview" align="left" onload=
"setImgAutoSize(this)" />这里将放置您的新闻图片
    <div style="position:absolute; width:0; height:0;z-index:-100; overflow: hidden;"><img id="divview"
name="divview" src="image/noimage.gif"></div>
    <input type="hidden" value="" name="news_pic_width">
    <input type="hidden" value="" name="news_pic_height"></div>
</fieldset>
<h4><input type="submit" name="submitbtn" id="submitbtn" value="添加">
    <input type="reset" name="resetbtn" id="resetbtn" value="重置">  </h4>
</form></body></html>
```

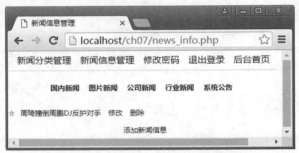

图 7-14　添加一条新闻信息完成后

文件 "add_news_end.php" 的源代码如下：

```php
<?php
//使用 session
require("admin_session.php");
require("webuser.php");
if (!isset($_SESSION['key_manager']) || $_SESSION['key_manager']==0)
  {
  header("Location: loginadmin.php\n");
  exit();
  }
//设置编码格式
header("Content-type:text/html;charset=utf-8");
$dispinfo="非法进入！";
$jump_pages="news_info.php";
if (isset($_POST['submitbtn']))
  {
  $dispinfo="";
  //连接到 MySQL 服务器
  include("mysql.php");
  include("charset.php");
```

```
$post_time=date("Y-m-d H:i:s",time());
$new_news_pic="";
//添加新闻图片
if(file_exists($_FILES["news_pic"]["tmp_name"]) && filesize($_FILES["news_pic"]["tmp_name"])<1024*1024)
{
include("mysql.php");
//检测上传文件类型
$upfile=explode(".",$_FILES["news_pic"]["name"]);
$numbers=count($upfile)-1;
$upfiletype=strtolower($upfile[$numbers]);
if ($upfiletype=="gif"||$upfiletype=="jpg")
  {
  $v=opendir($updir);
  if ($v==0)
    { mkdir($updir); //若目录不存在，则新建一个
    $v=opendir($updir); //取得目录 handle
    }
  //重命名上传文件
  $newfilename=date("YmdHis",time())."".substr(session_id(),5,6).".".$upfiletype;
  $up=copy($_FILES["news_pic"]["tmp_name"],$updir."/$newfilename"); //关键一步，将临时文件复制到
updir 目录下
  if($up==1)
    {
    $new_news_pic=$newfilename;
    $dispinfo.="成功上传图片！ \n\n";
    unlink($_FILES["news_pic"]["tmp_name"]); //从临时文件夹中删除档案
    closedir ($v); //关闭目录 handle
    }
  else
     {
     $dispinfo.="对不起，图片上传失败!\n\n";
     }
  }
else
  {
  $dispinfo.="您选择的文件类型为*.$upfiletype!\n 对不起，您只能上传*.gif 或*.jpg 格式文件！\n\n 对
不起，图片上传失败!\n\n";
  }
}
$query = "insert into news_info (title,news_type,source,post_time,detail,news_pic,news_pic_align) values
          ("'.$_POST["title"].'","'.$_POST["news_type"].'","'.$_POST["source"].'",'$post_time',"'.$_POST
["detail"].'","'.$new_news_pic.'","'.$_POST["news_pic_align"].'")";
$result = mysqli_query($link,$query);
if($result)
  {
  $dispinfo.="新闻信息添加成功！ ";
  }
```

```
else
  {
  $dispinfo.="新闻信息添加失败！";
  $jump_pages="add_news.php";
  }
  }
echo "<div style='display:none' id='dispinfo'>".$dispinfo."</div>
<div style='display:none' id='jump_pages'>".$jump_pages."</div>\n";
?>
<script>
  alert(document.getElementById('dispinfo').innerHTML);
  window.open((document.getElementById('jump_pages').innerHTML),'_self','');
</script>
```

特别注意：在添加新闻信息的过程中，如果不能上传图片，即没有提示"成功上传图片"，请将 PHP.INI 文件中的 upload_tmp_dir 这行前的注释去掉并设置上传文件的临时目录。

3．修改新闻信息

【实现步骤】

启动 Adobe Dreamweaver CS6，创建符合 HTML5 标准的空白 HTML 页面，将所有 HTML 代码换成以下 PHP 代码，然后将文件保存到"update_news.php"。单击图 7-14 中的"修改"按钮，运行该文件，输入新的相关信息以及图片，单击"修改"按钮，经"update_news_end.php"验证通过后即可成功修改。如图 7-15 所示。

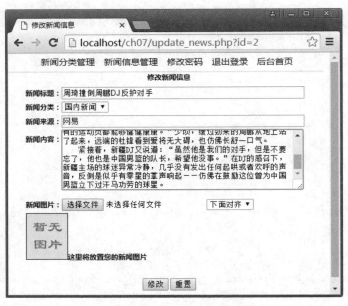

图 7-15　修改新闻信息

```
<?php
//使用 session
require("admin_session.php");
require("webuser.php");
```

```php
    if (!isset($_SESSION['key_manager']) || $_SESSION['key_manager']==0)
        {
        header("Location: loginadmin.php\n");
        exit();
        }
    //设置编码格式
    header("Content-type:text/html;charset=utf-8");
    ?>
    <!doctype html>
    <html>
    <head>
    <meta charset="utf-8">
    <title>修改新闻信息</title>
    <link href="css/admin.css" rel="stylesheet" type="text/css" />
    <script src="js/news.js"></script>
    </head>
    <body>
    <?php include("head.php"); ?>
    <?php
    if (isset($_GET["id"]) && preg_match("/^[\d]+$/",urldecode($_GET["id"])))
        {
        //连接到 MySQL 服务器
        include("mysql.php");
        include("charset.php");
        $query = "select * from news_info where news_id=".$_GET["id"]."";
        $result = mysqli_query($link,$query);
        $num = mysqli_num_rows($result);
        if($num==0)
            {
            echo "<h4>非法进入！</h4>";
            }
        else
            {
            $row = mysqli_fetch_array($result);
    ?>
    <form name="form1" id="form1" class="news" action="update_news_end.php" method="post" encType=
"multipart/form-data" onSubmit="javascript:{return calform(this)}">
        <fieldset>
            <legend>修改新闻信息</legend>
            <p>新闻标题：<input type="text" name="title" id="title" size="20" class="text3" value="<?php echo
$row["title"]; ?>"></p>
            <div>新闻分类：<select size="1" name="news_type">
    <?php
    $disp_type=$row["news_type"];
    $query1 = "select * from news_type";
    $result1 = mysqli_query($link,$query1);
    $num1 = mysqli_num_rows($result1);
```

```
while($row1 = mysqli_fetch_array($result1))
{
$timname = $row1["news_type"];
if($timname==$disp_type)
    echo "<option value=\"".$timname."\" selected>".$timname."</option>\n";
else
    echo "<option value=\"".$timname."\">".$timname."</option>\n";
}
?>
</select></div>
        <p>新闻来源：<input type="text" name="source" id="source" size="20" class="text3" value="<?php echo
$row["source"]; ?>"></p>
        <div class="text2"><p class="text1">新闻内容：</p><p class="text1"><textarea name="detail"
rows="10" class="text2 text3"><?php echo $row["detail"]; ?></textarea></p></div>
        <p class="clear">新闻图片：<input name="news_pic" id="news_pic" type="file" onchange="cal()">
<input type="hidden" name="onload_pic_align" id="onload_pic_align" value="<?php echo $row["news_pic_align"]; ?>">
    <select size="1" name="news_pic_align" id="news_pic_align" onchange="pic_align(this)">
    <option value="left" selected>对左</option>
    <option value="right">对右</option>
    <option value="middle">对中</option>
    <option value="top">顶部对齐</option>
    <option value="middle">中部对齐</option>
    <option value="bottom">下面对齐</option>
    <option value="texttop">文字顶部</option>
    <option value="absmiddle">绝对中间</option>
    <option value="absbottom">绝对底部</option>
    <option value="background">作为背景</option>
</select></p>
        <div id="pr"><img src="<?php $tmpimg= (!empty($row["news_pic"]))?$updir."/".$row["news_pic"]:
"image/noimage.gif"; echo $tmpimg; ?>" align="<? echo $row["news_pic_align"]; ?>" name="preview"
id="preview" onload="setImgAutoSize(this)" />这里将放置您的新闻图片
        <div style="position:absolute; width:0; height:0;z-index:-100; overflow: hidden;"><img id="divview"
name="divview" src="<? echo $tmpimg; ?>"></div>
        <input type="hidden" value="" name="news_pic_width">
        <input type="hidden" value="" name="news_pic_height"></div>
    </fieldset>
    <h4><input type="submit" name="submitbtn" id="submitbtn" value="修改">
        <input name="id" type="hidden" value="<?php echo $row["news_id"]; ?>">
        <input type="reset" name="resetbtn" id="resetbtn" value="重置">
    </h4></form>
<?php
    }
}
else
    { echo "<h4>非法进入！</h4>"; }
?></body>
</html>
```

文件"update_news_end.php"的源代码如下：

```php
<?php
//使用 session
require("admin_session.php");
require("webuser.php");
if (!isset($_SESSION['key_manager']) || $_SESSION['key_manager']==0)
    {
    header("Location: loginadmin.php\n");
    exit();
    }
//设置编码格式
header("Content-type:text/html;charset=utf-8");
$dispinfo="非法进入！ ";
$jump_pages="news_info.php";
if (isset($_POST['submitbtn']) && isset($_POST["id"]) && preg_match("/^[\d]+$/",urldecode($_POST["id"])))
    {
    $dispinfo="";
    //连接到 MySQL 服务器
    include("mysql.php");
    include("charset.php");
    $post_time=date("Y-m-d H:i:s",time());
    //修改图片
    if(file_exists($_FILES["news_pic"]["tmp_name"]) && filesize($_FILES["news_pic"]["tmp_name"])<1024*1024)
    {
    include("mysql.php");
    //检测上传文件类型
    $upfile=explode(".",$_FILES["news_pic"]["name"]);
    $numbers=count($upfile)-1;
    $upfiletype=strtolower($upfile[$numbers]);
    if ($upfiletype=="gif"||$upfiletype=="jpg")
        {
        $v=opendir($updir);
        if ($v==0)
            { mkdir($updir); //若目录不存在，则新建一个
            $v=opendir($updir); //取得目录 handle
            }
        //重命名上传文件
        $newfilename=date("YmdHis",time())."".substr(session_id(),5,6).".".$upfiletype;
        $up=copy($_FILES["news_pic"]["tmp_name"],$updir."/$newfilename"); //关键一步，将临时文件复制到
updir 目录下
        if($up==1)
            {
            $query = "update news_info set news_pic='$newfilename' where news_id='".$_POST["id"]."'";
            $result = mysqli_query($link,$query);
            if ($result)
                $dispinfo.="成功上传图片！ \n\n";
```

```
        else
          $dispinfo.="图片上传失败！\n\n";
        unlink($_FILES["news_pic"]["tmp_name"]); //从临时文件夹中删除档案
        closedir ($v); //关闭目录 handle
          }
        else
          {
          $dispinfo.="对不起，图片上传失败!\n\n";
          }
        }
      else
        {
      $dispinfo.="您选择的文件类型为*.$upfiletype!\\n 对不起，您只能上传*.gif 或*.jpg 格式文件！\n\n 对
不起，图片上传失败!\n\n";
        }
      }
    $query = "update news_info set title='".$_POST["title"]."', news_type='".$_POST["news_type"]."',
source='".$_POST["source"]."', post_time='$post_time', detail='".$_POST["detail"]."', news_pic_align='".$_POST
["news_pic_align"]."' where news_id='".$_POST["id"]."'";
    $result = mysqli_query($link,$query);
    if($result)
      {
      $dispinfo.="新闻信息修改成功！ ";
      }
    else
      {
      $dispinfo.="新闻信息修改失败！ ";
      }
    }
  echo "<div style='display:none' id='dispinfo'>".$dispinfo."</div>
    <div style='display:none' id='jump_pages'>".$jump_pages."</div>\n";
?>
<script>
  alert(document.getElementById('dispinfo').innerHTML);
  window.open((document.getElementById('jump_pages').innerHTML),'_self',");
</script>
```

4. 删除新闻信息

进入新闻信息管理主界面，单击新闻信息名称后面的"删除"命令即可删除，它实际上是
跳转到"del_news.php"执行删除操作的。文件"del_news.php"源代码如下：

```
<?php
//使用 session
require("admin_session.php");
require("webuser.php");
if (!isset($_SESSION['key_manager']) || $_SESSION['key_manager']==0)
  {
  header("Location: loginadmin.php\n");
```

```
      exit();
    }
//设置编码格式
header("Content-type:text/html;charset=utf-8");
$dispinfo="非法进入！";
$jump_pages="news_info.php";
if (isset($_GET["id"]) && preg_match("/^[\d]+$/",urldecode($_GET["id"])))
    {
    //连接到 MySQL 服务器
    include("mysql.php");
    include("charset.php");
    $query4 = "select news_pic from news_info where news_id='".$_GET["id"]."'";
    $result4 = mysqli_query($link,$query4);
    $row4 = mysqli_fetch_array($result4);
    $news_pic=$row4["news_pic"];
    $v=opendir($updir);
    if ($news_pic && file_exists($updir."/$news_pic"))
        @unlink($updir."/$news_pic");
    closedir ($v); //关闭目录 handle
    $query = "delete from news_info where news_id='".$_GET["id"]."'";
    $result = mysqli_query($link,$query);
if($result)
    {
    $dispinfo="新闻信息删除成功！";
    }
else
    {
    $dispinfo="新闻信息删除失败！";
    }
    }
echo "<div style='display:none' id='dispinfo'>".$dispinfo."</div>
    <div style='display:none' id='jump_pages'>".$jump_pages."</div>\n";
?>
<script>
    alert(document.getElementById('dispinfo').innerHTML);
    window.open((document.getElementById('jump_pages').innerHTML),'_self','');
</script>
```

7.3　前台显示系统

　　后台管理系统制作完成后，需将数据库里的内容在前台显示出来。前台显示系统主要完成新闻信息的显示。前台使用了当前比较流行的模板技术，模板是 Web 模板，是主要由 HTML 标记组成的语言来编写的页面，但也有如何表示包含动态生成内容的方式（解析标签）。模板引擎是一种软件库，允许从模板生成 HTML 代码，并指定要包含的动态内容。

　　模板引擎的特点：

（1）鼓励分离：让每个系统的可读性和维护性得到提高。

（2）促进分工：使得程序员和美工去专心处理自己的设计。

（3）比 PHP 更容易解析：编译文件和缓存文件加载更快、占资源更少。

（4）增加安全性：可限制模板设计师进行不安全的操作的能力，避免误删和误访问等。

本案例前台显示系统采用模板来完成，不过本系统采用自定义的模板系统，不需要别人的框架来支持，下面讲解具体实现的过程。为了方便学习，现将前台显示系统文件清单列出，如表 7-7 所示。

表 7-7 前台显示系统文件清单

编号	文件名（含相对路径）	功能
1	css/common.css	前台样式表
2	js/LoadPrint.js	前台 JavaScript 打印程序
3	image/banner.jpg	网站横幅图片
4	image/menu_bg.jpg	菜单背景图片
5	image/icon1.jpg	信息列表图片
6	image/noimage.gif	图片新闻无图片时的默认图片
7	webuser.php	数据库基本设置，前后台共用
8	mysql.php	连接 MySQL 服务器，前后台共用
9	charset.php	设置字符集，前后台共用
10	fun.php	前台显示系统自定义函数库
11	templates.php	前台模板解析程序
12	index.php	前台首页模板解析程序
13	p.php	前台内页模板解析程序及接口程序
14	show.php	新闻信息显示程序

7.3.1 首页模板制作

【实现步骤】

启动 Adobe Dreamweaver CS6，创建符合 HTML5 标准的空白 HTML 页面，将所有 HTML 代码换成以下 HTML 代码，然后将文件保存到"tp_home.htm"，即完成首页模板的制作。如图 7-16 所示。

```
<!doctype html>
<html><head>
<meta charset="utf-8">
<title><!--keyword:site_name--></title>
<link href="css/common.css" rel="stylesheet" type="text/css" />
<!--keyword:search_keyword-->
<!--[if lte IE 8]>
<script src="js/html5.js"></script>
<![endif]-->
</head>
```

```
<body>
<header><img src="image/banner.jpg" width="1270" height="280" /></header>
<nav>
  <!--keyword:main_item_list-->
</nav>
<div class="flexbody">
  <aside>
    <div class="txtcenter">
      <div class="lmtit"><a href="<!--keyfun::L:系统公告-->">系统公告</a><span><a href="<!--keyfun::L:
系统公告-->">more</a></span></div>
      <div class="clear"></div>
      <p><!--keyfun::I:系统公告--></p>
    </div>
  </aside>
  <article>
    <div class="txtcenter">
      <div class="lmtit"><a href="<!--keyfun::L:国内要闻-->">国内要闻</a><span><a href="<!--keyfun::L:
国内要闻-->">more</a></span></div>
      <div class="clear"></div>
      <ul class="newslist">
      <!--keyfun::I:国内要闻,0,1,1-->
      </ul>    </div>
  </article>
  <section>
    <div class="txtcenter">
      <div class="lmtit"><a href="<!--keyfun::L:图片新闻-->">图片新闻</a><span><a href="<!--keyfun::L:
图片新闻-->">more</a></span></div>
      <div class="clear"></div>
      <ul class="newslist1">
        <!--keyfun::I:图片新闻-->
      </ul>    </div>
  </section>
</div>
<footer>
<ul>
  <!--keyword:about--></ul>
</footer>
<!--keyword:index_websiteservice-->
</body>
</html>
```

7.3.2　内页模板制作

【实现步骤】

启动 Adobe Dreamweaver CS6，创建符合 HTML5 标准的空白 HTML 页面，将所有 HTML 代码换成以下 HTML 代码，然后将文件保存到 "tp_main.htm"，即完成内页模板的制作。如图 7-17 所示。

图 7-16　新闻系统首页模板

```
<!doctype html>
<html><head>
<meta charset="utf-8">
<title><!--keyword:site_name--></title>
<link href="css/common.css" rel="stylesheet" type="text/css" />
<!--keyword:search_keyword-->
<!--[if lte IE 8]>
<script src="js/html5.js"></script>
<![endif]-->
</head>
<body>
<header><img src="image/banner.jpg" width="1270" height="280" /></header>
<nav>   <!--keyword:main_item_list--></nav>
<div class="flexbody">
  <aside>
    <div class="txtcenter">
      <div class="lmtit"><a href="<!--keyfun::L:国内要闻-->">国内要闻</a><span><a href="<!--keyfun::L:
国内要闻-->">more</a></span></div>
      <div class="clear"></div>
      <ul class="newslist">
        <!--keyfun::I:国内要闻,0,1,0-->
      </ul>
    </aside>
    <article>
      <div class="txtcenter">
```

```
        <div class="lmtit"><!--keyword:page_title_name--><span><!--keyword:current_column_pre-->
<!--keyword:current_column--></span></div>
        <div class="clear"></div>
        <div class="main" id="mainpagebody"><!--keyword:mainpagebody--></div>
    </div>
  </article>
</div>
<footer>
<ul>    <!--keyword:about--></ul>
</footer>
<!--keyword:websiteservice-->
</body>
</html>
```

图 7-17　新闻系统内页模板

　　模板制作完成后用 phpMyAdmin 登录到 MySQL，选择数据库"newsdb"，再选择模板信息表"templet_info"，单击"插入"插入模板数据：首页模板命名为"home"，内页模板命名为"main"，如图 7-18 所示。

7.3.3　自定义函数库

　　为了将数据库里的内容显示到前台模板里，自己编写一个函数来实现。

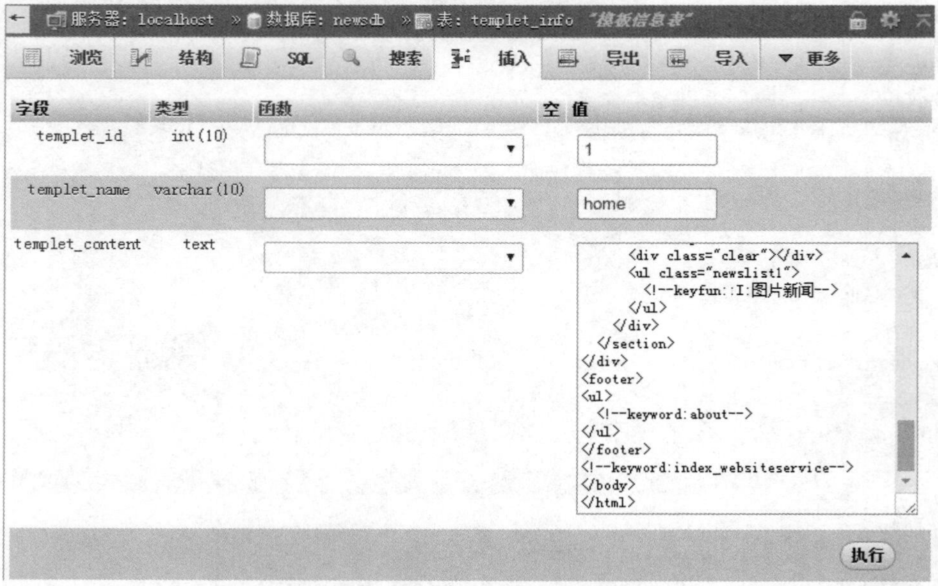

图 7-18　模板数据插入数据库

【实现步骤】

启动 Adobe Dreamweaver CS6，创建符合 HTML5 标准的空白 HTML 页面，将所有 HTML
代码换成以下 PHP 代码，然后将文件保存到"fun.php"，即完成自定义函数库的编写。

```php
<?php
//新闻信息显示模块
function get_news_info($type,$indexflag=0,$homeflag=0,$limitflag=0,$limitstart=0,$limitnum=11)
  {
  global $link;
  global $cur_page;
  global $updir;
  if(empty($type)) return "";
  $type=urldecode($type);
  $show_class_ware="";
  if($type=="系统公告")
    {
    include("charset.php");
     $query = "select * from news_info where news_type='".$type."' order by news_id DESC limit 1";
    $result = mysqli_query($link,$query);
    $row = mysqli_fetch_array($result);
    if (empty($row["news_pic"]) || $indexflag==1)
      $disp_news_pic ="";
    else
      $disp_news_pic ="<img border='0' src='".$updir."/".$row["news_pic"]."' align='".$row["news_pic_align"]."'>";
    $show_class_ware.=$disp_news_pic."".preg_replace("'\r\n'","<br>",$row["detail"]);
    return($show_class_ware);
    }
  else
```

```
    {
//主内容读取
include("charset.php");
$order_by="news_id DESC";//定义栏目信息显示顺序
if(!empty($limitflag) && $limitflag==1) $order_by.=" limit $limitstart,$limitnum";
$query = "select * from news_info    where news_type='".$type."' ORDER BY $order_by";
$result = mysqli_query($link,$query);//得到查询结果
$num = mysqli_num_rows($result);
if($num==0)//如果结果为 0，退出
    {
    $show_class_ware.="<h3>抱歉，没有信息。</h3>";
    return($show_class_ware);
    }
//计算页面总数，设置每页显示的记录数
if($indexflag==1)
    switch ($type){
        case '图片新闻':$records_per_page = (!empty($limitflag) && $limitflag==1)?$limitnum:1;break;
        default:$records_per_page = (!empty($limitflag) && $limitflag==1)?$limitnum:11;break;
        }
else
    switch ($type){
        case '图片新闻':$records_per_page = 9;break;
        default:$records_per_page = 10;break;
        }
//分页
$total_page_nums  = ceil($num/$records_per_page);
$disp_records_count=0;//页面显示控制计数器初始化
$record = array( );//将查询出的记录的主键值记录在一个数组中
while( $row=mysqli_fetch_array($result) )
    $record[] = $row['news_id'];
//如果是第一次显示，设置当前页页码
if( !IsSet($cur_page) || $cur_page<1)
    $cur_page = 1;
//设置上一页的页码
$last_page = $cur_page - 1;
if( $last_page<1 )
    $last_page = 1;
//设置下一页的页码
$next_page = $cur_page + 1;
if( $next_page>$total_page_nums )
    $next_page = $total_page_nums;
//根据页码计算起始记录编号
$start_record = ($cur_page-1)*$records_per_page;
//根据页码计算下一个起始记录编号
$end_record  = $cur_page*$records_per_page;
if( $end_record>$num )
```

```
            $end_record = $num;
        for($cur_record=$start_record;$cur_record<$end_record;$cur_record++)
            {
            $news_id = $record[$cur_record];
            //根据主键值查询记录
            $query = "select * from news_info where news_id='$news_id'";
            $result = mysqli_query($link,$query);
            while($row = mysqli_fetch_array($result))
                {
                $disp_records_count++;
                $disp_open_window_name="_blank";
                $disp_open_window="";
                if($type=="图片新闻")
                    {
                    if(!empty($row["news_pic"]))
                        $disp_news_pic=$updir."/".$row["news_pic"];
                    else
                        $disp_news_pic="image/noimage.gif";
                    $show_class_ware.="<li class=\"imgli\"><a class=\"imglist\" href=\"show.php?id=".$row["news_id"]."\"
onclick=\"window.open(this.href,'".$disp_open_window_name."','".$disp_open_window."');return        false;\"><img
src=\"$disp_news_pic\" border=\"0\" alt=\"".$row["title"]."\" /><br />".$row["title"]."</a></li>\n";
                    }
                else
                    {
                    $show_class_ware.="<li><a href=\"show.php?id=".$row["news_id"]."\" onclick=\"window.open
(this.href,'".$disp_open_window_name."','".$disp_open_window."');return false;\">".$row["title"]."</a>".($indexflag
==1?($homeflag==1?"<span>".substr($row["post_time"],0,10)."</span>":""):"<span>".$row["post_time"]."</span>"
)."</li>\n";
                    }
                }
            }
        if($indexflag!=1)
            {
            $show_class_ware.="<div class=\"pagelink\">总共有".$num."条记录，当前页/总页数=";
            if ($total_page_nums!=0)
                $show_class_ware.=$cur_page;
            else
                $show_class_ware.=0;
            $show_class_ware.="/".$total_page_nums."页  ";
            $tmplink="p.php?type=".urlencode($type)."&cur_page=";
            if($total_page_nums>0)//显示首页链接
                $show_class_ware.="<a class='y' href=\"".$tmplink."1\">首页</a> ";
            if(($last_page!=$cur_page) && ($total_page_nums>0))//显示上一页链接
                $show_class_ware.="<a class='y' href=\"".$tmplink."".$last_page."\">上一页</a> ";
            if(($next_page!=$cur_page) && ($total_page_nums>0))//显示下一页链接
                $show_class_ware.="<a class='y' href=\"".$tmplink."".$next_page."\">下一页</a> ";
```

```php
        if($total_page_nums>0)//显示末页链接
            $show_class_ware.="<a class='y' href=\"".$tmplink."".$total_page_nums."\">末页</a>";
        //显示所有的快速链接
        $show_class_ware.=" 跳转到： <select name=\"select\" style=\"background-color: #FFF2EF; COLOR: #3333FF; FONT-SIZE: 10pt\" onchange=\"location=this.options[this.selectedIndex].value\">";
        $show_class_ware.="<option selected value>第几页</option>";
        for ($i=1;$i<=$total_page_nums;$i++)
            $show_class_ware.="<option value=\"".$tmplink."".$i."\">第".$i."页</option>";
        $show_class_ware.="</select>";
        $show_class_ware.="</div>";
        }
        return($show_class_ware);
        }
    }
    function I($itemname,$returnflag=0,$indexflag=1,$homeflag=0,$limitflag=0,$limitstart=0,$limitnum=11)
    {
    global $link;
    global $cur_page;
    global $updir;
    $bak_cur_page=(empty($cur_page))?(""):($cur_page);//备份公用数据
    $type=$itemname;//重置公用数据
    $tmp_info=get_news_info($type,$indexflag,$homeflag,$limitflag,$limitstart,$limitnum);/*读取数据*/
    $cur_page=$bak_cur_page;//恢复公用数据
    if(!empty($returnflag))
        return $tmp_info;//返回结果
    else
        echo $tmp_info;//显示结果
    }
//查询模板
function getTemplet($templetname="main")
    {
    global $link;
    include("charset.php");
    $tmpinfo="";
    $query = "select * from templet_info where templet_name='".$templetname."'";
    $result = mysqli_query($link,$query);
    $num = mysqli_num_rows($result);
    if($num==0)//如果结果为 0，退出
        {
        echo "<h4>系统升级中，请稍候再试。</h4>";
        exit();
        }
    $row = mysqli_fetch_array($result);
    $tmpinfo.=$row["templet_content"];
    if($tmpinfo=="")//如果模板内容为空，退出
        {
```

```php
            echo "<h4>系统升级中，请稍候再试。</h4>";
            exit();
            }
        return $tmpinfo;
        }
    //查询站点标题
    function get_site_name(){return "重庆迎圭科技有限公司";}
    //查询站点信息
    function get_aboutinfo($css="y"){
        return "   <li>重庆迎圭科技有限公司    地址：重庆市南岸区</li>
        <li>网址：<a class=\"y\" href=\"http://www.zidb.com\" target=_blank>http://www.zidb.com</a>   电话：
18908335325</li>
            <li>电子邮件：<a class=\"y\" href=\"mailto:web@zidb.com\">web@zidb.com</a>   访问统计：279192
<a class=\"y\" href=\"http://www.zidb.com\" target=\"_blank\">迎圭科技</a>制作<a class=\"y\" href=\"admin.php\"
target=\"_blank\">维护</a></li>\n";
        }
    //得到网站首页名称
    function get_Homepage_name(){return "网站首页";}
    //查询站点搜索信息
    function get_search_keyword(){
        return "<meta name=\"robots\" content=\"all\" />
<meta name=\"keywords\" content=\"新闻系统, 新闻, PHP, 电子商务, 商务, PHP7, MySQL8, MySQL5.7\" />
        <meta name=\"description\" content=\"本系统是一款既具有教学功能又非常具有商业价值的新闻发布系
统！\" />";
        }
    //查询栏目信息
    function get_main_item_list($ulclass="menu",$lineclass="line")
        {
        global $link;
        include("charset.php");
        $main_item_list="";
        $query = "select * from news_type order by news_type_id ASC";
        $result = mysqli_query($link,$query);
        $nav_num = mysqli_num_rows($result);
        $current_sub_item_num=0;
        $j=0;
        while($row = mysqli_fetch_array($result))
            {
            if($no_end_flag==1 && $j==$nav_num-1)
                break;
            $current_sub_item_flag=0;
            $j++;
            if($j==1 && $div_css_style==0)
                $main_item_list="\n<ul class=\"".$ulclass."\">\n<li><a href=\"index.php\" target=\"_top\">网站首页
</a></li><li class=\"".$lineclass."\">|</li>\n";
            $main_item_list="<li><a         href=\"p.php?type=".$row["news_type"]."\"         target=\"_top\">".$row
```

```
["news_type"]."</a></li>".($j<$nav_num?"<li class=\"".$lineclass."\">|</li>":"")."\n";
        }
     if($j>=1 && $div_css_style==0)
        $main_item_list.="</ul>\n";
     return $main_item_list;
     }
  //格式化链接
  function L($text,$return=0)
     {
     $tmpinfo="p.php?type=".urlencode($text);
     if($return==1)
        return $tmpinfo;
     else
        echo $tmpinfo;
     }
  ?>
```

7.3.4　模板解析

【实现步骤】

启动 Adobe Dreamweaver CS6，创建符合 HTML5 标准的空白 HTML 页面，将所有 HTML 代码换成以下 PHP 代码，然后将文件保存到"templates.php"，即完成模板解析程序的制作。

```
<?php
if(!isset($needless_templet_flag) || $needless_templet_flag!=1)
{
//查询主模板
if(!isset($templetname)) $templetname="main";
$main_templet=getTemplet($templetname);
//查询站点标题
$site_name=get_site_name();
$main_templet=preg_replace("'<!--keyword:site_name-->'i",$site_name, $main_templet);
//查询站点信息
$aboutinfo=get_aboutinfo();
$main_templet=preg_replace("'<!--keyword:about-->'i",$aboutinfo,$main_templet);
//查询站点搜索信息
$search_keyword=get_search_keyword();
$main_templet=preg_replace("'<!--keyword:search_keyword-->'i",$search_keyword, $main_templet);
//查询栏目信息
$main_item_list=get_main_item_list();
$main_templet=preg_replace("'<!--keyword:main_item_list-->'i", "$main_item_list",$main_templet);
//导航解析开始
//导航信息初始化
$current_column_pre="当前位置：首页→";
$main_templet=preg_replace("'<!--keyword:current_column_pre-->'i", "$current_column_pre",$main_templet);
$current_column=$type;
$main_templet=preg_replace("'<!--keyword:current_column-->'i",$current_column, $main_templet);
```

```
//当前位置反向解析
$uncurrent_column="";
$current_column_reverser=explode("→",strip_tags($current_column));
for($i=count($current_column_reverser)-1;$i>=0;$i--)
    {
    if(!$uncurrent_column)
        $uncurrent_column.=$current_column_reverser[$i];
    else
        $uncurrent_column.="←".$current_column_reverser[$i];
    }
if($templetname!="home")
    {
    $tmptitle="".preg_replace("'<[\/\!]*?[^<>]*?>'si","",$uncurrent_column)."←".$site_name."";
    $main_templet=preg_replace("'<title[^>]*?>.*?</title>'si", "<title>".$tmptitle."</title>",$main_templet);
    }
//当前页面名称
$page_title_name=(empty($type))?(''):($type);
$main_templet=preg_replace("'<!--keyword:page_title_name-->'i",$page_title_name,$main_templet);
//导航解析结束
//网站客服
$main_templet=preg_replace("'<!--keyword:index_websiteservice-->'i","$index_websiteservice",$main_templet);
$main_templet=preg_replace("'<!--keyword:websiteservice-->'i","$websiteservice",$main_templet);
//模板程序解析
$main_templet=preg_replace_callback("'<!--keyfun::([_A-Za-z]+):(.*?)-->'i",function($m){global $link;global
$tb_prefixion;global   $PHP_SELF;global   $updir;ob_start();eval("$m[1]($m[2]);");$content=ob_get_contents();
ob_end_clean();return $content;},$main_templet);
    }
?>
```

7.3.5　网站实现程序

1. 网站首页实现程序

【实现步骤】

启动 Adobe Dreamweaver CS6，创建符合 HTML5 标准的空白 HTML 页面，将所有 HTML
代码换成以下 PHP 代码，然后将文件保存到 "index.php" 即完成网站首页实现程序；通过后
台管理系统添加相应的新闻，运行该文件，其结果如图 7-2（a）所示。

```
<?php
require("webuser.php");//包含头文件
require("mysql.php");//连接到 MySQL 服务器
include_once("fun.php");//网站前台主函数
$templetname="home";//查询主页模板
include("templates.php");//解析模板
header("Content-type:text/html;charset=utf-8");//设置编码格式
echo $main_templet;//显示内容
?>
```

2. 网站内页实现程序

【实现步骤】

启动 Adobe Dreamweaver CS6，创建符合 HTML5 标准的空白 HTML 页面，将所有 HTML 代码换成以下 PHP 代码，然后将文件保存到"p.php"即完成网站内页实现程序；从网站首页单击链接"国内要闻"而运行该文件，其结果如图 7-19 所示。

```php
<?php
require("webuser.php");//包含头文件
require("mysql.php");//连接到 MySQL 服务器
include_once("fun.php");//网站前台主函数
$type=$_GET["type"];//接收参数
include("templates.php");//解析模板
$show_content=get_news_info($type)."\n".$baidu_share;//查询网页主体内容
$main_templet=preg_replace("'<!--keyword:mainpagebody-->'i",$show_content, $main_templet);
header("Content-type:text/html;charset=utf-8");//设置编码格式
echo $main_templet;//显示内容
?>
```

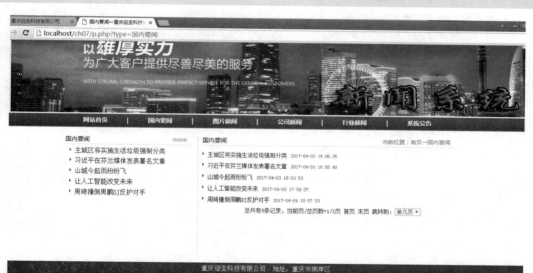

图 7-19　网站内页显示效果

3. 网站信息页实现程序

【实现步骤】

启动 Adobe Dreamweaver CS6，创建符合 HTML5 标准的空白 HTML 页面，将所有 HTML 代码换成以下 PHP 代码，然后将文件保存到"show.php"即完成网站信息页的实现程序；从网站首页单击"国内要闻"最下面的链接而运行该文件，其结果类似如图 7-20 所示。

```php
<?php
require("webuser.php");//包含头文件
require("mysql.php");//连接到 MySQL 服务器
include_once("fun.php");//网站主前台主函数
```

```php
header("Content-type:text/html;charset=utf-8");//设置编码格式
include("charset.php");
$show_class_ware="";//新闻信息内容初始化
if(!empty($_GET["id"]))
{
$query = "select * from news_info where news_id='".$_GET["id"]."' limit 1";
$result = mysqli_query($link,$query);
$num = mysqli_num_rows($result);
if(!$num){ ?><script>alert("非法进入，本窗口将关闭！");window.close();</script><?php exit();}
$row = mysqli_fetch_array($result);
//栏目导航解析初始化
$type=$row["news_type"];
$news_pic=empty($row["news_pic"])?"":$row["news_pic"];
$news_pic_align=$row["news_pic_align"];
if ($news_pic=="")
  $disp_news_pic ="";
else if($news_pic_align=="middle")
  $disp_news_pic ="<center><img border='0' src='$updir/$news_pic' align='$news_pic_align'></center><br>";
else if($news_pic_align=="background")
  $disp_news_pic ="<script>
function news_pic_align_onload() {mainpagebody.style.backgroundImage = \"url($updir/$news_pic)\";}
window.onLoad=news_pic_align_onload();
</script>\n";
else
  $disp_news_pic ="<img border='0' src='$updir/$news_pic' align='$news_pic_align'>";
$show_class_ware.=$disp_news_pic."".preg_replace("'\r\n'","<br>",$row["detail"]);
}
else
{
?><script>alert("数据读取失败!");window.close();</script><?php
exit();
}
//解析模板
include_once("templates.php");
$show_content="<h1>".$row["title"]."</h1>
<h6>发布日期：".$row["post_time"]."<span class=Noprint>    <a href='javascript:{LoadPrint
(\"mainpagebody\");}'><u>打印</u></a></span></h6>
".$baidu_share."
<div class=\"details\">".$show_class_ware."</div>
<div class=\"clear\"></div>\n";
$show_content.="<h5><a href=\"javascript:void(0)\" onClick=\"javascript:window.close();return false;\">关闭
</a></h5>\n";
$main_templet=preg_replace("'<!--keyword:mainpagebody-->'i",$show_content, $main_templet);
$tmptitle="".$row["title"]."←".preg_replace("'<[\/\!]*?[^<>]*?>'si", "",$uncurrent_column)."←".$site_name."";
$main_templet=preg_replace("'<title[^>]*?>.*?</title>'si", "<title>".$tmptitle."</title>",$main_templet);
echo $main_templet;
?>
```

图 7-20　新闻信息页显示效果

最后，为了方便调试程序，可导出完整的数据库存为"sql/newsdball.sql"。不过，建议大家多动手，收获才会更多。

7.4　实训

1．用 phpMyAdmin 创建数据库"newsdb"并建立用户"newsdb"。
2．用 phpMyAdmin 导入完整的示例数据（数据文件为"sql/newsdball.sql"）。
3．深入理解正则表达式，理解模板解析程序。
4．栏目"系统公告"的修改。
5．栏目"图片新闻"的管理。

8

电子商务系统

8.1 系统设计

广义上讲,电子商务系统是商务活动中各参与方和支持企业进行交易活动的电子技术手段的集合。狭义上讲,电子商务系统则是指企业、消费者、银行、政府等在 Internet 和其他网络的基础上,以实现企业电子商务活动为目标,满足企业生产、销售、服务等生产和管理的需要,支持企业的对外业务协作,从运作、管理和决策等层次全面提高企业信息化水平,为企业提供具备商业智能的计算机网络系统。

电子商务涵盖的范围很广,一般可分为企业对企业(Business-to-Business,B2B),企业对消费者(Business-to-Consumer,B2C)两种。另外还有消费者对消费者(Consumer-to- Consumer,C2C)这种大步增长的模式。随着国内 Internet 使用人数的增加,利用 Internet 进行网络购物并以银行卡付款的消费方式已渐流行,市场份额也在迅速增长,电子商务网站也层出不穷。

电子商务系统一般分为前台显示系统和后台管理系统。前台显示系统最有代表性的是网站首页设计和网站内页设计。网站首页主要展示网站重要的信息,如"特价产品""最新产品""公司新闻"等,网站首页效果如图 8-1 所示。

网站内页则主要显示产品信息、新闻信息以及购物车、订单等。网站内页的效果如图 8-2 所示。

| 网站首页 | 系统简介 | 在线商城 | 新闻动态 | 图片新闻 | 购物指南 | 查看购物车 | 查看订单 |

系统简介　　　　　more

　　电子商务系统是保证以电子商务为基础的网上交易实现的体系。市场交易是由参与交易双方在平等、自由、互利的基础上进行的基于价值的交换。网上交易同样遵循上述原则。作为交易中两个有机组成部分，一是交易双方信息沟通，二是双方进行等价交换。在网上交易，其信息沟通是通过数字化的信息沟通渠道而实现的，一个首要条件是交易双方必须拥有相应信

新闻动态　　　　　more

* 大数据告诉你：总理记者会释放哪些 2017-03-23
* 李克强会见沙特国王萨勒曼　　　　　2017-03-23
* 李克强将对澳大利亚、新西兰进行正 2017-03-23
* 记者会哪个字提了33次？｜总理动表情2017-03-23
* 关于2016年国民经济和社会发展计划 2017-03-23
* 银监会：在华外资法人银行可投资境 2017-03-23
* 关于2016年中央和地方预算执行情况 2017-03-23
* 4月1日起扩大残疾人就业保障金免征 2017-03-23
* 国务院办公厅关于印发东北地区与东 2017-03-23
* 政务服务跨入"互联网+"时代　　　　2017-03-23
* 两会之后，国务院常务会议定了这件… 2017-03-22

特价产品　　more

大足石刻一日游
~~450元人民币~~
330元人民币
[加入购物车]

最新产品　　　　　　　　　　　　　　　　　　　more

西昌四日游　　　　西昌三日游　　　　西昌二日游　　　　西昌一日游
~~1000元人民币~~　~~800元人民币~~　~~550元人民币~~　~~300元人民币~~
800元人民币　　　 700元人民币　　　 500元人民币　　　 280元人民币
[加入购物车]　　　[加入购物车]　　　[加入购物车]　　　[加入购物车]

重庆迎丰科技有限公司　　地址：重庆市南岸区
网址：http://www.zidb.com　电话：18908335325

图 8-1　网站前台首页效果

| 网站首页 | 系统简介 | 在线商城 | 新闻动态 | 图片新闻 | 购物指南 | 查看购物车 | 查看订单 |

新闻动态　　　　　more

* 大数据告诉你：总理记者会释放哪些…
* 李克强会见沙特国王萨勒曼
* 李克强将对澳大利亚、新西兰进行正…
* 记者会哪个字提了33次？｜总理动表情
* 关于2016年国民经济和社会发展计划…
* 银监会：在华外资法人银行可投资境…
* 关于2016年中央和地方预算执行情况…
* 4月1日起扩大残疾人就业保障金免征…
* 国务院办公厅关于印发东北地区与东…
* 政务服务跨入"互联网+"时代
* 两会之后，国务院常务会议定了这件…

系统简介　　　　　　　　　　　当前位置：首页→系统简介

　　电子商务系统是保证以电子商务为基础的网上交易实现的体系。市场交易是由参与交易双方在平等、自由、互利的基础上进行的基于价值的交换。网上交易同样遵循上述原则。作为交易中两个有机组成部分，一是交易双方信息沟通，二是双方进行等价交换。在网上交易，其信息沟通是通过数字化的信息沟通渠道而实现的，一个首要条件是交易双方必须拥有相应信息技术工具，才有可能利用基于信息技术的沟通渠道进行沟通。同时要保证能通过Internet进行交易，必须要求企业、组织和消费者连接到Internet，否则无法利用Internet进行交易。在网上进行交易，交易双方在空间上是分离的，为保证交易双方进行等价交换，必须提供相应货物的运送手段和支付结算手段。货物配送仍然依赖传统物流渠道，对于支付结算既可以利用传统手段，也可以利用先进的网上支付手段。此外，为保证企业、组织和消费者能够利用数字化沟通渠道，保证交易顺利进行的配送和支付，需要由专门提供这方面服务的中间商参与，即电子商务服务商。

　QQ空间　　新浪微博　腾讯微博　人人网　更多　　0

重庆迎丰科技有限公司　　地址：重庆市南岸区
网址：http://www.zidb.com　电话：18908335325
电子邮件：web@zidb.com　访问统计：279933　迎丰科技制作维护

图 8-2　网站前台内页效果

后台管理系统，主要完成以下功能：

1. 管理员登录

在登录页面，用户输入信息后提交到验证程序进行密码比对，如果正确则成功登录到后台进行相应的操作。否则，显示错误信息并跳转回登录页面。

2. 网站栏目管理

包括添加网站栏目、修改网站栏目以及删除网站栏目，例如栏目"系统简介""在线商城""新闻动态""图片新闻""购物指南"以及网站链接"网站首页""查看购物车""查看订单"等的添加、修改与删除。

3. 在线商城管理

包括会员管理、商品管理、订单管理、购物车设置、支付系统设置。

4. 多页新闻信息管理

包括"新闻动态""图片新闻"新闻类型栏目内容的添加、修改与删除。

5. 单页新闻信息管理

包括"系统简介""购物指南"单页新闻栏目内容的修改。

8.2 数据库设计

数据库的设计对电子商务系统的实现起着至关重要的作用。根据系统设计，规划如下数据表：

1. 管理员表 manager

管理员表用于保存电子商务系统后台的管理员账号，为了防止明文密码存储带来安全隐患，这里对密码进行 SHA-512 加密处理。本着实用的目的，表的字段较多，主要字段如表 8-1 所示。

表 8-1 管理员表

字段名	数据类型	描述
key_users	int(10) unsigned	主键 ID，自动增长
id	varchar(50)	用户名，唯一约束
password	varchar(128)	加密后的密码
grade	enum('user', 'admin')	管理员等级
power	enum('0','1')	是否通过审查
exp_count	int(10) NOT NULL	登录次数
login_time	varchar(20)	最后登录时间

2. 栏目信息表 item_info

栏目信息表用于保存电子商务系统栏目信息，如栏目"系统简介""在线商城""新闻动态""图片新闻""购物指南"的设置信息。其结构如表 8-2 所示。

3. 自定义栏目信息表 custom_item_info

自定义栏目信息表用于保存新闻类型栏目的详细信息，其结构如表 8-3 所示。

表 8-2　栏目信息表

字段名	数据类型	描述
item_id	int(10) unsigned	主键 ID，自动增长
powerurl	enum('0','1')	是否为自定义链接
sort	enum('1','0')	是否为系统栏目
item_type	varchar(10)	栏目类型
place	enum('all','top','left', 'middle','right')	栏目可以放置的位置，如顶部、左侧、右侧等
caption	varchar(50)	栏目标题
pages_control	enum('0','1')	是否分页
hyperlink	varchar(100)	链接地址

表 8-3　自定义栏目信息表

字段名	数据类型	描述
custom_item_id	int(10) unsigned	主键 ID，自动增长
custom_item_title	varchar(100)	栏目标题
caption	varchar(50)	所属栏目分类
content	longtext	栏目内容
itemsymbol	varchar(50)	链接按钮（小图片）
iconograph	varchar(50)	大图片
iconograph_align	varchar(10)	图片对齐方式
totaltimes	int(10)	访问次数
create_time	DATETIME	创建时间
update_time	DATETIME	修改时间

4. 模板信息表 templet_info

模板信息表是保存网站模板的具体信息，如首页模板、内页模板等。其结构如表 8-4 所示。

表 8-4　模板信息表

字段名	数据类型	描述
templet_id	int(10) unsigned	主键 ID，自动增长
templet_selected	enum('0','1')	模板选择标志
templet_name	varchar(10)	模板名称
templet_content	text	模板原始内容
templet_content_new	text	模板最新内容

5. 会员信息表 users

会员信息是非常重要的，为了防止明文密码存储带来安全隐患，这里对密码进行 SHA-512
加密处理。本着实用的目的，表的字段较多，主要字段如表 8-5 所示。

表 8-5　会员信息表

字段名	数据类型	描述
key_users	int(10) unsigned	主键 ID，自动增长
user_name	varchar(50)	用户名，唯一约束
user_passwd	varchar(128)	加密后的密码
receive_name	varchar(50)	收货人姓名
receive_telephone	varchar(20)	收货人电话
receive_email	varchar(30)	收货人 email
receive_address	varchar(100)	收货人地址
receive_zip	char(6)	收货人邮编
exp_count	int(10) NOT NULL	登录次数
login_time	varchar(20)	最后登录时间

6. 商品类别表 goods_class_info

商品类别表存储商品的一级分类以及下级分类，其结构如表 8-6 所示。

表 8-6　商品类别表

字段名	数据类型	描述
goods_class_id	int(10) unsigned	主键 ID，自动增长
class_name	varchar(30)	商品类别名称
class_name_parent	varchar(30)	商品类别的父级名称
goods_class_pic	varchar(50)	商品类别图标

7. 商品信息表 goods

商品信息表存储商品的详细信息，其结构如表 8-7 所示。

表 8-7　商品信息表

字段名	数据类型	描述
key_goods	int(10) unsigned	主键 ID，自动增长
goods_code	varchar(30)	商品标识码
goods_name	varchar(30)	商品名称
class_name	varchar(30)	商品种类
breaf_desc	varchar(100)	简略描述
goodsdesc	text	详细描述
formerly_price	int(10)	商品原价
current_price	int(10)	商品现价
goods_count	int(10)	商品数量
goods_symbol	varchar(50)	商品缩略图

续表

字段名	数据类型	描述
goods_pic	varchar(50)	商品图片
special_tag	enum('0','1')	是否为特价产品

8. 商品购买信息表 shopping

商品购买信息表存储用户所购商品的详细信息，其结构如表 8-8 所示。

表 8-8 商品购买信息表

字段名	数据类型	描述
key_shopping	int(10) unsigned	主键 ID，自动增长
key_requests	int(10) unsigned	订单信息主键值
session_key	varchar(32)	客户临时身份标示号
key_users	int(10) unsigned	客户信息主键值
key_goods	int(10) unsigned	商品信息主键值
goods_num	int(10) unsigned	商品数量
current_price	int(10)	商品当前单价
date_created	varchar(20)	记录的创建时间
date_finished	varchar(20)	记录的终结时间

9. 订单信息表 requests

订单信息表存储用户的订单，其结构如表 8-9 所示。

表 8-9 订单信息表

字段名	数据类型	描述
key_requests	int(10) unsigned	主键 ID，自动增长
session_key	varchar(32)	客户临时身份标示号
key_users	int(10) unsigned	客户信息主键值
fee	int(10) unsigned	交易额
deliver_method	varchar(50)	送货方式
pay_method	varchar(50)	支付方式
status	varchar(15)	订单当前状态
date_created	varchar(20)	订单创建时间
date_finished	varchar(20)	订单终结时间

除了上面的九个表，为了更好地完成网上交易，还设计了网站基本信息表 site_info、网站用户控制表 web_user_info、网站子栏目分类信息表 caption_info、购物车定制表 cart_config 、支付方式定制表 payment_mode、送货方式定制表 deliver_mode 共 15 个表。

通过 phpMyAdmin 登录 MySQL 服务器，建立数据库"zidbshop"，其排序规则选择
"utf8mb4_unicode_ci"；接着为其建立一个用户"zidb"，密码为"zidb319"；然后导入文件
"zidbshop.sql"，即完成电子商务系统所需的数据库创建工作，如图 8-3 所示。

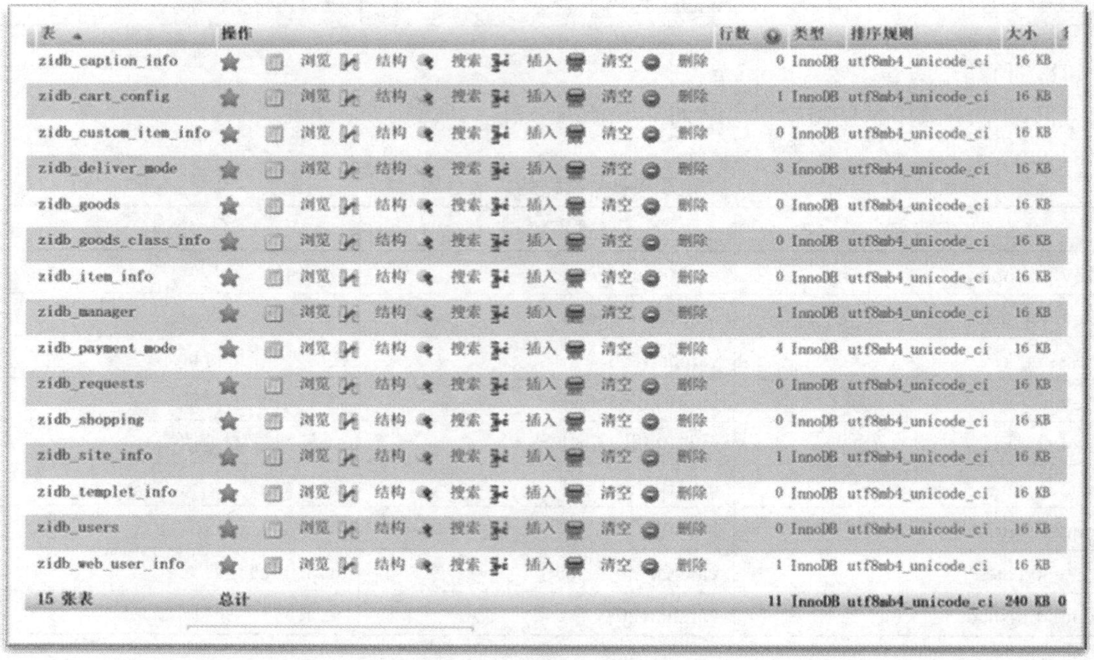

图 8-3　创建数据库

8.3　后台管理系统

后台管理系统包括管理员登录、网站栏目管理、栏目信息管理、商品管理、会员管理、订
单管理、购物车设置、支付系统设置、网站基本信息设置等。

为了更方便地进行系统程序的设计，现设其根目录为"D:\PHP\CH08"。

后台管理系统文件较多，主要文件清单如表 8-10 所示。

表 8-10　后台管理系统主要文件清单

编号	文件名（含相对路径）	功能
1	css/admin.css	样式表，后台管理主框架共用
2	css/chaoshi.css	样式表，后台共用
3	css/login.css	样式表，后台共用
4	js/jquery-1.12.4.js	jQuery 库，前后台共用
5	js/jquery.validate.js	jQuery 验证插件，前后台共用
6	js/additional-methods.js	jQuery 验证插件，前后台共用
7	js/messages_zh.js	jQuery 验证插件，前后台共用

编号	文件名（含相对路径）	功能
8	js/sha512.js	SHA-512 客户端加密库，前后台共用
9	js/jquery.validate.login.js	jQuery 验证自定义函数库，后台使用
10	js/ajaxadmin.js	AJAX 验证函数，后台使用
11	webuser.php	数据库连接设置，前后台共用
12	web_user.php	网站重要参数设置，前后台共用
13	mysql.php	连接 MySQL 服务器，前后台共用
14	charset.php	设置字符集，前后台共用
15	common.inc.php	基本函数库，前后台共用
16	admin_session.php	Session 设置，后台使用
17	admin_session_do.php	Session 处理，后台使用
18	admin.htm	后台管理入口，主框架
19	admin.php	后台管理首页，主框架
20	admin_top.php	后台管理首页，顶部框架
21	admin_left.php	后台管理首页，左侧框架
22	config.php	后台管理首页，右侧框架
23	loginadmin.php	管理员登录入口
24	loginend.php	管理员登录验证
25	password.php	管理员密码修改入口
26	updatepassword.php	管理员密码修改处理
27	logout.php	管理员退出登录
28	info.php	管理员资料修改入口
29	infoend.php	管理员资料修改处理
30	verifyCode.php	GIF 动态验证码生成程序
31	checklogin.php	AJAX 验证管理员用户名
32	file_manager.php	上传文件管理
33	power.php	后台栏目权限验证
34	main_page_name.php	前台内页文件名设置
35	is_item_one.php	判断栏目是否为单页
36	editor/editor.php	HTML 在线编辑器（编者自写）
37	customitem.php	网站栏目添加、修改与删除
38	customitemend.php	网站栏目添加、修改与删除处理
39	custom_item_check.php	新闻类栏目下级分类重名检查
40	custom_item_fun.php	新闻类栏目下级分类相关函数库
41	custom_item_more.php	新闻类栏目信息管理

8

Chapter

编号	文件名（含相对路径）	功能
42	custom_item_more_edit.php	新闻类栏目信息添加、修改与删除
43	show_info.php	新闻类栏目信息查看
44	custom_item_one.php	单页新闻修改
45	custom_item_one_end.php	单页新闻修改处理
46	site_info.php	网站基本信息修改
47	siteinfoend.php	网站基本信息修改处理
48	shop/common.inc.shop.php	在线商城基本函数库
49	shop/shopmanager.php	在线商城商品管理
50	shop/shopmanageredit.php	在线商城商品添加、修改与删除
51	shop/goodsinfo.php	在线商城商品信息查看
52	shop/goods_class_pic.php	在线商城商品分类图标上传与修改
53	shop/usermanager.php	在线商城会员管理
54	shop/mailtousers.php	在线商城会员邮件群发
55	shop/mailtousersend.php	在线商城会员邮件群发处理
56	shop/order.php	在线商城订单管理
57	shop/orderinfolist.php	在线商城订单信息
58	shop/dispaffirminfo.php	在线商城订单确认
59	shop/affirminfo.php	在线商城显示订单确认
60	shop/admin_config.php	在线商城今日订单管理
61	shop/cartconfig.php	在线商城购物车设置
62	shop/cartconfigend.php	在线商城购物车设置处理
63	shop/deliversystem.php	在线商城支付系统设置
64	shop/deliversystemedit.php	在线商城支付系统详细设置
65	shop/deliversystemend.php	在线商城支付系统详细设置处理

后面内容分步讲解后台管理系统的实现。

8.3.1 管理员登录

启动 Adobe Dreamweaver CS6，创建符合 HTML5 标准的空白 HTML 页面，将所有 HTML 代码换成以下 PHP 代码，然后将文件保存到 "loginadmin.php"；运行该文件，其结果如图 8-4 所示。输入用户名 "zidbadmin"、密码 "zidb319" 以及动态验证码后，经 "loginend.php" 验证后即可登录系统。

```php
<?php
require("admin_session.php");//使用 session
require("common.inc.php");
if (isset(${$tb_prefixion.'key_manager'}) && ${$tb_prefixion.'key_manager'}!=0)
```

```
    {
        header("Location: config.php\n");
        exit();
    }
    header("Content-type:text/html;charset=utf-8");//设置编码格式
?>
<!doctype html>
<html>
<head>
<meta charset="utf-8">
<title>管理员登录</title>
<link href="css/login.css" rel="stylesheet" type="text/css" />
<script>if(top!=self) window.open(window.location.href,"_top","");</script>
<script src="js/jquery-1.12.4.js"></script>
<script src="js/jquery.validate.js"></script>
<script src="js/additional-methods.js"></script>
<script src="js/messages_zh.js"></script>
<script src="js/sha512.js"></script>
<script src="js/jquery.validate.login.js"></script>
</head>
<body>
<form name="form1" id="form1" action="loginend.php" method="post">
    <fieldset>
        <legend>管理员登录</legend>
        <p><label for="username" class="item-label">用户名：</label><input name="username" type="text"
id="username" class="item-text" value="" size="30" tip="6-50 位字母、数字或下划线，字母开头"></p>
        <p><label for="userpwd" class="item-label">密码：</label><input name="userpwd" type="password"
id="userpwd" class="item-text" size="30" tip="6-50 位字母、数字或符号"></p>
        <p><label for="verifyCode" class="item-label">验证码：</label><input name="verifyCode" type="text"
id="verifyCode" class="item-text1" size="4" tip="4-6 位字母或数字" />
        <label class="item-label1"><a id="getCheckCode" style="display:inline-block;" href="javascript:void(0);
">获取验证码</a>
        <img class="item-label1" id="vcode" style="width:100px;height:26px;border:1px solid #7f9db9;margin-
bottom: -5px; display:none;" alt="看不清楚,请点击图片" title="看不清楚,请点击图片"/></label>
        </p>
    </fieldset>
    <p><input type="submit" name="submitbtn" id="submitbtn" class="item-submit" value="登录">
    <input type="hidden" name="response" id="response"    value="">
    <input type="reset" name="resetbtn" id="resetbtn" class="item-submit" value="重置">
    </p></form>
</body>
</html>
```

文件"loginend.php"的代码略。

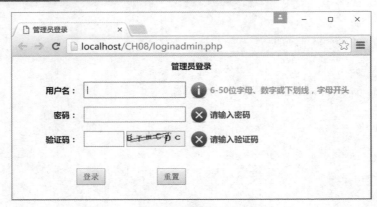

图 8-4　管理员登录

8.3.2　网站栏目设置

根据每个网站的不同设计，网站的栏目由后台产生，这样网站后台管理系统可以适应各种网站，可以用此网站后台生成多个不同的网站，大大提高了程序员的工作效率。

启动 Adobe Dreamweaver CS6，创建符合 HTML5 标准的空白 HTML 页面，将所有 HTML 代码换成以下 PHP 代码（部分代码），然后将文件保存到"customitem.php"；单击后台系统左侧菜单"网站栏目管理"链接而运行该文件，其结果如图 8-5 所示。

```
<FORM  name="user"  id="user"  action="customitemend.php"  method="post"  onSubmit="javascript:{return
CheckUpForm(this);}">
    <TABLE cellSpacing=0 cellPadding=3 width="100%" border=0>
     <TBODY>
      <TR>
       <TD>  栏目标题:
        <INPUT name=caption value="">
        <INPUT type=hidden name=caption_parent value="">
        <INPUT type=hidden name=action value="add_custom_item_end">
        <INPUT type=hidden name=main_page_name value="p.php">
        <span>*</span></TD>
      </TR>
      <TR>
       <TD >自定义链接:
        <input type=checkbox   name=powerurl onClick="javascript:set_system_item_input(this);" value=1>
        <span>该栏目若要强制自定义链接地址与自定义链接目标，则一定要选中。</span></TD>
      </TR>
      <TR>
       <TD>  系统栏目:
        <input type=checkbox   name=sort onClick="javascript:set_system_item_input(this);" value=1>
        <span>该栏目若是系统固有的栏目，则一定要选中。</span></TD>
      </TR>
      <TR>
       <TD>  是否分页:
        <input type=checkbox   name=pages_control onClick="javascript:set_pages_control_input(this);"
```

```
value=1>
                    <span>该栏目仅有一页时，不选中；若有两页以上，一定要选中。</span></TD>
        </TR>
        <TR>
          <TD>    栏目类型：
          <select name="item_type">
            <OPTION value='单页' selected>单页</OPTION>
            <OPTION value='文字新闻类'>文字新闻类</OPTION>
            <OPTION value='图片新闻类'>图片新闻类</OPTION>
            <OPTION value='外部链接类'>外部链接类</OPTION>
            <OPTION value='在线购物类'>在线购物类</OPTION>
          </select></TD>
        </TR>
        <TR>
          <TD>    链接地址：
            <INPUT name=hyperlink value="" style="width:300px">
            <INPUT  type=button  value="默认值"  onClick="javascript:{if(document.user.caption.value!=")
document.user.hyperlink.value=main_page_name.value+'?field_name='+caption.value+'&text='+caption.value;   else
document.user.hyperlink.value=";}"></TD>
        </TR>
        <TR>
          <TD>    链接目标：
          <select name=target>
            <OPTION value='_top' selected>_top</OPTION>
            <OPTION value='_blank'>_blank</OPTION>
            <OPTION value='_parent'>_parent</OPTION>
            <OPTION value='_self'>_self</OPTION>
          </select></TD>
        </TR>
        <TR>
          <TD>    放置位置：
          <select name=place>
            <OPTION value='all' selected>所有</OPTION>
            <OPTION value='top'>顶部</OPTION>
            <OPTION value='left'>左侧</OPTION>
            <OPTION value='middle'>中间</OPTION>
            <OPTION value='right'>右侧</OPTION>
          </select></TD>
        </TR>
        <TR>
          <TD>前台显示否：
            <input type=checkbox CHECKED name=foregrounding value=1>
            <span>该栏目若允许在前台显示，则一定要选中。</span></TD>
        </TR>
        <TR>
          <TD>    栏目索引：
```

```
                <INPUT type=text value='10000' name=index_entry></TD>
        </TR>
        <TR>
          <TD align=center><INPUT type=hidden value="" name="item_id">
          <INPUT type=hidden value="" name="prename">
          <INPUT type=hidden value="" name="caption_id">
          <INPUT type=submit value="添加" name=mode>
          <INPUT    type=submit   onClick="javascript:{if    (document.user.item_id.value=="    ||
document.user.item_id.value==0) {alert('没有信息，不可删除！'); return false;} else {return confirm('您真的要删除
""以及其下所属的所有子栏目和所有栏目内容？\n\n 警告：此操作不可恢复，请谨慎使用！！！');}}" value="删
除" name=mode>
          <INPUT onClick="javascript:window.open('#pagetop','_self','');" type=button value=向上>
          <INPUT  onClick="javascript:window.open('customitem.php','_self','');" type=button  value=刷新
></TD>
        </TR>
      </TBODY>
    </TABLE>
  </FORM>
```

图 8-5　网站栏目设置完成前

下面介绍各种类型的栏目的添加方法：

（1）外部链接类栏目的添加：例如在图 8-5 中的"栏目标题"中输入"网站首页"，勾选"自定义链接"选项，"链接地址"中输入"index.php"，"栏目索引"处输入"0"，单击"添加"按钮后经"customitemend.php"验证通过后即可成功添加栏目"网站首页"；同理，可以添加"查看购物车""查看订单"等栏目。

（2）单页新闻栏目的添加：例如在栏目标题中输入"系统简介"，单击"链接地址"后的

"默认值"按钮，"栏目索引"处输入"1"，单击"添加"按钮后经"customitemend.php"验证通过后即可成功添加栏目"系统简介"，如图8-6所示；同理，可以添加"购物指南"等栏目。

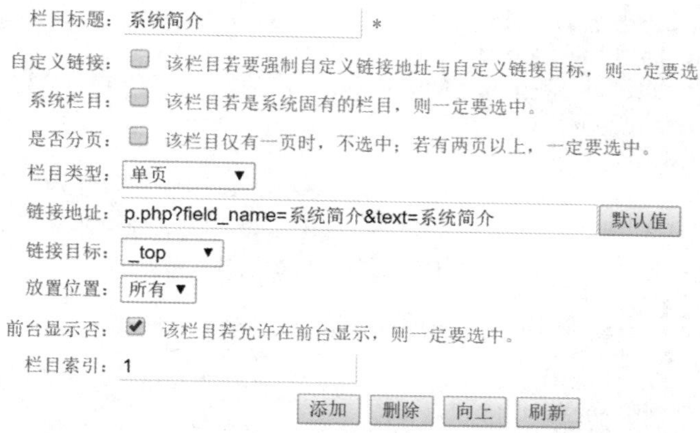

图 8-6　单页新闻栏目的添加

（3）在线购物栏目的添加：在栏目标题中输入"在线商城"，勾选"系统栏目"选项，单击"链接地址"后的"默认值"按钮，"栏目索引"处输入"2"，单击"添加"按钮经"customitemend.php"验证通过后即可成功添加栏目"在线商城"，如图8-7所示。

栏目标题：	在线商城	*
自定义链接：	☐ 该栏目若要强制自定义链接地址与自定义链接目标，则一定要选中。
系统栏目：	☑ 该栏目若是系统固有的栏目，则一定要选中。
是否分页：	☐ 该栏目仅有一页时，不选中；若有两页以上，一定要选中。
栏目类型：	在线购物类 ▼
链接地址：	p.php?field_name=在线商城&text=在线商城　默认值
链接目标：	_top ▼
放置位置：	所有 ▼
前台显示否：	☑ 该栏目若允许在前台显示，则一定要选中。
栏目索引：	2

添加　删除　向上　刷新

图 8-7　在线购物栏目的添加

（4）多页新闻栏目的添加：例如在栏目标题中输入"新闻动态"，勾选"是否分页"选项，"栏目类型"选择"文字新闻类"，单击"链接地址"后的"默认值"按钮，"栏目索引"处输入"3"，单击"添加"按钮经验证通过后即可成功添加栏目"系统简介"，如图8-8所示。

（5）图片新闻栏目的添加：例如在栏目标题中输入"图片新闻"，勾选"是否分页"选项，"栏目类型"选择"图片新闻类"，单击"链接地址"后的"默认值"按钮，"栏目索引"处输入"4"，单击"添加"按钮经"customitemend.php"验证通过后即可成功添加栏目"图片新闻"，如图8-9所示。

所有栏目添加成功后，其结果如图8-10所示。

Chapter 8

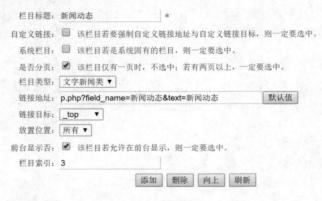

栏目标题：新闻动态　　　　　　　　＊

自定义链接：☐ 该栏目若要强制自定义链接地址与自定义链接目标，则一定要选中。

系统栏目：☐ 该栏目若是系统固有的栏目，则一定要选中。

是否分页：☑ 该栏目仅有一页时，不选中；若有两页以上，一定要选中。

栏目类型：文字新闻类 ▼

链接地址：p.php?field_name=新闻动态&text=新闻动态 　 默认值

链接目标：_top ▼

放置位置：所有 ▼

前台显示否：☑ 该栏目若允许在前台显示，则一定要选中。

栏目索引：3

添加　删除　向上　刷新

图 8-8　多页新闻栏目的添加

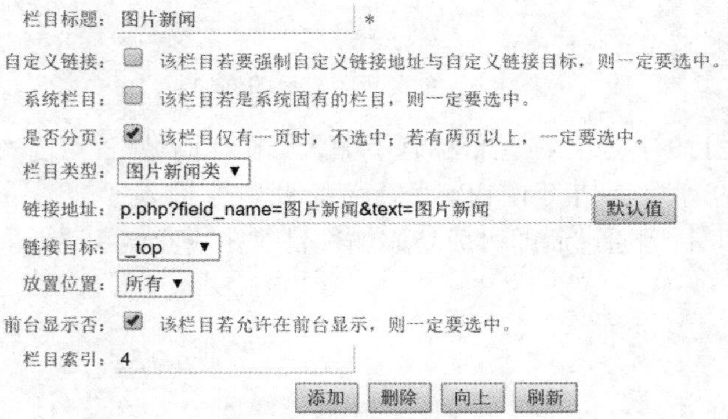

栏目标题：图片新闻　　　　　　　　＊

自定义链接：☐ 该栏目若要强制自定义链接地址与自定义链接目标，则一定要选中。

系统栏目：☐ 该栏目若是系统固有的栏目，则一定要选中。

是否分页：☑ 该栏目仅有一页时，不选中；若有两页以上，一定要选中。

栏目类型：图片新闻类 ▼

链接地址：p.php?field_name=图片新闻&text=图片新闻 　 默认值

链接目标：_top ▼

放置位置：所有 ▼

前台显示否：☑ 该栏目若允许在前台显示，则一定要选中。

栏目索引：4

添加　删除　向上　刷新

图 8-9　图片新闻栏目的添加

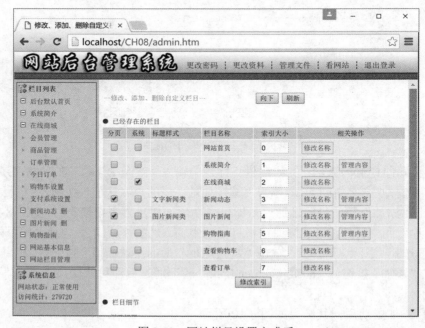

图 8-10　网站栏目设置完成后

8.3.3 多页新闻信息管理

启动 Adobe Dreamweaver CS6，创建符合 HTML5 标准的空白 HTML 页面，将所有 HTML 代码换成以下 PHP 代码（部分代码），然后将文件保存到 "custom_item_more_edit.php"；单击后台系统左侧菜单 "新闻动态" 链接后再单击 "添加新闻动态" 按钮运行该文件，输入相关的信息，并上传两张图片，如图 8-11 所示，再单击 "添加" 按钮经验证后即可成功添加一条新闻信息。

```php
<form name="user" action="/CH08/custom_item_more_edit.php" method="post" enctype="multipart/form-data" onSubmit='javascript:{return calform();}'>
<table class="admin" border="0" cellpadding="0" cellspacing="0" width="95%" align="center">
  <tr>    <td height="20"><input type=hidden name=action value="addcustom_item_infoend"></td>
  </tr>
  <tr>
    <td><table width="100%" border="0" cellspacing="0" cellpadding="0">
     <tr>          <td width="50%" class="title">--请输入新闻动态信息--</td>
       <td><input   type=submit   name=mode   value=" 添 加 ">   <input   onClick="javascript:
window.open('custom_item_more.php?custom_name=%E6%96%B0%E9%97%BB%E5%8A%A8%E6%80%81&cur_page=','_self',");" type=button name=bbb value=返回></td>
     </tr>
    </table></td>
  </tr>
  <tr>    <td height="15"></td>
  </tr>
  <tr>    <td align="center">
    <table border="0" cellpadding="1" cellspacing="3" width="100%" style="FONT-SIZE: 9pt">
     <tr>
       <td height="20" align="right" nowrap>栏目标题：</td>
       <td height="20"><input type=hidden name=custom_item_id value="">
         <input type=hidden name=custom_name value="新闻动态">
         <input type=hidden name=cur_page value="">
         <input name=custom_item_title value="" style="width:95%">
         <span>*</span></td>
     </tr>
     <tr>
       <td height="20" align="right" nowrap>所属栏目分类：</td>
       <td><select name=caption>
         <OPTION value='新闻动态'>新闻动态</OPTION>
       </select> <font color="red">*</font></td>
     </tr>
     <tr>
       <td height="20" align="right" valign="top" nowrap>栏目内容：</td>
       <td><TEXTAREA name="content" style="width:100%; display:none" rows=12></TEXTAREA>
<font color="red">*</font></td>
     </tr>
       <tr>    <td colspan="3"><iframe id="Editor0" src="editor/editor.php?editorID=content&editorHeight=
```

290" frameborder="0" scrolling="no" width="100%" height="380"></iframe></td>
    </tr>
    <tr style="display:none">
      <td height="20" align="right" nowrap>链接按钮：</td>
      <td><input type="file" name="itemsymbol" id="itemsymbol" onChange="cal()" size="20">
        <INPUT type=submit value="删除图标" name=mode> 图片小于或等于 230×180 像素</td>
    </tr>
    <tr style="display:none">
      <td height="20" align="right" nowrap>图标预览：</td>
      <td></td>
    </tr>
    <tr style="display:none">   <td height="20" align="right"></td>
      <td align="left"><div style="position:absolute; width:0; height:0;z-index:-100; overflow:
        hidden;"><IMG id=divview2 name=divview2 src="image/noimage.gif"></div>
      <IMG src="image/noimage.gif" name=preview2 id=preview2>
      <INPUT type=hidden value="" name="itemsymbol_width">
      <INPUT type=hidden value="" name="itemsymbol_height"></td>
    </tr>
    <tr>   <td height="20" align="right" nowrap>插入图片：</td>
      <td><INPUT type=hidden value="" name="onload_pic_align">
      <input type="file" name="iconograph" id="iconograph" onChange="cal()" size="20">
      <SELECT language=javascript onchange="return iconograph_align_onchange(this)"
        name=iconograph_align>
        <OPTION value=left>对左</OPTION>
        <OPTION value=right>对右</OPTION>
        <OPTION value=middle selected>对中</OPTION>
        <OPTION value=top>顶部对齐</OPTION>
        <OPTION value=middle>中部对齐</OPTION>
        <OPTION value=bottom>下面对齐</OPTION>
        <OPTION value=texttop>文字顶部</OPTION>
        <OPTION value=absmiddle>绝对中间</OPTION>
        <OPTION value=absbottom>绝对底部</OPTION>
        <OPTION value=background>作为背景</OPTION>
      </SELECT>
      <SCRIPT>
       a=document.user.onload_pic_align.value;
       if (a!=') document.user.iconograph_align.value=a;   </SCRIPT>
      <INPUT type=submit value="删除图片" name=mode>
      <span>图片小于或等于 1280×3000 像素</span></td>
    </tr>
    <tr>   <td height="20" align="right">图片预览：</td>
      <td></td>
    </tr>
    <tr>   <td height="20" align="right"></td>
      <td id="pr" align="left"><IMG id=preview name=preview src="image/noimage.gif" align=""
        onload="setImgAutoSize(this)"> 这里将放置图片

```
          <div style="position:absolute; width:0; height:0;z-index:-100; overflow: hidden;"><IMG
          id=divview name=divview src="image/noimage.gif"></div>
          <INPUT type=hidden value="" name="iconograph_width">
          <INPUT type=hidden value="" name="iconograph_height"></td>
      </tr>
    </table>
  </td>  </tr>
      <tr>      <td  align="center"  height="30" ><input  type=submit  name=mode  value=" 添 加 "> <input
onClick="javascript:window.open('custom_item_more.php?custom_name=%E6%96%B0%E9%97%BB%E5%8A%
A8%E6%80%81&cur_page=','_self',");" type="button" value="返回"></td>
      </tr></table>
  </form>
```

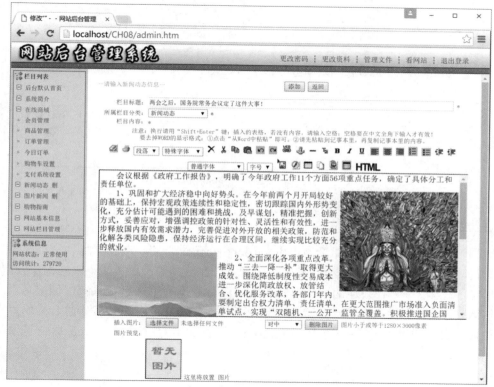

图 8-11　添加新闻信息

栏目"新闻图片"的添加与此类似，在此不再细说了。

8.3.4　单页新闻信息管理

单页新闻信息管理由"custom_item_one.php"文件实现；单击后台系统左侧菜单"系统简介"链接而运行该文件，输入相关的信息，如图 8-12 所示，再单击"修改"按钮经"customitemend.php"验证后即可成功修改该单页新闻信息。这两个文件和多页新闻信息管理类似，这里就不列出代码了。

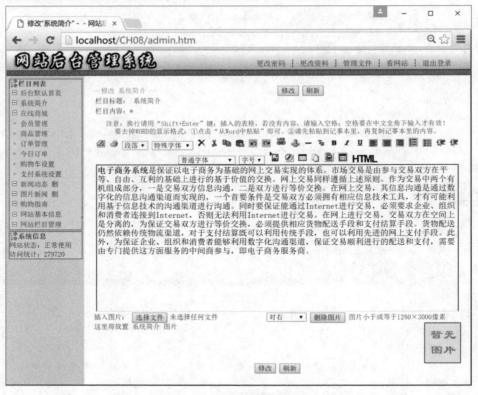

图 8-12　修改单页新闻信息

8.3.5　商品管理

商品管理的主界面程序文件设为"shop/shopmanager.php"，它包括商品分类的添加、修改与删除，也包括商品信息的显示、搜索以及添加、删除与修改的入口。它的程序代码较多，这里就不一一列出来，有兴趣的同学可打开本书附件查看。单击后台系统左侧菜单"商品管理"链接而运行该文件，在"添加商品种类（根类）"按钮前输入商品分类名称如"出版音像""旅游产品"或"电子产品"，再单击此按钮即可成功添加商品分类，最后结果如图 8-13所示。

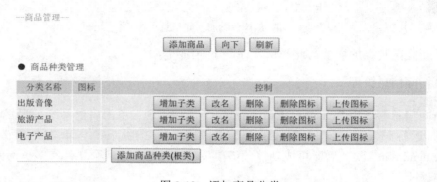

图 8-13　添加商品分类

启动 Adobe Dreamweaver CS6，创建符合 HTML5 标准的空白 HTML 页面，将所有 HTML 代码换成以下 PHP 代码（部分代码），然后将文件保存到 "shop/shopmanageredit.php"；单击图 8-13 中的 "添加商品" 按钮而运行该文件，输入相关的信息，并上传两张图片，如图 8-14 所示，再单击 "添加" 按钮经验证后即可成功添加一条商品信息。

```php
<form action="/CH08/shop/shopmanageredit.php" name="frm" method="post" enctype="multipart/form-data"
onSubmit='{return calform(this);}'>
  <table class="admin" border="0" cellpadding="0" cellspacing="0" width="95%" align="center">
    <tr>
      <td height="20"><input type=hidden name=action value="addgoodsend"></td>
    </tr>
    <tr>  <td class="title">--请输入您的商品信息--</td>
    </tr>
    <tr>  <td height="50" align="center" valign="top">
      <input type=submit name=mode value="添加">
      <input  onClick="javascript:window.open('shopmanager.php','_self','');" type=button name=bbb value=
返回>
    </td>  </tr>
    <tr>  <td align="center">
      <table border="0" cellpadding="3" cellspacing="1" width="99%">
      <tr>  <td nowrap width="20" height="20">●</td>
        <td nowrap>商品编码：<input type=hidden name=key_goods value=""><input name=goods_code
value="" maxlength=35> <span>*</span></td>
        <td width="20">●</td>
        <td  nowrap>商 品 名 称： <input  name=goods_name  value=""  size="10"  maxlength=35>
<span>*</span></td> </tr>
        <tr>  <td>●</td>
        <td nowrap colspan="3">型号：<input name=speciality value="" maxlength="35" /></td>  </tr>
        <tr>  <td>●</td>
        <td  nowrap  colspan="3"> 简 略 描 述 ： <input  name="breaf_desc"  value=""  size="50"
maxlength=255 ><span>*</span></td>  </tr>
        <tr> <td>●</td>
        <td nowrap colspan="3">商品种类：<select name=class_name><OPTION value='出版音像'>出
版音像</OPTION><OPTION  value='旅游产品'>旅游产品</OPTION><OPTION  value='电子产品'>电子产品
</OPTION></select> <span>*</span></td>  </tr>
        <tr><td>●</td>
        <td nowrap colspan="3">详细描述：<span>*</span><input type="hidden" name="consignment"
value="1" /><TEXTAREA name="goodsdesc" style="width:100%; display:none; border:1px dashed #FF0000"
rows="5"></TEXTAREA></td> </tr>
        <tr>  <td colspan="4"><iframe id="Editor0" src="../editor/editor.php?editorID=goodsdesc&editorHeight
=290" frameborder="0" scrolling="no" width="100%" height="380"></iframe></td>  </tr>
        <tr> <td>●</td>
        <td nowrap height="20" colspan="3">商品成本和价格</td>  </tr>
        <tr>  <td></td>
        <td  nowrap>商品原价：￥<input name="formerly_price" value="" size="10"  maxlength=10
id=formerly_price onKeyPress="return formerly_price_onkeypress()"> <span>*</span></td>
        <td  nowrap  colspan="2">商品现价： ￥ <input  name="current_price"  size="10"  value=""
```

onKeyPress="return current_price_onkeypress()"> *</td>

                                                                                     </tr>
                                                                                                   <tr> <td>●</td>

                                <td nowrap colspan="3"> 商品数量： <input value="" name="goods_count" size="10" onKeyPress="return goods_count_onkeypress()" > *</td>

   </tr>
       <tr>   <td>●</td>

                                <td nowrap colspan="3"> 商 品 缩 略 图 ： <input type="file" name="goods_symbol" id="goods_symbol" size="20"> (图片小于或等于 230×180 像素) </td>   </tr>
       <tr>   <td colspan=4 align="center"><IMG id=preview1 name=preview1 src="../image/noimage.gif" onload="setImgAutoSize(this)">

                                <IMG id=divview1 name=divview1 src="../image/noimage.gif">

                                <INPUT type=hidden value="" name="goods_symbol_width">

                                <INPUT type=hidden value="" name="goods_symbol_height"></td> </tr>
       <tr> <td>●</td>

                                <td nowrap colspan="3">商品图片： <input type="file" name="goods_pic" id="goods_pic" size="20"> (建议小于 500 X 800) </td> </tr>
       <tr>   <td colspan="4"> <IMG id=preview2 name=preview2 src="../image/noimage.gif" onload="setImgAutoSize(this)">

                                <IMG id=divview2 name=divview2 src="../image/noimage.gif">

                                <INPUT type=hidden value="" name="goods_pic_width">

                                <INPUT type=hidden value="" name="goods_pic_height">

       </td>   </tr>
       <tr>   <td>●</td>

                                <td nowrap colspan="3"> 是 否 为 特 价 产 品 ： <input type=checkbox name=special_tag value=1></td> </tr>
           <tr>   <td height="20" colspan="4"></td>   </tr>
       </table> </td>   </tr>
   <tr> <td height="15"></td></tr>
   </tr>   <tr>   <td align="center" height="20" ><input type=hidden name=add_max_goods_num value="300">

       <input type=hidden name=exist_max_goods_num value="5">

       <input type="submit" name="mode" value="添加">

       <input onclick="javascript:window.open('shopmanager.php','_self,');" type="button" value=" 返 回 "></td> </tr>
   </table></form>

8.3.6 会员管理

    会员管理包括给会员群发邮件、删除会员、查看会员的详细信息等，现设其项目文件为 "shop/ usermanager.php"（具体代码参见本书附件），单击后台系统左侧菜单 "会员管理" 链接而运行该文件，其效果如图 8-15 所示。

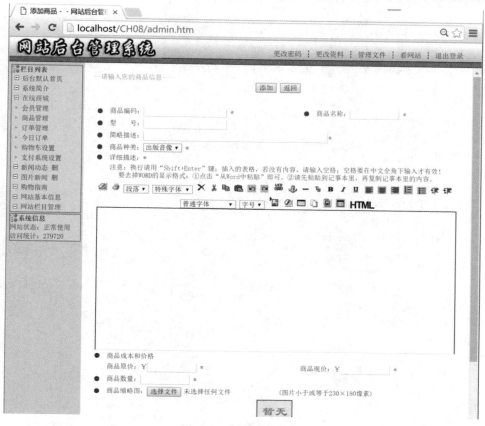

图 8-14　添加商品信息

图 8-15　会员管理

在图 8-15 中选中所有会员，单击"发信"按钮，即进入群发邮件的主界面"shop/mailtousers.php"，输入标题以及发信内容，单击"发送"按钮经"shop/mailtousersend.php"处理后即可成功发送邮件。

文件"shop/ mailtousersend.php"的主要程序代码如下：

```php
<?php
//电子邮件群发
if (($mode=="发送") && ((count($email_list) !=0) || (count($custom_email) !=0)))
  {$query = "select email from ".$tb_prefixion."site_info where site_id=1";
  $result = mysqli_query($link,$query);
  $row = mysqli_fetch_array($result);
  //the man who sent mail
  $from=$row["email"];
  //been sent mail type
  $type="text";
  switch ($type){
      case 'html': $header="Content-type:text/html; charset=utf-8";
                      break;
      case 'text': $header="X-mailer:PHP/".phpversion();
                      break;
      default :      $header=";
      }
  //给会员发信
  for ($i=0;$i<count($email_list);$i++)
    {//the mail to
    $to=$email_list[$i];
    if (@mail("$to", "$title", $message, "From: $from\nReply-To:$from\n".$header))
        echo "<center><h3>给会员 $email_list[$i] 发信成功！</h3></center>";
    else
        echo "<center><h3>给会员 $email_list[$i] 发信失败！</h3></center>";
    }
  //给自定收信人发信
  if ($custom_email!="")
    { $custom_email_part=explode(";",$custom_email);
    for ($i=0;$i<count($custom_email_part);$i++)
      { //the mail to
      $to=$custom_email_part[$i];
      if (@mail("$to", "$title", $message, "From: $from\nReply-To:$from\n".$header))
          echo "<center><h3>给 $custom_email_part[$i] 发信成功！</h3></center>";
      else
          echo "<center><h3>给 $custom_email_part[$i] 发信失败！</h3></center>";
      } }
  exit(); }
?>
```

8.3.7 订单管理

启动 Adobe Dreamweaver CS6，创建符合 HTML5 标准的空白 HTML 页面，将所有 HTML 代码换成以下 PHP 代码（部分代码），然后将文件保存到 "shop/order.php"，此即为订单管理的主程序，它可以管理所有的订单、重发订单确认信、收货确认、收款确认以及删除订单；单击后台系统左侧菜单 "订单管理" 链接而运行该文件，其结果如图 8-16 所示。

```
        //如果是第一次显示，设置订单排序规则
      if( !IsSet($orderby) )
        $orderby = "key_requests";
    //第一次调用，关键字查询
    if($changepages=="on")
    {   $query = $query_back;   }
    else if(IsSet($submitquery) && ($submitquery=="on"))
    {   if (($key_requests_from!="") && ($key_requests_to!=""))
          $key_requests_where="key_requests  between  '".deformat_key_requests($key_requests_from)."'  and
'".deformat_key_requests($key_requests_to)."'";
        else
          $key_requests_where="1";
        if ($status!="")
          $status_where="status='$status'";
        else
          $status_where="1";
        if (($date_created_from!="") && ($date_created_to!=""))
          $date_created_where="date_created between '$date_created_from' and '$date_created_to'";
        else
          $date_created_where="1";
        if ($receive_name!="")
          $receive_name_where="receive_name='$receive_name'";
        else
          $receive_name_where="1";
        if ($order_name!="")
          $order_name_where="order_name='$order_name'";
        else
          $order_name_where="1";
        $query_back = "select * from ".$tb_prefixion."requests
                        where $key_requests_where
                        and $status_where
                        and $date_created_where
                        and $receive_name_where
                        and $order_name_where
                        ORDER BY $orderby DESC";
        $query = $query_back;   }
    else if(!IsSet($submitquery) || ($submitquery==""))
    {   $query_back = "select * from ".$tb_prefixion."requests ORDER BY $orderby DESC";
        $query = $query_back;
    }
    //页面自定向
    else if( IsSet($query_back) )
    {       $query = $query_back;   }
    //非以上情况，不可能出现
    else
    {   echo "<TR><TD width='100%' colSpan=5 height=10><H3 align='center'>页面无效</H3></TD></TR>";
```

```
        exit( );    }
    if(file_exists("charset.php"))
        include("charset.php");
    else
        include("../charset.php");
    //echo $query."<br>****query*****<br>";
    //得到查询结果
    $result = mysqli_query($link,$query);
    //如果结果为 0，退出
    $num = mysqli_num_rows($result);
    if($num==0)
    {   echo "<TR><TD width='100%' colSpan=5 height=10><H3 align='center'>抱歉，没有信息。
</H3></TD></TR>";
    }
    //计算页面总数，每页显示的记录数目
    $records_per_page = 30;
    $total_page_nums    = ceil($num/$records_per_page);
    //将查询出的记录的主键值记录在一个数组中
    $record = array( );
    while( $row=mysqli_fetch_array($result) )
    { $record[] = $row['key_requests']; }
    //如果是第一次显示，设置当前页页码
    if( !IsSet($cur_page) )
        $cur_page = 1;
    //设置上一页的页码
    $last_page = $cur_page - 1;
    if( $last_page<1 )
        $last_page = 1;
    //设置下一页的页码
    $next_page = $cur_page + 1;
    if( $next_page>$total_page_nums )
        $next_page = $total_page_nums;
        //根据页码计算起始记录编号
        $start_record = ($cur_page-1)*$records_per_page;
        //根据页码计算下一个起始记录编号
        $end_record    = $cur_page*$records_per_page;
        if( $end_record>$num )
            $end_record = $num;
        for($cur_record=$start_record;$cur_record<$end_record;$cur_record++)
            {
            $key_requests = $record[$cur_record];
            $display_num    = $cur_record+1;
            $query = "select * from ".$tb_prefixion."requests where key_requests='$key_requests'";
            $result = mysqli_query($link,$query);
            while($row = mysqli_fetch_array($result))
                {
```

```
        $query8="SHOW FIELDS FROM ".$tb_prefixion."requests";
         $table_def = mysqli_query($link,$query8);
      for ($i=0;$i<mysqli_num_rows($table_def);$i++)
            {
         $row_table_def = mysqli_fetch_array($table_def);
         $field = $row_table_def["Field"];
         if (isset($row) && isset($row[$field]))
             $special_chars = $row[$field];
         else
             $special_chars = "";
         $$field=$special_chars;     }
      echo " <TR align=center>
             <TD><A
href='orderinfolist.php?key=$key_requests'>".format_key_requests($key_requests,5)."</A></TD>
             <TD>$status</TD>
             <TD>$fee</TD>
             <TD>$date_created</TD>
             <TD>$receive_name</TD></TR>\n";
      }          }
  ?>
      <TR> <TD width="100%" colSpan=5 height=10><form name="myform">
      </form></TD>
    </TR> </TBODY>
   </TABLE>
```

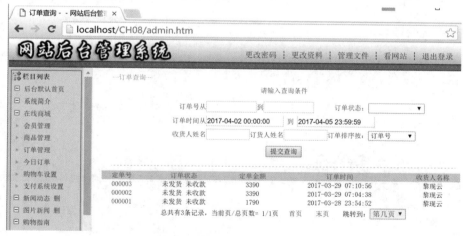

图 8-16　订单管理

单击订单号可查看订单的详细信息，也可以重新发送订单确认信。当然，最重要的是可以进行发货确认与收款确认，从而完成客户订单的管理。

为了方便管理订单，添加了"今日订单"，其项目文件为"shop/admin_config.php"，单击后台系统左侧菜单"今日订单"链接而运行该文件。

8
Chapter

8.3.8 购物车管理

购物车管理模块可以定制购物车中显示的项目以及确认订单显示的项目,现设计其项目文件为"shop/cartconfig.php",单击后台系统左侧菜单"购物车管理"链接而运行该文件,结果如图 8-17 所示,选择想要显示的项目后单击"确认"按钮即可。

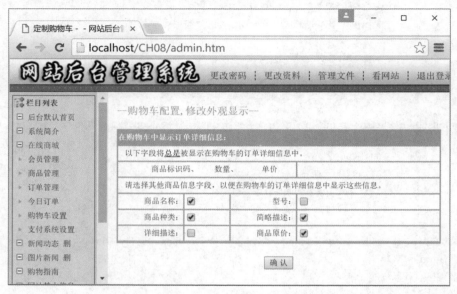

图 8-17　购物车管理

8.3.9 支付系统管理

支付系统管理的项目文件为"shop/deliversystem.php",单击后台系统左侧菜单"支付系统管理"链接而运行该文件,结果如图 8-18 所示。

图 8-18　支付系统管理

根据实际情况选择所需的选项后单击"确认"按钮，即可进入详细设置页面。对相关的情况进行修改，特别的是，若选择了"招商银行在线支付"方式后，则须到招商银行去申请商户号码（6 位数字）以及相应的开户银行代码（4 位数字），然后准确填写再单击"确认"按钮即可。

8.4　前台显示系统

前台显示系统主要完成商品的展示、新闻类信息的显示以及商品在线交易的完成。商品在线交易涉及会员系统，特单独作为一节来讲解。前台使用了当前比较流行的模板技术，不过本系统采用自定义的模板系统，不需要其他的框架来支持。前台显示系统文件清单如表 8-11 所示。

表 8-11　前台显示系统文件清单

编号	文件名（含相对路径）	功能
1	css/common.css	样式表，前台使用
2	css/user.css	样式表，前台使用
3	css/chaoshi.css	样式表，前后台共用
4	js/LoadPrint.js	前台 JavaScript 打印程序
5	js/ResizeAllImg.js	前台 JavaScript 图片自动缩放程序
6	js/handleevent.js	前台 JavaScript 图片特效程序
7	js/jquery-1.12.4.js	jQuery 库，前后台共用
8	js/jquery.validate.js	jQuery 验证插件，前后台共用
9	js/additional-methods.js	jQuery 验证插件，前后台共用
10	js/ messages_zh.js	jQuery 验证插件，前后台共用
11	js/sha512.js	SHA-512 客户端加密库，前后台共用
12	js/jquery.validate.user.js	jQuery 验证自定义函数库，前台使用
13	image/banner.jpg	网站横幅图片
14	image/menu_bg.jpg	菜单背景图片
15	image/icon1.jpg	信息列表图片
16	image/noimage.gif	图片新闻无图时的默认图片
17	webuser.php	数据库基本设置，前后台共用
18	web_user.php	网站重要参数设置，前后台共用
19	mysql.php	连接 MySQL 服务器，前后台共用
20	charset.php	设置字符集，前后台共用
21	common.inc.php	基本函数库，前后台共用
22	user_session.php	Session 设置，前台使用
23	user_session_do.php	Session 处理，前台使用
24	fun.php	前台显示系统自定义函数库
25	templates.php	前台模板解析程序

8
Chapter

编号	文件名（含相对路径）	功能
26	index.php	前台首页模板解析程序
27	p.php	前台内页模板解析程序及接口程序
28	show.php	多页新闻类信息显示程序
29	uc.php	计数器
30	shop/fun.shop.php	在线商城前台基本函数库
31	shop/common.inc.shop.php	在线商城函数库，前后台共用
32	shop/zhuce.php	在线商城会员注册入口
33	shop/regist.php	在线商城会员注册处理
34	shop/checkname.php	在线商城会员注册时用户名验证
35	shop/index_login.php	在线商城会员登录入口
36	shop/login.php	在线商城会员登录处理
37	shop/user_logout.php	在线商城会员退出登录
38	shop/user_password.php	在线商城会员密码修改入口
39	shop/updateuserpwd.php	在线商城会员密码修改处理
40	shop/user_xiugai.php	在线商城会员资料修改入口
41	shop/user_update.php	在线商城会员资料修改处理
42	shop/user_getpwd.php	在线商城会员找回密码入口
43	shop/user_getnewpwd.php	在线商城会员找回密码处理
44	shop/shopping.php	在线商城购物车
45	shop/bank.php	在线商城收银台－确认定单
46	shop/pay_method.php	在线商城收银台－选择送货方式与支付方式
47	shop/buy.php	在线商城收银台－生成订单
48	shop/ index_order.php	在线商城用户订单管理
49	shop/user_orderinfolist.php	在线商城用户订单信息

下面分步讲解实现方法。

8.4.1　首页模板制作

启动 Adobe Dreamweaver CS6，创建符合 HTML5 标准的空白 HTML 页面，将所有 HTML 代码换成以下 HTML 代码，然后将文件保存到"tp_home.htm"，即完成首页模板的制作。

```
<!doctype html>
<html>
<head>
<meta charset="utf-8">
<title><!--keyword:site_name--></title>
<link href="css/common.css" rel="stylesheet" type="text/css" />
<!--keyword:search_keyword-->
```

```
<!--[if lte IE 8]>
<script src="js/html5.js"></script>
<![endif]-->
</head>
<body>
<header><img src="image/banner.jpg" /></header>
<nav>
    <!--keyword:main_item_list-->
</nav>
<div class="flexbody">
  <aside>
    <div class="txtcenter">
        <div class="lmtit"><a href="<!--keyfun::L:系统简介-->">系统简介</a><span><a href="<!--keyfun::L:
系统简介-->">more</a></span></div>
        <div class="clear"></div>
        <p class="maxh"><!--keyfun::I:系统简介--></p>
    </div>
  </aside>
  <article>
    <div class="txtcenter">
        <div class="lmtit"><a href="<!--keyfun::L:新闻动态-->">新闻动态</a><span><a href="<!--keyfun::L:
新闻动态-->">more</a></span></div>
        <div class="clear"></div>
        <ul class="newslist">
        <!--keyfun::I:新闻动态,0,1,1-->
        </ul>
    </div>
  </article>
  <section>
    <div class="txtcenter">
        <div class="lmtit"><a href="<!--keyfun::L:特价产品,在线商城-->">特价产品</a><span><a
href="<!--keyfun::L:特价产品,在线商城-->">more</a></span></div>
        <div class="clear"></div>
        <ul class="newslist1">
          <!--keyfun::I:特价产品-->
        </ul>
    </div>
  </section>
</div>
<div class="flexbody">
  <div class="txtcenter1">
      <div class="lmtit1"><a href="<!--keyfun::L:在线商城-->">最新产品</a><span><a
href="<!--keyfun::L:在线商城-->">more</a></span></div>
      <div class="clear"></div>
      <ul class="product">
        <!--keyfun::I:在线商城-->
```

```
        </ul>
      </div>
  </div>
  <footer>
  <ul>
    <!--keyword:about-->
  </ul>
  </footer>
  <!--keyword:index_websiteservice-->
  </body>
  </html>
```

8.4.2　内页模板制作

启动 Adobe Dreamweaver CS6，创建符合 HTML5 标准的空白 HTML 页面，将所有 HTML 代码换成以下 HTML 代码，然后将文件保存到"tp_ main.htm"，即完成内页模板的制作。

```
  <!doctype html>
  <html>
  <head>
  <meta charset="utf-8">
  <title><!--keyword:site_name--></title>
  <link href="css/common.css" rel="stylesheet" type="text/css" />
  <!--keyword:search_keyword-->
  <!--[if lte IE 8]>
  <script src="js/html5.js"></script>
  <![endif]-->
  </head>
  <body>
  <header><img src="image/banner.jpg" /></header>
  <nav>
    <!--keyword:main_item_list-->
  </nav>
  <div class="flexbody">
    <aside>
      <div class="txtcenter">
        <div class="lmtit"><a href="<!--keyfun::L:国内要闻-->">新闻动态</a><span><a href="<!--keyfun::L:
新闻动态-->">more</a></span></div>
        <div class="clear"></div>
        <ul class="newslist">
          <!--keyfun::I:新闻动态,0,1,0-->
        </ul>
    </aside>
    <article>
      <div class="txtcenter">
        <div class="lmtit"><!--keyword:page_title_name--><span><!--keyword:current_column_pre-->
<!--keyword:current_column--></span></div>
        <div class="clear"></div>
```

```
    <div class="main" id="mainpagebody"><!--keyword:mainpagebody--></div>
        </div>
    </article>
</div>
<footer>
<ul>
    <!--keyword:about-->
</ul>
</footer>
<!--keyword:websiteservice-->
</body>
</html>
```

模板制作完成后用 phpMyAdmin 登录数据库"zidbshop",进入模板信息表"templet_info",插入模板数据:首页模板命名为"home",内页模板命名为"main",如图 8-19 所示。

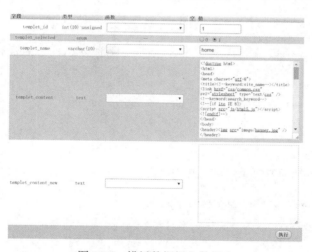

图 8-19　模板数据插入数据库

8.4.3　模板解析

启动 Adobe Dreamweaver CS6,创建符合 HTML5 标准的空白 HTML 页面,将所有 HTML 代码换成以下 PHP 代码,然后将文件保存到"templates.php",即完成模板解析程序的制作。

```
<?php
if(!isset($needless_templet_flag) || $needless_templet_flag!=1)
{
//查询主模板
if(!isset($templetname)) $templetname="main";
$main_templet=getTemplet($templetname);
//查询站点标题
$site_name=get_site_name();
$main_templet=preg_replace("'<!--keyword:site_name-->'i",$site_name,$main_templet);
//查询站点信息
$aboutinfo=get_aboutinfo();
```

```
$main_templet=preg_replace("'<!--keyword:about-->'i",$aboutinfo,$main_templet);
//查询站点搜索信息
$search_keyword=get_search_keyword();
$main_templet=preg_replace("'<!--keyword:search_keyword-->'i",$search_keyword,$main_templet);
//查询栏目信息
$main_item_list=get_main_item_list();
$main_templet=preg_replace("'<!--keyword:main_item_list-->'i","$main_item_list",$main_templet);
//导航解析开始
//导航信息初始化
$current_column_pre="当前位置：首页→";
$main_templet=preg_replace("'<!--keyword:current_column_pre-->'i","$current_column_pre",$main_templet);
unset($TRAIL);
$TRAIL = array();
$current_column="";
$caption_root="";
$current_column.=(get_item_type($text)===" 在线购物类 "||$field_name===" 特价产品 ")?breadcrumbs
($field_name):bread_custom_crumbs($field_name);
$main_templet=preg_replace("'<!--keyword:current_column-->'i",$current_column,$main_templet);
//当前位置反向解析
$uncurrent_column="";
$current_column_reverser=explode("→",strip_tags($current_column));
for($i=count($current_column_reverser)-1;$i>=0;$i--)
    {
    if(!$uncurrent_column)
        $uncurrent_column.=$current_column_reverser[$i];
    else
        $uncurrent_column.="←".$current_column_reverser[$i];
}
if($templetname!="home")
    {
    $tmptitle="".preg_replace("'<[\/\!]*?[^<>]*?>'si","",$uncurrent_column)."←".$site_name."";
    $main_templet=preg_replace("'<title[^>]*?>.*?</title>'si","<title>".$tmptitle."</title>",$main_templet);
    }
//当前页面名称
$page_title_name=(empty($field_name))?(""):($field_name);
$main_templet=preg_replace("'<!--keyword:page_title_name-->'i",$page_title_name,$main_templet);
//导航解析结束
//模板解析清理
$resultant_query_sub_info="";
$bak_chr_space_len=0;
$caption_query_str="";
//网站客服
$main_templet=preg_replace("'<!--keyword:index_websiteservice-->'i", "$index_websiteservice",$main_templet);
$main_templet=preg_replace("'<!--keyword:websiteservice-->'i", "$websiteservice",$main_templet);
//模板程序解析
$main_templet=preg_replace_callback("'<!--keyfun::([_A-Za-z]+):(.*?)-->'i", function($m){global $link;global
```

```
$tb_prefixion;global    $PHP_SELF;global    $updir;    ob_start();eval("$m[1]($m[2]);");$content=ob_get_contents();
ob_end_clean(); return $content;},$main_templet);
    }?>
```

8.4.4　网站实现程序

1. 网站首页实现程序

启动 Adobe Dreamweaver CS6，创建符合 HTML5 标准的空白 HTML 页面，将所有 HTML 代码换成以下 PHP 代码，然后将文件保存到"index.php"，即完成网站首页实现程序，运行该文件，其结果类似本章图 8-1 所示。

```php
<?php
require("user_session.php");//包含头文件
require("common.inc.php");
require("mysql.php");//连接到 MySQL 服务器
if(!empty(get_shopping_name()))
    include_once("shop/fun.shop.php");
include_once("fun.php");//网站前台主函数
$templetname="home";//查询主页模板
include("templates.php");//解析模板
header("Content-type:text/html;charset=utf-8");//设置编码格式
echo $main_templet;/*显示内容*/ ?>
```

2. 网站内页实现程序

启动 Adobe Dreamweaver CS6，创建符合 HTML5 标准的空白 HTML 页面，将所有 HTML 代码换成以下 PHP 代码，然后将文件保存到"p.php"，即完成网站内页实现程序。从网站首页单击链接"系统简介"而运行该文件，其结果类似本章图 8-2 所示；若从网站首页单击链接"在线商城"而运行该文件，其结果如图 8-20 所示。

```php
<?php
require("user_session.php");//包含头文件
require("common.inc.php");
require("mysql.php");//连接到 MySQL 服务器
//网站前台主函数
if(get_item_type($text)==="在线购物类"||$field_name==="特价产品")
    include_once("shop/fun.shop.php");
include_once("fun.php");
include("templates.php");//解析模板
//查询网页主体内容
$show_content=((get_item_type($text)==="在线购物类"||$query_key===true||$field_name==="特价产品")?
businessfun($field_name,$text):get_custom_item_info_fun($field_name,$text))."\n".$baidu_share;
$main_templet=preg_replace("'<!--keyword:mainpagebody-->'i",$show_content,$main_templet);
header("Content-type:text/html;charset=utf-8");//设置编码格式
echo $main_templet;//显示内容
?>
```

图 8-20　网站内页显示效果

3．商品信息页实现程序

启动 Adobe Dreamweaver CS6，创建符合 HTML5 标准的空白 HTML 页面，将所有 HTML 代码换成以下 PHP 代码（部分代码），然后将文件保存到 "shop/goodsinfo.php"，即完成商品信息页的实现程序；从网站首页单击 "特价产品" 图片而运行该文件，其结果如图 8-21 所示。

图 8-21　商品信息页显示效果

```php
<?php
  $product_info.="
<TABLE cellSpacing=0 cellPadding=0 width=\"100%\" border=0 align=\"center\">
<FORM name=cart_quantity action=\"shopping.php\" method=post>
<TBODY>
 <TR>
    <TD><TABLE cellSpacing=0 cellPadding=0 width=\"95%\" border=0 align=center>
        <TBODY>
          <TR>
             <TD class=pageHeading vAlign=top align=center width=\"".($dstW+10)."\"><A href=\
"".$goods_pic."\" target=_blank><IMG width=\"$dstW\" height=\"$dstH\" src=\"$goods_symbol\" border=0><BR>
                <SPAN class=smallText>点击看大图</SPAN></A>
             </TD>
             <TD class=pageHeading vAlign=top>".$goods_name."<br>
             <span class=normalText>".$breaf_desc."</span><br>
             <SPAN class=smallText>编号：".$goods_code."</SPAN>   <S>".$formerly_price."元人
民币</S>   <SPAN class=frontbox>".$current_price."元人民币</SPAN><br>
             <span class=normalText>数 量：</span><input size=1 value=1 name=goods_num><input
type=hidden name=key value=\"".$key_goods."\"><input style=\"MARGIN-TOP: 0px\" type=submit value=\"加入
购物车\" name=submit2>
             </TD>
          </TR>
        </TBODY>
    </TABLE></TD>
 </TR>
 <TR>
   <TD height=10></TD>
 </TR>
 <TR>
   <TD>
      <TABLE width=95% cellspacing=0 cellpadding=0 border=0 style=\"BORDER: #EAEAEA 1px
solid;\" align=center>
         <TBODY>
           <TR>
             <TD height=25>
                <table width=\"100%\" height=\"100%\" border=\"0\" cellspacing=\"0\" cellpadding=\"0\"
style=\"text-align:center;\">
                   <tr>
                      <td width=\"100\" id=\"td1\" class=\"tscolor1\" style=\"cursor:pointer;border-bottom:
1px solid #650300; BORDER-RIGHT: 1px solid #EAEAEA; font-size:14px; font-weight:bolder;\">产品详情</td>
                   </tr>
                </table>
             </TD>
           </TR>
           <TR>
             <TD height=10></TD>
```

```
              </TR>
              <TR>
                <TD>
                  <DIV id=\"tble1\" style=\"DISPLAY: block; PADDING-RIGHT: 10px; PADDING-LEFT:
10px;\" class=div1>
                      ".StripSlashes($goodsdesc)."
                  </DIV>
                </TD>
              </TR>
            </TBODY>
      </TABLE></TD> </TR>
    </TBODY></FORM>
  </TABLE>\n";
  ?>
```

8.4.5　购物车

电子商务系统最重要模块之一就是购物车。本系统的购物车采用 Session 与数据库相结合的方式来进行，这样用户可以不用注册与登录就可以向购物车中添加商品。启动 Adobe Dreamweaver CS6，创建符合 HTML5 标准的空白 HTML 页面，将所有 HTML 代码换成以下 PHP 代码（核心代码），然后将文件保存到 "shop/shopping.php"，即完成网站信息页的实现程序；从网站首页、"在线商城" 或商品信息页单击 "加入购物" 按钮而运行该文件，其结果如图 8-22 所示。

```php
<?php
    $index_cart.="
<TABLE cellSpacing=0 cellPadding=2 width=\"100%\" border=1 class=productListing style=\"border-collapse:
collapse;\" borderColor=#b6b7cb>
<TBODY>
  <TR>
      <TD class=productListing-heading align=center nowrap>删除</TD>
      <TD class=productListing-heading nowrap>产品</TD>
      <TD class=productListing-heading align=center nowrap>数量</TD>
      <TD class=productListing-heading align=right nowrap>小计</TD>
  </TR>\n";
    $fee = 0;
    $i=1;
    while($row=mysqli_fetch_array($result))
    {     // while star
        $key_goods_new=$row['key_goods'];
        $goods_num=$row['goods_num'];
        $query1 = "select * from ".$tb_prefixion."goods where key_goods=".$row['key_goods'];
        $result1 = mysqli_query($link,$query1);
        $row1      = mysqli_fetch_array($result1);
        $query8="SHOW FIELDS FROM ".$tb_prefixion."goods";
        $table_def = mysqli_query($link,$query8);
        for ($i=0;$i<mysqli_num_rows($table_def);$i++)
```

```
            {
            $row_table_def = mysqli_fetch_array($table_def);
            $field = $row_table_def["Field"];
            if (isset($row1) && isset($row1[$field]))
                $special_chars = $row1[$field];
            else
                $special_chars = "";
            $$field=$special_chars;
            }
        if(empty($goods_symbol))
            {
            $goods_symbol="image/touming.gif";
            }
        else
            {
            $goods_symbol=$updir."/$goods_symbol";
            }
        if(empty($goods_pic))
            {
            $goods_pic="image/touming.gif";
            }
        else
            {
            $goods_pic=$updir."/$goods_pic";
            }
        $display_price = ceil($current_price*$row['goods_num']);
        $fee = $fee + $display_price;
        //获取定制购物车中的信息
        $addinfo="";$disp_goods_name=0;$disp_breaf_desc=0;
        for ($k=0;$k<count($dispitemname);$k++)
            {
            if ($dispitemname[$k]!="")
                {
                if($dispitemname[$k]=="商品名称")
                    $disp_goods_name=1;
                else if($dispitemname[$k]=="简略描述")
                    $disp_breaf_desc=1;
                else if($dispitemname[$k]=="商品原价")
                    $addinfo.="<br /><b>".$dispitemname[$k].": </b><span><s>".stripslashes
($${$dispitemfield[$k]})."</s></span>\n";
                else
                    $addinfo.="<br /><b>".$dispitemname[$k].": </b><span>".stripslashes
($${$dispitemfield[$k]})."</span>\n";
                }
            else
                continue;
```

```
                    }
                $i++;
                $index_cart.="
    <TR class=productListing-even>
        <TD class=productListing-data align=center><INPUT type=checkbox value=\"$key_goods\" name=
\"cart_delete[]\"></TD>
        <TD  class=productListing-data><TABLE  width=\"100%\"  cellSpacing=2  cellPadding=2  border=0
style=\"TABLE-LAYOUT: fixed; WORD-BREAK: break-all;\">
            <TBODY>
              <TR>
                <TD    class=productListing-data    align=center    width=\"".($dstW+10)."\"><a    href=\
"$goods_pic\"  target=\"_blank\"><IMG  width=\"$dstW\"  height=\"$dstH\"  src=\"$goods_symbol\"  border=0>
</a></TD>
                <TD class=productListing-data vAlign=top>".($disp_goods_name==1?"<b>$goods_name
</b>":"").""".($disp_breaf_desc==1?"<br />\n<span>".$breaf_desc."</span>":"")."
                <br /><b>商品标识码：</b><span>\n".$goods_code."</span>\n
                <br /><b>商品现价：</b><span>\n".$current_price."</span>\n
                ".$addinfo."</TD>
              </TR>
            </TBODY>
        </TABLE></TD>
        <TD class=productListing-data align=center>
        <INPUT  size=4  value=\"$goods_num\"  name=cart_quantity[]  language=javascript  onKeyPress=\
"{if(event.keyCode ==13) {this.submit();} else {if(46>event.keyCode||event.keyCode >58) event.keyCode=
null;}}\">
        <INPUT type=hidden value=\"$key_goods\" name=\"products_id[]\"></TD>
        <TD class=productListing-data align=right nowrap>
        <B>$display_price</B></TD>
    </TR>\n";
        }   //while end
        $index_cart.="
    </TBODY>
    </TABLE>\n";
    $index_cart.="
        </TD>
        </TR>
        <TR>
        <TD><IMG height=1 src=\"image/pixel_trans.gif\" width=\"1\" border=0></TD>
        </TR>
        <TR>
        <TD class=main align=right><B>合计".$fee."元人民币</B></TD>
        </TR>
        <TR>
        <TD><IMG height=1 src=\"image/pixel_trans.gif\" width=\"1\" border=0></TD>
        </TR>
        <TR>
        <TD><TABLE class=infoBox cellSpacing=1 cellPadding=2 width=\"100%\" border=0>
```

```
        <TBODY>
            <TR class=infoBoxContents>
                <TD><TABLE cellSpacing=0 cellPadding=2 width=\"100%\" border=0>
                    <TBODY>
                        <TR>
                            <TD width=10><IMG height=1 src=\"image/pixel_trans.gif\" width=10
border=0></TD>
                            <TD class=main><INPUT class=submit type=submit value=\"更新\"
name=rejigger></TD>
                            <TD class=main><INPUT class=submit onClick=\"location.href='$main_page_
name?field_name=$shopping_name&text=$shopping_name'\" type=button value=\"继续购物\" name=submit2>
                            </TD>
                            <TD class=main align=right><INPUT class=submit onClick=\"".(empty($
{$tb_prefixion.'user_id'})?"location.href='index_login.php'":"window.open('bank.php?bank=1','_self',')")."\"
type=button value=\"到收银台\" name=submit2>
                            </TD>
                            <TD   width=10><IMG   height=1   src=\"image/pixel_trans.gif\"   width=10
border=0></TD>
                        </TR>
                    </TBODY>
                </TABLE></TD></TR>
            </TBODY>
        </TABLE>\n";
    ?>
```

图 8-22　购物车

8.5 会员模块

8.5.1 会员注册

启动 Adobe Dreamweaver CS6，创建符合 HTML5 标准的空白 HTML 页面，将所有 HTML代码换成以下 PHP 代码，然后将文件保存到"shop/zhuce.php"，即完成了会员注册入口程序；运行该程序，其效果如图 8-23 所示。输入相关信息，经"shop/regist.php"验证后即可成功注册成为会员。

```php
<?php
require("../user_session.php");//包含头文件
require("../common.inc.php");
//判断用户是否已经登录
if( IsSet(${$tb_prefixion.'user_id'}) && ${$tb_prefixion.'user_id'}!=0 )
  {
  header("Location: shopping.php\n");
  exit();
  }
header("Content-type:text/html;charset=utf-8");//设置编码格式
?>
<!doctype html>
<html>
<head>
<meta charset="utf-8">
<title>会员注册</title>
<link href="../css/user.css" rel="stylesheet" type="text/css" />
<script src="../js/jquery-1.12.4.js"></script>
<script src="../js/jquery.validate.js"></script>
<script src="../js/additional-methods.js"></script>
<script src="../js/messages_zh.js"></script>
<script src="../js/jquery.validate.user.js"></script>
</head>
<body>
<form name="form1" id="form1" method="post" action="regist.php">
    <p><label for="username" class="item-label">用户名：</label><input name="username" id="username" type="text" class="item-text" size="30" placeholder="6-50 位字母、数字或下划线，字母开头"></p>
    <p><label for="userpwd" class="item-label">密码：</label><input name="user_passwd" id="user_passwd" type="password" class="item-text" size="30" placeholder="6-50 位字母、数字或符号"></p>
    <p><label for="userpwd2" class="item-label">确认密码：</label><input name="re_passwd" id="re_passwd" type="password" class="item-text" size="30" placeholder="再次输入密码"></p>
    <p><label for="realname" class="item-label">真实姓名：</label><input id="receive_name" name="receive_name" type="text" class="item-text" size="30" placeholder="2-25 个汉字"></p>
    <p><label for="useremail" class="item-label">电子邮件：</label><input id="receive_email" name="receive_email" type="email" size="30" class="item-text" placeholder="请输入有效的电子邮件"></p>
    <p><label for="telnumber" class="item-label">联系电话：</label><input id="receive_telephone" name=
```

"receive_telephone" type="text" class="item-text" size="30" placeholder="手机号码或区号-座机号码"></p>
　　　　<p><label for="address" class="item-label">联系地址：</label><input name="receive_address" id=
"receive_address" type="text" class="item-text" size="20" placeholder="包括门牌号的完整地址"></p>
　　　　<p><label for="zipcode" class="item-label">邮政编码：</label><input name="receive_zip" id=
"receive_zip" type="text" class="item-text" size="20" placeholder="6 位数字"></p>
　　　　<p><input type="submit" name="send" id="send" class="item-submit" value=注册>
　　　　<input type="hidden" name="join_to"　value=1><input type="hidden" name="class"　value=1><input
type="hidden" name="response"　value="">
　　　　<input type="reset" name="resetbtn" id="resetbtn" class="item-submit" value=重置></p>
　　</form></body>
　　</html>

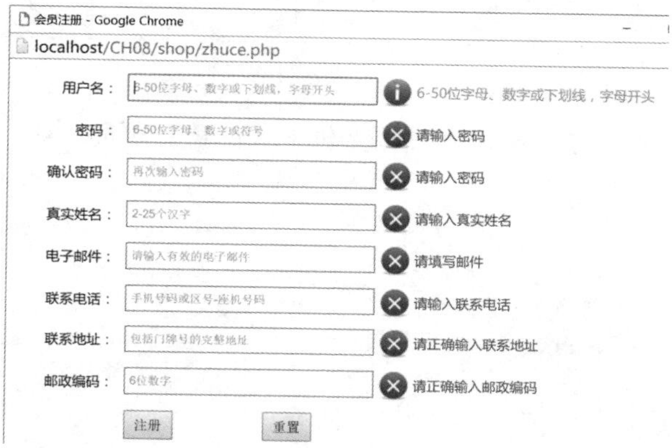

图 8-23　会员注册

8.5.2　会员登录

　　会员登录，可以利用第 5 章的登录程序，但为了让购物更方便，则需要作相应的调整。会员登录入口程序由 "shop/index_login.php" 文件实现，运行该程序，其效果如图 8-24 所示。输入相关信息，经 "shop/login.php" 验证后即可成功登录系统。

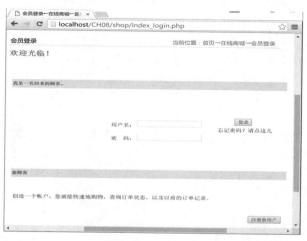

图 8-24　会员登录

8.5.3　收银台

在购物车中单击"到收银台"按钮，即可进入订单确认页面（项目文件为"shop/bank.php"），如图 8-25 所示。

8-25　确认订单

单击"下一步"按钮，进入送货方式与支付方式的选择页面"shop/pay_method.php"，如图 8-26 所示。

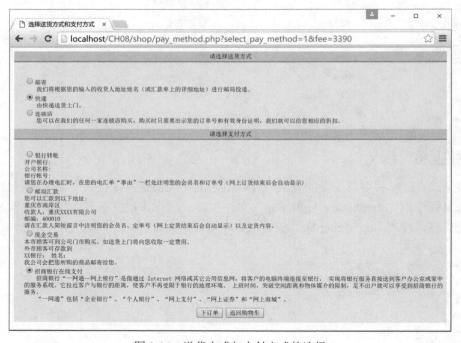

图 8-26　送货方式与支付方式的选择

单击"下订单"按钮，即可生成订单，初步完成购物（项目文件为"shop/buy.php"），如图 8-27 所示。

文件"shop/buy.php"核心代码如下：

```
if ($buy)
    {//if 开始
    //得到用户的记录号
    $key_users = ${$tb_prefixion.'user_id'};
```

```
$fee_total=$fee;
//查询用户的基本信息
$query3 = "select * from ".$tb_prefixion."users where key_users=$key_users limit 1";
$result3 = mysqli_query($link,$query3);
$row3 = mysqli_fetch_array($result3);
//保存这些信息，后面要用
$query8="SHOW FIELDS FROM ".$tb_prefixion."users";
$table_def = mysqli_query($link,$query8);
for ($i=0;$i<mysqli_num_rows($table_def);$i++)
    {
    $row_table_def = mysqli_fetch_array($table_def);
    $field = $row_table_def["Field"];
    if (isset($row3) && isset($row3[$field]))
        $special_chars = $row3[$field];
    else
        $special_chars = "";
    $$field=$special_chars;
    }
//得到当前时间
$date_created = date("Y-m-d H:i:s",time());
//得到 session_id
$session_key=session_id();
//生成新的订单
$query9 = "insert into ".$tb_prefixion."requests
(session_key,member_flag,key_users,receive_name,receive_company_name,receive_telephone,receive_email,r
eceive_zip,receive_address,order_email,order_name,order_telephone,fee,deliver_method,pay_method,status,date_cre
ated) values
    ('$session_key','1','$key_users','$receive_name','$receive_company_name',
'$receive_telephone','$receive_email','$receive_zip','$receive_address','$order_email','$order_name','$order_telephon
e','$fee','$deliver_method','$pay_method','未发货　未收款','$date_created')";
    $result9 = mysqli_query($link,$query9);
    //得到新订单的记录号
$key_requests = mysqli_insert_id($link);
//改写 shopping 表中的相应记录
//先找到所有需要修改的记录
$query8 = "select * from ".$tb_prefixion."shopping where session_key='$session_key' and key_requests = 0";
$result8 = mysqli_query($link,$query8);
//得到当前时间
$date_finished=date("Y-m-d H:i:s",time());
//更改每条记录
while( $row8 = mysqli_fetch_array($result8) )
    {//循环三开始
    $key_shopping = $row8['key_shopping'];
    $buy_goods_num=$row8['goods_num'];
    $buy_key_goods=$row8['key_goods'];
    $query7   =   "update ".$tb_prefixion."shopping   set  key_requests  =  $key_requests,date_finished=
```

```
'$date_finished' where key_shopping = $key_shopping";
        mysqli_query($link,$query7);
        //更改商品信息库中相应的商品数量
        $query81 = "select * from ".$tb_prefixion."goods where key_goods = $buy_key_goods limit 1";
        $result81 = mysqli_query($link,$query81);
        $row81 = mysqli_fetch_array($result81);
        $update_goods_num=$row81['goods_num']-$buy_goods_num;
        if($update_goods_num<0)
            $update_goods_num=0;
        $query71 = "update ".$tb_prefixion."goods set goods_num = $update_goods_num where key_goods =
$buy_key_goods";
        mysqli_query($link,$query71);
        }//循环三结束
    }
```

亲爱的黎现云：
    谢谢您的惠顾。
    您的订单已经成功登记，其详细信息如下：

重庆迎圭科技有限公司订单第000003号					
产品名称	型号/规格	原价	优惠价	数量	
大足石刻一日游		450	330	3	9
西昌四日游		1000	800	3	2
合计	3390	订单时间	2017-03-29 07:10:56		

相关的商家信息如下：
公司名称： 重庆迎圭科技有限公司
联系人： 重庆迎圭科技有限公司
联系电话： 18908335325
传　真： 023-63930823
通信地址： 重庆市南岸区
邮　编： 400072
开户银行：
银行帐号：
帐户名称：

相关的客户信息为：
收货人姓名： 黎现云
公司　名称：
收货人电话： 18908335325
收货人email： dzrc@163.com
收货人邮编： 400072
收货人地址： 重庆市南岸区茶园新区
定货人email： dzrc@163.com
定货人姓名： 黎现云
定货人电话： 18908335325
特殊　要求：
送货　方式： 快递
支付　方式： 你选择了招商银行在线支付，点击下面的按钮后你将进入招商银行网上支付页面！

图 8-27　生成订单

8.5.4　在线支付

在生成订单后单击"去招行付款"按钮，可以跳到招商银行的支付页面，如图 8-28 所示。

图 8-28　招商银行网上支付

本系统集成了招商银行网上支付接口，真正可以完成网上购物的全过程。招行网上支付的接口程序如下：

```
<form action="<? echo $disp_action; ?>" method="post">
  <input type="hidden" name="CoNo" value="<? echo $row6["accounts_id"]; ?>">
  <input type="hidden" name="BillNo" value="<? echo format_key_requests($key_requests,5); ?>">
  <input type="hidden" name="Amount" value="<? echo $disp_fee; ?>">
  <input type="hidden" name="Date" value="<? echo date("Ymd",time()); ?>">
  <input type="hidden" name="BranchID" value="<? echo $row6["bank_code"]; ?>">
  <input type="hidden" name="MerchantUrl" value="<? echo stripslashes("http://".(empty($_ENV["HTTP_HOST"])?($_SERVER["HTTP_HOST"]):($_ENV["HTTP_HOST"]))."".dirname($PHP_SELF)."/"); ?>callback.php">
  <input type="submit" value="<?php echo $disp_submit; ?>">
</form>
```

8.5.5　会员订单管理

启动 Adobe Dreamweaver CS6，创建符合 HTML5 标准的空白 HTML 页面，将所有 HTML 代码换成以下 PHP 代码（核心代码），然后将文件保存到 "shop/index_order.php"，即完成了会员订单管理程序；单击导航栏上的 "查看订单" 按钮而运行该文件，单击订单号，可以查看具体的订单信息，如图 8-29 所示。

```
//订单主体内容:开始
$index_order="";
$index_order.="
<table cellspacing=1 cellpadding=3 width=\"95%\" align=center border=0>
```

```
        <tbody>
        <tr>
            <td colspan=6>
                <h3 align=\"center\">订单查询</h3>
            </td>
        </tr>
        <tr>
            <td colspan=6> <font class=\"myfont2\">
            亲爱的".${$tb_prefixion.'user_name'}."以下是您的订单清单（货币单位为"元人民币"）:
            </font> </td>
        </tr>
        <tr align=center>
            <td><a  href='javascript:window.open(\"index_order.php?orderby=key_requests\",\"_self\",\"\")'>订单号</a></td>
            <td><a  href='javascript:window.open(\"index_order.php?orderby=status\",\"_self\",\"\")'>订单状态</a></td>
            <td><a  href='javascript:window.open(\"index_order.php?orderby=fee\",\"_self\",\"\")'>订单金额</a></td>
            <td><a  href='javascript:window.open(\"index_order.php?orderby=date_created\",\"_self\",\"\")'>订单时间</a></td>
            <td><a  href='javascript:window.open(\"index_order.php?orderby=receive_name\",\"_self\",\"\")'>收货人姓名</a></td>
        </tr>";
        //如果是第一次显示，设置订单排序规则
        if( !IsSet($orderby) )
            $orderby = "key_requests";
        $query_error_flag=0;
        //查询该用户的订单
        if(isset($changepages) && $changepages=="on")
        {
            $query = $query_back;
        }
        else if(IsSet($orderby) && ($orderby!=""))
        {
            $query_back = "select * from ".$tb_prefixion."requests where key_users=$key_users and key_requests>0
ORDER BY $orderby DESC";
            $query = $query_back;
        }
        else if(!IsSet($orderby) || ($orderby==""))
        {
            $query_back = "select * from ".$tb_prefixion."requests where key_users=$key_users and key_requests>0
ORDER BY key_requests DESC";
            $query = $query_back;
        }
        //页面自定向
        else if( IsSet($query_back) )
```

```
    {
        $query = $query_back;
    }
    //非以上情况，不可能出现
    else
    {
        $index_order.="<TR><TD width='100%' colspan=6><H3 align='center'>页面无效</H3></TD></TR>";
        $query_error_flag=1;
    }
    if($query_error_flag!=1)
    {
    //得到查询结果
    $result = mysqli_query($link,$query);
    //如果结果为 0，退出
    $num = mysqli_num_rows($result);
    if($num==0)
    {
        $index_order.="<TR><TD width='100%' colspan=6><H3 align='center'>抱歉，没有订单。</H3>
</TD></TR>";
    }
    else
    {
    //计算页面总数，每页显示的记录数目为 30
    $records_per_page = 30;
    $total_page_nums   = ceil($num/$records_per_page);
    //将查询出的记录的主键值记录在一个数组中
    $record = array();
    while( $row=mysqli_fetch_array($result) )
        $record[] = $row['key_requests'];
    //如果是第一次显示，设置当前页码
    if( !IsSet($cur_page) || $cur_page<1 )
        $cur_page = 1;
    //设置上一页的页码
    $last_page = $cur_page - 1;
    if( $last_page<1 )
        $last_page = 1;
    //设置下一页的页码
    $next_page = $cur_page + 1;
    if( $next_page>$total_page_nums )
        $next_page = $total_page_nums;
    //根据页码计算起始记录编号
    $start_record = ($cur_page-1)*$records_per_page;
    //根据页码计算下一个起始记录编号
    $end_record   = $cur_page*$records_per_page;
    if( $end_record>$num )
        $end_record = $num;
```

```
    for($cur_record=$start_record;$cur_record<$end_record;$cur_record++)
        {
        $key_requests = $record[$cur_record];
        $display_num      = $cur_record+1;
        $query = "select * from ".$tb_prefixion."requests where key_requests='$key_requests'";
        $result = mysqli_query($link,$query);
        while($row = mysqli_fetch_array($result))
            {
            $query8="SHOW FIELDS FROM ".$tb_prefixion."requests";
              $table_def = mysqli_query($link,$query8);
              for ($i=0;$i<mysqli_num_rows($table_def);$i++)
                  {
                  $row_table_def = mysqli_fetch_array($table_def);
                  $field = $row_table_def["Field"];
                  if (isset($row) && isset($row[$field]))
                        $special_chars = $row[$field];
                  else
                        $special_chars = "";
                  $$field=$special_chars;
                  }
            $tmp_status=preg_replace("'发'","收",preg_replace("'收'","付",$status));
            $index_order.="
                  <TR align=center>
                    <TD><A  href='user_orderinfolist.php?key=$key_requests'  target='_blank'>".format_key_
requests($key_requests,5)."</A></TD>
                    <TD>".$tmp_status."</TD>
                    <TD>$fee</TD>
                    <TD>$date_created</TD>
                    <TD>$receive_name</TD>
                  </TR>";
              }
          }
      $index_order.="
    <tr>
      <td colspan=6>
        <form name=\"myform\">
//订单主体内容:结束
```

　　最后，为了方便调试程序，可导出完整的数据库存为"sql/zidbshopall.sql"。本系统有些复杂，不过它是非常实用的一个至今未公开发布的商业系统，因为自 2001 年本系统开发成功后一直在完善以及扩充功能。

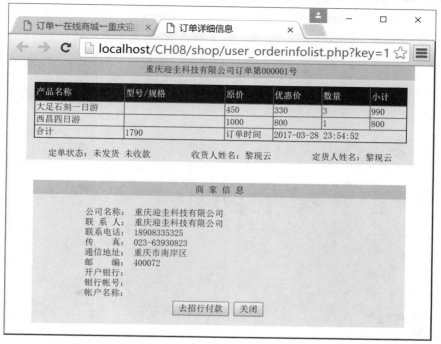

图 8-29　查看订单详细信息

8.6　实训

1．用 phpMyAdmin 新建数据库"zidbshop"并创建用户"zidb"并给予访问"zidbshop"的权限。

2．用 phpMyAdmin 导入完整的示例数据（数据文件为"D:\PHP\CH08\sql\zidbshopall.sql"）。

3．在"网站栏目管理"中添加"购物指南"栏目。

4．在"商品管理"中先添加商品种类，然后添加商品并上传大小图片。

5．设计"群发邮件"界面程序。

6．理解会员密码修改程序。

7．会员资料修改的界面设计。

8．在线购物的全过程。

9

PHP 程序安全防范

学习目标

- 熟悉服务器配置安全。
- 掌握编程中的安全技术。
- 掌握数据加密技术。

9.1 服务器配置安全

由于互联网信息服务（Internet Information Server，IIS）的方便性和易用性，所以成为最受欢迎的 Web 服务器软件之一。但是，IIS 从诞生起，其安全性就一直受到人们的质疑，原因在于其经常被发现有新的安全漏洞。虽然 IIS 的安全性与其他的 Web 服务软件相比有差距，不过，只要精心对 IIS 进行安全配置，仍然能建立一个安全的 Web 服务器。

要创建一个安全可靠的 Web 服务器，必须要实现操作系统和 IIS 的双重安全，因为 IIS 的用户同时也是操作系统的用户，并且 IIS 目录的权限依赖 Windows 的 NTFS 文件系统的权限控制，所以保护 IIS 安全的第一步就是确保 Windows 操作系统的安全。实际上，Web 服务器安全的根本就是保障操作系统的安全。可以从以下几点来配置服务器的安全。

1. 配置账户策略

（1）执行"开始→控制面板→管理工具→本地安全策略"命令。

（2）展开"账户策略"，找到"密码最长存留期"并将其修改为"60 天"，找到"密码最短存留期"并将其修改为"10 天"。

（3）展开"账户锁定策略"，找到"账户锁定阈值"并将其值设为"5 次"，单击"确定"按钮，修改"账户锁定时间"的值为"60 分钟"，修改"复位账户锁定计数器"的值为"50 分钟"。

2. 配置审核策略及日志

（1）执行"开始→控制面板→管理工具→本地安全策略"命令。

（2）执行"本地策略→审核策略"命令，找到"审核登录事件"并将其值改为"成功，失败"，找到"审核策略更改"并将其值改为"成功，失败"。

（3）执行"开始→控制面板→管理工具→事件查看器"命令，右击选择"安全日志→属性"命令，找到选择"筛选器"并将"事件来源"改为"LSA"，将"类别"改为"策略改动"。

3. 关闭端口

（1）右击执行"网上邻居→属性→本地连接→属性"命令，选择"Internet 协议（TCP/IP）→属性→高级→选项→TCP/IP 筛选→属性"。

（2）在"TCP 端口"一栏中选择"只允许"命令，单击"添加"按钮，依次添加"25""110""80"端口，单击"确定"按钮。

4. 不显示上次登录用户名

（1）打开计算机后，执行"开始→控制面板"命令，双击"管理工具"选项，接着在管理工具面板里面找到"本地安全策略"并将其双击打开；

（2）本地安全策略打开之后，执行"本地策略→安全选项"命令，然后在右边的窗口找到"交互式登陆：不显示最后的用户名"选项，并双击将其打开，接着将其设置为"已启用"状态，最后单击"确定"按钮即可。

5. 禁用注册表

使用组策略配置：GPEDIT.MSC，执行"用户配置→管理模板→系统→阻止访问注册表编辑工具→已启用"命令。

6. 禁止空连接

使用本地安全策略，执行"控制面板→管理工具→本地安全策略→本地策略→安全选项→对匿名连接的额外限制→不允许枚举 SAM 账号和共享"命令。

7. 修改 NTFS 的安全权限

NTFS 下所有文件默认情况下对所有人（EveryOne）为完全控制权限，这使黑客有可能使用一般用户身份对文件做增加、删除、执行等操作，建议对一般用户只给予读取权限，而只给管理员和 System 以完全控制权限，但这样做有可能使某些正常的脚本程序不能执行，或者某些需要写的操作不能完成，这时需要对这些文件所在的文件夹权限进行更改，建议在进行更改前先在测试机器上测试，然后慎重更改。而系统变量 TEMP、TMP 最好不要用默认的设置，可以改到其他非系统盘，如"G:\TMP"。

8. 应用程序映射

大部分的攻击都是由于不安全或是有错误的映射导致的。*.idc、*.ida、*.htr、*.htw、*.shtml、*.shtm 等默认的映射存在着大量的安全隐患，应予以删除；在保留使用的映射中应设置选择"检查文件是否存在"。需注意的是：在安装某些新的 IIS 补丁后，有些映射会重新出现，此时应进行重置，但这往往是许多网管较易忽视的地方。

9. 虚拟目录

Web 站点中如果存在 scripts、iissamples、iishelp、msadc、printer 等默认虚拟目录应全部删除，因为 IIS 的许多漏洞与此相关。

10. 自定义错误信息

在 IIS 中应将 HTTP 404 Not Found 等出错消息通过 URL 重定向到定制页面，这既增强了用户界面的友好性，又可以使目前的大多数 CGI 漏洞扫描失效。因为大多数的此类扫描只是通过查看返回的 HTTP 代码来判断漏洞是否存在。

11. 验证控制

如果用户访问服务器不需特殊认证，建议关闭 IIS 的基本验证和集成 Windows 验证。

12. FTP 匿名访问

FTP 服务的匿名访问有可能被利用来获取更多的信息，以致造成危害，应禁止。

13. 关闭不用服务

服务开得越多，隐患也就越多，应将不必要或暂时不用的服务停止，如 SMTP 等。

只要提高安全意识，经常注意系统和 IIS 的设置情况，IIS 就会是一个比较安全的服务器平台，提供安全稳定的服务。

【例 9-1】检查文件夹的读写权限。

【实现步骤】

（1）启动 Adobe Dreamweaver CS6，创建符合 HTML5 标准的空白 HTML 页面，在"<body>"后输入以下代码：

```php
<?php
echo "<h1>检查文件夹的读写权限</h1>";
$file_path="down";
$dir = @opendir($file_path);
if(false !== ($file = @readdir($dir)))
    echo "<h4>目录可读！</h4>";
else
    echo "<h5>目录不可读！</h5>";
$file = "exp0901.txt";
if(@copy($file,$file_path."/".$file))
    echo "<h4>目录可写！</h4>";
else
    echo "<h5>目录不可写！</h5>";
@closedir($dir);
?>
```

在</title>后输入以下 HTML 代码：

```
<style>
h1{color:#000;text-align:center}
h5{color:#F00;text-align:center}
h4{color:#000;text-align:center}
</style>
```

（2）检查代码后，将文件保存到路径"D:\PHP\CH09\exp0901.php"下，在浏览器的地址栏中输入：http://localhost/CH09/exp0901.php，按回车键即可浏览页面运行结果，如图 9-1（a）所示。若设置 IIS 的匿名用户对文件夹"D:\PHP\CH09\down"没有写入权限，重新运行程序，可以看到结果如图 9-1（b）所示。

（a）文件夹可读可写

（b）文件夹可读不可写

图 9-1　检查文件夹的读写权限

9.2　编程安全

在提及安全性问题时，需要注意，除了实际的平台和操作系统安全性问题之外，还需要确保编写安全的应用程序。在编写 PHP 应用程序时，请注意以下几点确保应用程序具有最好的安全性。

9.2.1　文件上传漏洞

文件上传漏洞是指用户上传了一个可执行的脚本文件，并通过此脚本文件获得了执行服务器端命令的能力。这种攻击方式是最为直接和有效的，"文件上传"本身没有问题，有问题的是文件上传后，服务器如何处理、解释文件。如果服务器的处理逻辑不够安全，则会导致严重的后果。

文件上传后导致的常见安全问题一般有：

（1）上传文件是 Web 脚本语言，服务器的 Web 容器解释并执行了用户上传的脚本，导致代码执行。

（2）上传文件是 Flash 的策略文件 crossdomain.xml，黑客用以控制 Flash 在该域下的行为（其他通过类似方式控制策略文件的情况类似）。

（3）上传文件是病毒、木马文件，黑客用以诱骗用户或管理员下载执行。

（4）上传文件是钓鱼图片或为包含了脚本的图片，在某些版本的浏览器中会被作为脚本执行，被用于钓鱼和欺诈。

除此之外，还有一些不常见的利用方法，例如将上传文件作为一个入口，溢出服务器的后台处理程序，如图片解析模块；或者上传一个合法的文本文件，其内容包含了 PHP 脚本，再通过"本地文件包含漏洞（Local File Include）"执行此脚本等。

要完成这个攻击，需满足以下几个条件：

首先，上传的文件能够被 Web 容器解释执行。所以文件上传后所在的目录应是 Web 容器所覆盖到的路径。

其次，用户能够从 Web 上访问这个文件。如果文件上传了，但用户无法通过 Web 访问，或者无法得到 Web 容器解释这个脚本，那么也不能称之为漏洞。

最后，用户上传的文件若被安全检查、格式化、图片压缩等功能改变了内容，则也可能导致攻击不成功。

文件上传漏洞的预防方法：

（1）文件上传的目录设置为不可执行。

（2）判断文件类型：强烈推荐白名单方式。此外，对于图片的处理，可以使用压缩函数或者 imagecopyresampled 函数，在处理图片的同时破坏图片中可能包含的 HTML 代码。

（3）使用随机数改写文件名和文件路径：一种是上传后无法访问；另一种就是像 shell.php.rar.rar 和 crossdomain.xml 这种文件，都将因为重命名而无法攻击。

（4）单独设置文件服务器的域名：由于浏览器同源策略的关系，一系列客户端攻击将失效，例如上传 crossdomain.xml 和包含 JavaScript 的 XSS 利用等问题将得到解决。

【例 9-2】文件上传漏洞的预防。

【实现步骤】

（1）启动 Adobe Dreamweaver CS6，创建符合 HTML5 标准的空白 HTML 页面，在"<body>"后输入以下代码：

```php
<h1>文件上传漏洞的预防</h1>
<form action="exp0902.php" method="post" enctype="multipart/form-data" name="form1">
  <p><input type="file" name="fileField" id="fileField"></p>
  <p><input type="submit" name="button" id="button" value="提交"></p>
</form>
<?php
$updir="down";
if (!empty($_POST["button"]) && file_exists($_FILES["fileField"]["tmp_name"]) && filesize($_FILES["fileField"]["tmp_name"])<1024*1024)
    {
    //检测上传文件类型
    $upfile=explode(".",$_FILES["fileField"]["name"]);
    $numbers=count($upfile)-1;
    $upfiletype=strtolower($upfile[$numbers]);
    if ($upfiletype=="gif" || $upfiletype=="jpg")
       {
       list($width, $height, $type, $attr) = getimagesize($_FILES["fileField"]["tmp_name"]);
        if($type==1 || $type==2)
          {
          $v=opendir($updir);
          if ($v==0)
             {
              exit("<h5>文件目录不存在，无法上传图片！</h5>");
             }
          //重命名上传文件
          $newfilename=date("YmdHis",time())."".substr(session_id(),4,7).".".$upfiletype;
          if(@copy($_FILES["fileField"]["tmp_name"],$updir."/$newfilename"))
             {
             echo "<h4>成功上传图片！<h4>";
             @unlink ($_FILES["fileField"]["tmp_name"]);
             @closedir ($v);
             }
```

```
          else
           {
            echo "<h5>对不起，图片上传失败!</h5>";
           }
          }
         else
          {
           echo "<h5>上传的文件为非法篡改文件！</h5>";
          }
        }
       else
        {
         echo "<h5>非法文件！</h5>";
        }
      }
    ?>
```

在</title>后输入以下 HTML 代码：

```
<style>
h1{color:#000;text-align:center}
h5{color:#F00;text-align:center}
h4{color:#000;text-align:center}
</style>
```

（2）检查代码后，将文件保存到路径"D:\PHP\CH09\exp0902.php"下，在浏览器的地址栏中输入：http://localhost/CH09/exp0902.php，按回车键即可浏览页面运行结果，如图 9-2（a）所示。然后在"D:\PHP\CH09"中新建一个文本文件 exp0901.txt，在其中随便写入一句话后保存，然后将其文件扩展名改为".gif"，再选择这个文件进行上传，单击"提交"按钮，则可以看到结果，如图 9-2（b）所示。

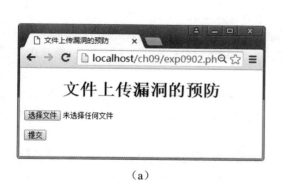

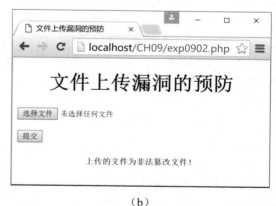

（a）　　　　　　　　　　　　　　　　　　（b）

图 9-2　文件上传漏洞

9.2.2　其他漏洞

1．表单提交漏洞

在提及安全性问题时，验证数据是采用的最重要的手段。而在提及输入时，不要相信用户。

并且大多数用户可能完全按照期望来使用应用程序。但是，只要提供了输入的机会，也就极有可能存在非常糟糕的输入。作为一名程序开发人员，必须阻止应用程序接受错误的输入。仔细考虑用户输入的位置及正确值将可以构建一个安全的应用程序。

表单提交是当前 Web 应用中的重要内容，用户可以通过这种方式与服务器进行数据传递。在通常情况下，会在提交表单之前在服务器上进行表单数据的验证，这样可以节省服务器资源，但同时也为服务器带来了安全漏洞。

解决这种漏洞的方法为：在提交表单页面进行校验的同时，在接收表单的处理页面也进行校验，这样即使用户使用非法方式提交的非法数据通过了页面验证也无法通过服务器上的验证。

2. SQL 注入漏洞

用户通过提交一段数据库查询代码，根据程序返回的结果，获得某些他想得知的数据信息，这就是所谓的 SQL 注入。

在通常情况下，PHP 通过表单中的参数执行对数据库的查询，这时就会出现很严重的问题。如果表单中向服务器传递了参数 id=1，这时在 PHP 脚本中调用查询语句：select * from userinfo where id=1，这样此查询语句会返回 userinfo 数据表中 id 值为 1 的数据信息，这并没有什么不妥。但是如果用户在地址栏中手动对参数 id 进行赋值，输入 "…php?id=1 and 1=1"，这样 PHP 脚本中执行的就是：select * from userinfo where id=15 and 1=1，此时的结果与前边的查询结果相同。那么，如果用户输入 "…php?id=1 and 1=2"，此时就会由于执行的 SQL 语句为 select * from userinfo where id=15 and 1=2，导致查询出错，使用户看到了错误页面。这样，该用户就得知了此系统中的一个漏洞。接下来，用户猜测系统管理员表为 admin 表，并且其中的管理员用户名字段为 name，于是在浏览器地址栏中输入 "…php?id=1 and (select length(name) from admin)>0"，此时，如果仍然得到正确的查询页面，那么用户就得知了系统中的管理员表及其中的管理员用户名字段。接下来，在浏览器中输入 "…php?id=1 and (select ascii(substr (name,1,1)) from admin limit 0,1)=97"，如果此时仍然得到正确的查询页面该用户就可以确定管理员账号用户名的第一个字母为 "a"。接下来继续测试管理员账号的其他字母，然后是密码。这样，他就可以得到系统管理员的账号和密码。他还可以做的事情有许多。

解决此漏洞的一个方法为对地址栏中的地址参数进行加密，如果用户恶意在地址栏中输入其需要的数值时，在 PHP 脚本将解密操作后得到无法识别的参数，所以也无法返回此用户需要的非法信息。

另一个方法就是对通过地址栏传入的参数值进行格式化处理，例如直接将得到的 id 参数的值转换为 int 类型（$id=(int)$_GET['id'];），此时用户输入的非 int 类型变量就会被过滤掉。

3. 脚本命令执行漏洞

当脚本出现错误时，PHP 会自动给出相应的错误提示信息。这个信息对编写代码时修改错误有极大的帮助，但是如果让用户看到了错误提示信息将会暴露服务器的许多信息。例如数据库出现了某种错误，这时会在页面上给出有关于数据库的错误提示，这个错误提示可能会将数据库名、数据库的 IP 地址（有时这个地址就是服务器地址），甚至将当前 PHP 文件在服务器上的硬盘位置暴露给用户，其他错误提示信息甚至可能会暴露服务器的操作系统，这是十分危险的。

解决这种漏洞的方法：在调用函数时，对函数名加上 "@" 以屏蔽错误信息，这样即使代码在运行时出现错误也不会给出错误提示，但是却增加了代码维护的难度，而且使代码有过多的冗余。如果不使用@屏蔽错误信息，还有另一种方法使得错误信息不在页面中显示，即在 php.ini 配置文件中将 display_errors 参数的值设置为 off，使用这种方法同样屏蔽页面中的错误提示，但是它不会在代码中加入任何其他内容，而且，如果对程序进行调试时只需在 php.ini 文件中将 display_errors 参数的值设为 on，调试完毕后再将其设置回 off 即可。

4. 跨站脚本漏洞

跨站脚本漏洞（Cross Site Scripting，XSS）是 Web 应用程序在将数据输出到网页的时候存在问题，使攻击者可以将构造的恶意数据显示在页面的漏洞。因为跨站脚本攻击都是向网页内容中写入一段恶意的脚本或者 HTML 代码，故跨站脚本漏洞也被叫做 HTML 注入漏洞（HTML Injection）。

与 SQL 注入攻击数据库服务器的方式不同，跨站脚本漏洞是在客户端发动造成攻击，也就是说，利用跨站脚本漏洞注入的恶意代码是在用户计算机上的浏览器中运行的。

跨站脚本攻击注入的恶意代码运行在浏览器中，所以对用户的危害是巨大的但也需要看特定的场景，跨站脚本漏洞存在于一个无人访问的小站几乎毫无价值，但对于拥有大量用户的站点来说却是致命的。

最典型的场景是黑客可以利用跨站脚本漏洞盗取用户 Cookie 而得到用户在该站点的身份权限。据笔者所知，网上就有地下黑客通过出售未公开的 Gmail、雅虎邮箱及 hotmail 的跨站脚本漏洞谋利。

由于恶意代码会注入到浏览器中执行，所以跨站脚本漏洞还有一个较为严重的安全威胁是被黑客用来制造欺诈页面实现钓鱼攻击。这种攻击方式直接利用目标网站的漏洞，比直接做一个假冒网站更具欺骗性。

另外，控制了用户的浏览器，黑客还可以获取用户计算机信息、截获用户键盘输入、刺探用户所处局域网信息甚至对其他网站进行 GET Flood 攻击。目前互联网已经有此类利用跨站脚本漏洞控制用户浏览器的黑客工具出现。

当然，虽然跨站脚本攻击是在客户端浏览器进行，但是最终也是可以攻击服务器的。

跨站脚本漏洞是由于程序在输出数据的时候没有做好处理导致恶意数据被浏览器解析造成的。所以，对付 XSS 漏洞最好的办法就是编写安全的代码，对提交到服务器端的任何数据都要进行有效性验证。

【例 9-3】跨站脚本漏洞等其他漏洞的预防。

【实现步骤】

（1）启动 Adobe Dreamweaver CS6，创建符合 HTML5 标准的空白 HTML 页面，在 "<body>" 后输入以下代码：

```
<h1>跨站脚本漏洞等其他漏洞的预防</h1>
<form action="exp0903.php" method="post" name="form1">
  <p><input type="text" name="fileField" id="fileField">请输入真实姓名（必须是中文，并且是两个字以
上）</p>
  <p><input type="submit" name="button" id="button" value="提交"></p>
</form>
<?php
if(!empty($_POST["fileField"]) && !preg_match("/^[\x{4e00}-\x{9fa5}]{2,}$/u",$_POST["fileField"]))
```

```
    {
    exit("<h5>非法提交！</h5>");
    }
else if(!empty($_POST["fileField"]) && preg_match("/^[\x{4e00}-\x{9fa5}]{2,}$/u",$_POST["fileField"]))
    {
    exit("<h5>用户名合法："".$_POST["fileField"]."</h5>");    }
?>
```

在</title>后输入以下 HTML 代码：

```
<style>
h1{color:#000;text-align:center}
h5{color:#F00;text-align:center}
h4{color:#000;text-align:center}
</style>
```

（2）检查代码后，将文件保存到路径"D:\PHP\CH09\exp0903.php"下，在浏览器的地址栏中输入：http://localhost/CH09/exp0903.php，按回车键即可浏览页面运行结果，如图 9-3（a）所示。在用户名中输入"javascript:alert('test');"，单击"提交"按钮，则可以看到结果，如图 9-3（b）所示。

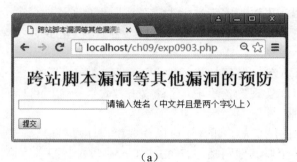

（a）

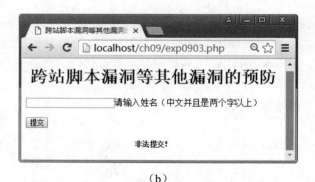

（b）

图 9-3　其他漏洞的预防

9.3　数据加密技术

数据加密（Data Encryption）技术是指将一个信息（或称明文，plain text）经过加密密钥（Encryption key）及加密函数转换，变成无意义的密文（cipher text），而接收方则将此密文经过解密函数、解密密钥（Decryption key）还原成明文。加密技术是网络安全技术的基石。

密码技术是通信双方按约定的法则进行信息特殊变换的一种保密技术。根据特定的法则，变明文为密文。从明文变成密文的过程称为加密（Encryption）；由密文恢复出原明文的过程，称为解密（Decryption）。在早期仅对文字或数码进行加、解密，随着通信技术的发展，对语音、图像、数据等都可实施加、解密变换。密码学是由密码编码学和密码分析学组成的，其中密码编码学主要研究对信息进行编码以实现信息隐蔽，而密码分析学主要研究通过密文获取对应的明文信息。密码学研究密码理论、密码算法、密码协议、密码技术和密码应用等。随着密码学的不断成熟，大量密码产品应用于国计民生中，如 USB Key、PIN EntryDevice、RFID 卡、银行卡等。广义上讲，包含密码功能的应用产品也是密码产品，如各种物联网产品，它们的结构与计算机类似，也包括运算、控制、存储、输入输出等部分。密码芯片是密码产品安全性的关键，它通常是由系统控制模块、密码服务模块、存储器控制模块、功能辅助模块、通信模块等关键部件构成的。

在常规密码中，收信方和发信方使用相同的密钥，即加密密钥和解密密钥是相同或等价的。比较著名的常规密码算法有：美国的 DES 及其各种变形，例如 Triple DES、GDES、New DES 和 DES 的前身 Lucifer；欧洲的 IDEA；日本的 FEAL?N、LOKI?91、Skipjack、RC4、RC5 以及以代换密码和转轮密码为代表的古典密码等。在众多的常规密码中影响最大的是 DES 密码。

常规密码的优点是有很强的保密强度，且经受住时间的检验和攻击，但其密钥必须通过安全的途径传送。因此，其密钥管理成为系统安全的重要因素。

在公钥密码中，收信方和发信方使用的密钥互不相同，而且几乎不可能从加密密钥推导解密密钥。比较著名的公钥密码算法有：RSA、背包密码、McEliece 密码、Diffe?Hellman、Rabin、Ong?Fiat?Shamir、零知识证明的算法、椭圆曲线、EIGamal 算法等。最有影响的公钥密码算法是 RSA，它能抵抗到目前为止已知的所有密码攻击。

公钥密码的优点是可以适应网络的开放性要求，且密钥管理问题也较为简单，尤其可方便的实现数字签名和验证。但其算法复杂，加密数据的速率较低。尽管如此，随着现代电子技术和密码技术的发展，公钥密码算法将是一种很有前途的网络安全加密体制。

当然，在实际应用中人们通常将常规密码和公钥密码结合在一起使用，例如利用 DES 或者 IDEA 来加密信息，而采用 RSA 来传递会话密钥。如果按照每次加密所处理的比特来分类，可以将加密算法分为序列密码和分组密码。前者每次只加密一个比特而后者则先将信息序列分组，每次处理一个组。

密码技术是网络安全最有效的技术之一。一个加密网络，不但可以防止非授权用户的搭线窃听和入网，而且也是对付恶意软件的有效方法之一。

在一般的网站应用中，只需要对敏感数据（如用户密码）进行加密，这样一般都采用单向加密技术。

PHP 中常用的加密方法很多，但出于安全考虑，本书中客户端和服务器端都采用 SHA-512 来加密。客户端加密不可靠，因为用户可以禁用 Javascript 使客户端脚本失效，或者用其他非法手段篡改。所以，不管客户端是否加密，服务器都要进行有效性验证。

安全哈希算法（Secure Hash Algorithm，SHA）主要适用于数字签名标准中定义的数字签名算法。散列是信息的提炼，其长度通常要比信息小得多，且为一个固定长度。加密性强的散列一定是不可逆的，这就意味着通过散列结果无法推出任何部分的原始信息。任何输入信息的变化，哪怕仅一位，都将导致散列结果的明显变化，这称之为雪崩效应。散列还应该是防冲突的，即找不出具有相同散列结果的两条信息。具有这些特性的散列结果就可以用于验证信息是否被修改。

加密的语法：

string hash (string $algo , string $data [, bool $raw_output = false])

参数 algo，为要使用的哈希算法，例如："sha512""sha256""haval160,4"等。

Data 为要进行哈希运算的消息。

raw_output 设置为 True 输出原始二进制数据，设置为 False 输出小写十六进制字符串。

如果 raw_output 设置为 True，则返回原始二进制数据表示的信息摘要，否则返回十六进制小写字符串格式表示的信息摘要。

加密后的数据如何安全地进行比较呢？可以使用 hash_equals，其语法如下：

bool hash_equals (string $known_string , string $user_string)

比较两个字符串，无论它们是否相等，此函数的时间消耗是恒定的。

此函数可以用在需要防止时序攻击的字符串比较场景中，例如可以用在比较 crypt() 密码哈希值的场景。

参数 known_string 为已知长度的、要参与比较的字符串，user_string 为用户提供的字符串，当两个字符串相等时返回 True，否则返回 False。

【例 9-4】数据加密比较。

【实现步骤】

（1）启动 Adobe Dreamweaver CS6，创建符合 HTML5 标准的空白 HTML 页面，在"<body>"后输入以下代码：

```
<h1>数据加密比较</h1>
<h4>字符串一：abc123</h4>
<h4>字符串二：abc123</h4>
<h4>字符串三：abc122</h4>
<?php
$str1=hash("sha512",'abc123');
$str2=hash("sha512",'abc123');
$str3=hash("sha512",'abc122');
if(hash_equals($str1, $str2))
    echo "<h5>加密后的字符串一与字符串二相等</h5>";
else
    echo "<h5>加密后的字符串一与字符串二不相等</h5>";
if(hash_equals($str1, $str3))
    echo "<h5>加密后的字符串一与字符串三相等</h5>";
else
    echo "<h5>加密后的字符串一与字符串三不相等</h5>";
?>
```

在</title>后输入以下 HTML 代码：

```
<style>
h1{color:#000;text-align:center}
h5{color:#F00;text-align:center}
```

```
h4{color:#000;text-align:center}
</style>
```

（2）检查代码后，将文件保存到路径"D:\PHP\CH09\exp0904.php"下，在浏览器的地址栏中输入：http://localhost/CH09/exp0904.php，按回车键即可浏览页面运行结果，如图 9-4 所示。

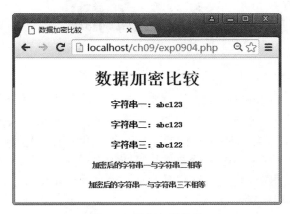

图 9-4　数据加密比较

9.4　实训

1．按照 9.1 节介绍的方法安全配置自己所使用的服务器。
2．编程实现表单提交漏洞的防范。
3．编程实现 SQL 注入漏洞的防范。
4．深入理解 NTFS 分区下目录的安全设置，并试着设置"D:\PHP"及其子目录的权限。

参 考 文 献

[1] 潘凯华，邹天思．PHP 开发实战宝典．北京．清华大学出版社，2010.1．

[2] 邹天思，潘凯华，孙鹏．PHP 开发典型模块大全．北京．人民邮电出版社，2009.2．

[3] 陆凌牛．HTML 5 与 CSS 3 权威指南．北京．机械工业出版社，2014.4．

[4] 张恩民．名师讲坛——PHP 开发实战权威指南．北京．清华大学出版社，2012.3．

[5] 葛丽萍．PHP 网络编程技术详解．北京．清华大学出版社，2014.1．

[6] 陈国建．PHP 程序设计案例教程．北京．机械工业出版社，2016.4．

[7] PHP 手册．2017.3．

[8] MySQL 手册．2017.3．